TOMEK MICHNIEWICZ

SWOJĄ DROGĄ

OTWARTE

KRAKÓW 2014

Opieka redakcyjna: **Magdalena Oczachowska**

Redakcja tekstu: **Maria Kula**

Opracowanie typograficzne książki: **Daniel Malak**

Adiustacja: **Janusz Krasoń / Studio NOTA BENE**

Korekta: **Maryla Armata / Studio NOTA BENE,**
Anna Szczepańska / Studio NOTA BENE

Łamanie: **Agnieszka Szatkowska**

Projekt okładki: **Małgorzata Wójcicka**

Fotografie w książce oraz na 1 i 4 s. okładki: © **Tomasz Michniewicz**

Fotografia autora na skrzydełku: **Radosław Wikiera**

ISBN 978-83-7515-288-3

OTWARTE

www.otwarte.eu

Dystrybucja: SIW Znak. Zapraszamy na www.znak.com.pl

Wydawnictwo Otwarte sp. z o.o.,
ul. Smolki 5/302, 30-513 Kraków. Wydanie I, 2014. Dodruk 2017.
Druk: Toruńskie Zakłady Graficzne „Zapolex" sp. z o.o.

Wszystko zaczyna się od decyzji

*Wszystkie wydarzenia i postacie przedstawione w tej książce są prawdziwe.
Imiona niektórych bohaterów zostały zmienione na ich prośbę
lub ze względu na ich bezpieczeństwo.*

OPUSTOSZAŁYMI ULICAMI wiatr toczył butelki po rosyjskim szampanie, a dźwięk szkła niósł się głuchym echem wzdłuż placu Konstytucji. Płatki śniegu szukały ostatnich suchych miejsc na chodniku. Z bramy po przeciwnej stronie placu dobiegł mnie nierówny stukot obcasów. Ktoś próbował wrócić do domu. Postawiłem kołnierz płaszcza.

Marszałkowską przejechała biała limuzyna. Przez okno w dachu wystawały z niej dwie rozwrzeszczane nastolatki owinięte fioletowym boa. Jedna z nich posłała mi całusa. Druga cisnęła za siebie pustym kieliszkiem, który trafił w krawężnik i rozprysnął się w kawałki. Limuzyna skręciła, dziewczyny zniknęły za rogiem, wyrzucając do góry ręce z piskiem fałszywej radości.

Trzecia trzydzieści. Już nie dziś, ale jeszcze nie jutro. Ostatni moment na postanowienia, którymi ponownie spróbujemy oszukać samych siebie. Przecież z góry wiemy, że kolejny raz przegramy tę nierówną walkę. Bez względu na dzisiejsze decyzje jutro trzeba będzie iść dalej, dotychczasową drogą.

Z balkonu pofrunął na chodnik niedopałek papierosa. Spojrzałem w górę. Zza przymkniętych okien dobiegały stłumione rozmowy. Kilka nut na pianinie, początek nic nieznaczącej melodii. Potem z nagła chór podniesionych głosów w dyskusji nad tym, co w życiu ważne.

A może o głupotach, skąd mogę wiedzieć.

PODSZEDŁEM DO TAKSÓWKI stojącej na postoju. Kierowca spał, przykryty gazetą z krzykliwymi tytułami. Zapukałem nieśmiało w szybę. Zerwał się, udając, że wcale nie drzemał, i gestem zaprosił mnie do środka. Gdy wsiadałem, umieścił na nosie okulary, do tej pory spoczywające dostojnie na czubku jego łysej głowy, przetarł oczy i rozsiadł się wygodniej w fotelu, pieczołowicie składając gazetę na miejscu pasażera, żeby później dokończyć jakiś sensacyjny artykuł.

– Dokąd, panie kierowniku?

Podałem adres.

– Oj, to niedaleko... – zafrasował się kierowca.

– A co, liczy się tylko, gdy jest daleko?

– Wie pan, w moim fachu akurat im dalej, tym lepiej.

Puste miasto tonęło w żółtym świetle latarń. Minęliśmy małą restaurację rozbrzmiewającą starym przebojem Chucka Berry'ego. Przed wejściem kilkanaście par tańczyło rock and rolla w strojach z epoki, w skarpetach w kolorowe paski i kapeluszach, i w samych koszulach, na przekór zimnu.

Kierowca nieustannie narzekał, jak to się wszystko zmienia i jak to teraz ciężko w życiu. Stały repertuar, wszyscy go znamy.

– A pan, szanowny panie, to ile ma lat?

– Trzydzieści.

– Ojojoj, to ja mam czterdzieści trzy lata więcej!

– Wnioskując z pańskiej energii, to jeszcze sporo przed panem.

– No nie wiem... Pan to jest jeszcze młody, ja to już jestem po kolacji...

– Wie pan, to tylko kwestia nastawienia – odpowiedziałem.

– Możesz się pan nastawiać, jak się panu żywnie podoba, ale jak przyjdzie zawał, to i tak się pan przekręcisz.

– Ale do tego czasu jeszcze wiele pan może zdziałać.

– A co ja tam mogę... Jeżdżę, panie, po tej Warszawie całe dnie, całe noce. Do pierwszego ledwo starcza, siły nie ma...

Patrzyłem przez okno, słuchając w milczeniu. Bombki zawieszone na latarniach kołysały się szarpane coraz silniejszym wiatrem.

– A pan czym się zajmuje, jeśli można wiedzieć? – podjął kierowca po chwili.

– Podróżuję. Piszę. Poznaję miejsca.

– Pięknie! Zazdroszczę. Paryż... Mediolan... Nowy Jork... Zawsze chciałem gdzieś pojechać. Bo wie pan, we mnie to siedzi taka niespokojna dusza. Wycinam czasem fotografie z gazet i chowam do puszki, potem sobie przeglądam w samotności. Różne miejsca, wie pan. Czasem z takiego zdjęcia coś jakby do mnie mówi. Czuję, że to jest akurat miejsce dla mnie. A inne, może i piękne, wie pan, znane, jakoś nic, w ogóle... Ale co z tego? Żyć trzeba, nie ma czasu na wojaże. Bo powiem panu, że mi to się raczej nie udało życie. Ale pomarzyć zawsze można.

– Niech się pan nie poddaje, jeszcze nic straconego. Dobra noc na śmiałe plany.

– Młody pan jeszcze jesteś, życia nie znasz... Powiem panu coś. To nie zawiść, proszę tak tego nie odebrać. Ale pan sobie jeździ, zobaczy kawałek świata, zdjęcie zrobi, napisze parę słów, potem posiedzi na słonku, kawę wypije... Bajka, nie życie. Każdy by się z panem zamienił w jednej chwili.

– Na pewno tak się każdemu wydaje.

Luang Prabang, Laos

STALIŚMY POD BRAMĄ ŚWIĄTYNI ZŁOTEGO MIASTA, uiszczając drobne opłaty za wejście. Po przekroczeniu progu znaleźliśmy się na sporym dziedzińcu, okolonym zabudowaniami. Wskazałem, czego gdzie szukać, i wszyscy rozpierzchli się po terenie. Ostre słońce raziło oczy. Upał, w powietrzu kurz. Sucho w ustach.

Wszedłem do głównej sali. Drewniana podłoga sprzed pięciuset lat przyjemnie chłodziła stopy. Z ciemnych ścian spoglądały postacie z mieczami, drewniane smoki, misternie rzeźbione zwierzęta, rycerze i rolnicy – historia wieków uwieczniona dłutem i farbą. W powietrzu można było wyczuć delikatną woń kadzideł i kwiatów składanych każdego ranka pod posągami Buddy. Ktoś medytował, klęcząc w rogu. Mnich zamiatał posadzkę miotełką z trawy.

Uwielbiam to miejsce.

– Proszę za mną. – Drogę zastąpił mi młody chłopak w mundurze. Miał może z osiemnaście lat, odprasowaną regulaminowo koszulę i minę, jakby na niczym już mu w życiu nie zależało. Pewnie jakaś rutynowa kontrola, jak to w komunistycznym kraju.

Chłopak przeprowadził mnie przez dziedziniec i przecisnął się przez krzaki, które odsłoniły ukryty stolik i dwa krzesła. Na jednym siedział pucołowaty jegomość w identycznym mundurze. No nic, zobaczymy.

– Paszport.

– Proszę.

Nauczyłem się już dawno, żeby w kontaktach z oficjelami trzymać gębę na kłódkę, odpowiadać na pytania krótko i zwięźle oraz nie podrzucać im dodatkowych tropów. Zwłaszcza kiedy jestem w kraju, gdzie mundur to władza, od której przeważnie nie ma odwołania.

Podczas gdy ten grubszy wertował mój paszport, przyjrzałem się uniformom. Płowe, ni to policyjne, ni wojskowe. Może ochrona, może jakaś milicja turystyczna. Kto to wie.

– Przyjechałeś tu z grupą?
– Ze znajomymi.
– Jesteś przewodnikiem?
– Nie.
– Przecież widziałem, że ich oprowadzasz.
– Nikogo nie oprowadzałem.
Spojrzał na mnie, znudzony.
– To wyjaśnimy to sobie na posterunku.
– Co niby mamy wyjaśniać?
– Na posterunku.
Dziwne.

Starszy rzucił kilka słów po laotańsku i podał młodszemu paszport. Chłopak władczym gestem kazał mi ruszać za sobą. Odpalił skuter i przewiózł mnie nim przez całe centrum, omijając zręcznie stragany z pamiątkami, które właśnie rozstawiano na głównej ulicy. Zatrzymaliśmy się przed niepozornym budynkiem, do którego wiodło jeszcze bardziej niepozorne wejście. Skrzypiące starymi zawiasami drzwi, trzymające się na słowo honoru, prowadziły do ciasnego wnętrza, które czterdzieści lat temu było błękitne, a dziś raczej szarawe, przynajmniej tam, gdzie na ścianach wciąż można było dostrzec farbę.

Posadzili mnie na krześle przy jednym z dwóch biurek. Przy drugim trwała gorączkowa dyskusja nie wiadomo o czym. Wiatrak mielił stojące, duszne powietrze, przesłaniając słabą świetlówkę. Mijały niekończące się minuty.

Wciąż nic nie wiedziałem, ale pozostało mi tylko czekać. Chłopak raz na jakiś czas zaglądał do sąsiedniego pomieszczenia i najwyraźniej za każdym razem był odsyłany z powrotem. Czas płynął przeraźliwie wolno.

W końcu po mnie przyszli. Podnieśli mnie bezceremonialnie z krzesła i podprowadzili do kraty, za którą mieściło się zaplecze komisariatu. Minęliśmy jakiś aneks kuchenny, gdzie brud odpadał płatami ze ścian, i ze dwa inne pomieszczenia, po czym zostałem usadzony w pokoju trzy na trzy metry, wyposażonym w biurko, dwa krzesła i nieaktualny kalendarz wiszący na ścianie. Usadzono mnie tyłem do drzwi i kazano dalej czekać.

Wat Xieng Thong, Świątynia Złotego Miasta

A potem przyszedł jakiś oficer, od razu było widać, po ruchach i postawie, że to gruba ryba albo że tak mu się przynajmniej wydaje. Tłuste, przerzedzone włosy zaczesał na prawo, przykrywając wydatną już łysinę. W ustach błyszczał złoty ząb, na nadgarstku podrabiany zegarek. Nie miał munduru, tylko szarą koszulę w kratę, której ewidentnie od dawna nie prał. W rękach międlił mój paszport, przeglądając go raz za razem, jakby oczekiwał, że coś się w nim znienacka pojawi.

– A więc jesteś przewodnikiem.

– Nie jestem.

– Nie zgrywaj cwaniaka.

– Nie zgrywam, po prostu nie jestem przewodnikiem.

– Chłoptasiu, mój człowiek widział, jak wchodzisz do świątyni z całą grupą, objaśniasz im, co i jak, pokazujesz malunki na ścianach. Jesteś przewodnikiem. Ale widzisz, synku, twój problem polega na tym, że my tu w Laosie mamy prawo turystyczne, które jasno mówi, że grupa turystów musi mieć lokalnego przewodnika. Tak więc widzisz, popełniłeś przestępstwo i coś z tym trzeba będzie zrobić. Zgoda?

– Żadna zgoda – odpowiedziałem. – Po pierwsze, nie jestem przewodnikiem. Przyleciałem tu ze znajomymi na wakacje. A że byłem w Luang Prabang wcześniej, pokazałem im wejście do świątyni, i tyle. Zresztą ja nawet nie znam nazwy tej świątyni. Jakbym mógł cokolwiek tłumaczyć? Żarty jakieś.

Inspektor rozparł się wygodniej na swoim obitym skajem krześle bez jednego podłokietnika i uśmiechnął się złowrogo, ukazując brązowawe zęby.

– A ile kupiłeś biletów?

– A jeden, dla siebie.

Zbiło go to trochę z tropu. Złapał telefon, wykręcił numer, rzucił kilka słów i odłożył słuchawkę. W pokoju natychmiast pojawił się młodzian, który mnie zatrzymał. Wymienili kilka zdań po laotańsku, chłopak spojrzał na mnie z mieszaniną wyższości i pogardy. Nie podobało mi się to.

Inspektor poczerwieniał, najpierw zaczął coś syczeć przez zęby, a potem wybuchł taką wściekłością, że aż mu się pogorszył angielski.

– Mój człowiek wszystko widział, wszystko słyszał! Jesteś przewodnik, jesteś! Oprowadzałeś grupę, opowiadałeś im o świątyni, jesteś przewodnik, nie masz licencji, jesteś przestępca!

– Ale...

– Koniec dyskusji! Albo się mi tu natychmiast przyznasz, albo ci zabiorę paszport na dobre i posiedzisz sobie do wyjaśnienia sytuacji!

– Panie inspektorze, to jakaś fatalna pomyłka, ja naprawdę nie jestem przewodnikiem... – Zmieniłem nieco taktykę, z pewnego siebie białasa na lekko zlęknionego turystę, ciągnąc dalej, innymi słowami, ten sam wątek. Inspektor się uspokoił.

– Gdzie się zatrzymaliście? – spytał rzeczowo.

Podałem nazwę pensjonatu.

Zadzwonił.

Chwilę porozmawiał, nic nie zrozumiałem.

Poczerwieniał nawet bardziej niż poprzednim razem. W tym momencie poczułem, że tracę grunt pod nogami. Właściciel hotelu mógł powiedzieć cokolwiek, nawet że pracuję w Laosie nielegalnie albo przemycam dziewczyny do Tajlandii, albo że lubię dzieci, albo że sikam z balkonu do Mekongu. Laotańczycy bardzo się boją policji i nie zadzierają z nią bez potrzeby, więc pewnie potwierdził wszystko, o co pytał pan władza. Istniała duża szansa, że inspektor przyłapie mnie na kłamstwie, a tego żadna policja świata nie znosi.

Kiedyś na lotnisku w Singapurze celnicy zatrzymali mnie pod zarzutem posiadania bambusowej dmuchawki, którą w tym kraju uznaje się za broń. Wyłgałem się, mówiąc, że nie mam do niej strzałek, choć leżały na dnie mojego plecaka. Puścili mnie wolno, a mogłem skończyć w areszcie jako przemytnik broni. Myślałem, że tu też się przemknę pod radarem.

Nie przemknąłem się.

Inspektor rzucił słuchawkę. Wtedy po raz pierwszy zobaczyłem, jak Azjata wpada w furię. To rzadki widok i nieczęsto się go ogląda, bo w tej kulturze tylko gówniarze i idioci publicznie się denerwują. Z antropologicznego punktu widzenia było to pewnie nawet interesujące, ale z punktu widzenia aresztowanego nie stanowiło jakoś powodu do radości.

Policjant się wywrzeszczał, powalił pięścią w stół, aż spadł mu zegarek, zobaczył, że pękła sprzączka z napisem VERSACHE, i wściekł się jeszcze bardziej, cisnął zepsutym już zegarkiem o blat, kopnął krzesło, zamachał rękami i wpadł w nieprzerwany monolog, nasycony manią niewspółmierną do sytuacji. W międzyczasie przesiadł się z angielskiego na laotański, więc od połowy nic już nie rozumiałem. Nic też mi nie mówiła kamienna twarz nastoletniego oficera, który stał obok, patrzył bez wyrazu na szefa i nie reagował w żaden sposób.

To wszystko wyglądało jednak trochę zbyt teatralnie.

Na początku denerwowałem się tylko trochę, bo gdy nie wiesz, o co chodzi, zawsze wyobrażasz sobie najgorsze. Teraz jednak zacząłem się niepokoić na poważnie, bo ci policjanci ewidentnie coś kombinowali, choć nie byłem jeszcze w stanie określić, co.

Inspektor pieklił się dobrych kilka minut, potem usiadł, przetarł łokciem spoconą twarz, posłał mi złowrogie spojrzenie i zamilkł. Cisza aż wibrowała w powietrzu, nawet usłyszałem, jak sam nerwowo przełykam ślinę.

– Chłoptasiu, dam ci jeszcze jedną szansę. Ale umówmy się, że to już ostatnia. Jesteś przewodnik czy nie?

Taktyka w zaparte nie zdała egzaminu, musiałem szybko wymyślić coś innego. Na studiach czytałem Schopenhauera, który zaleca w takich sytuacjach dzielić włos na czworo.

– Panie inspektorze, ja już rozumiem skąd to całe nieporozumienie! – krzyknąłem, jakbym odkrył wielką tajemnicę. – Pan mnie cały czas pyta, czy ja jestem przewodnikiem, a ja mówię, że nie jestem, bo u nas w Europie przewodnik to pracuje w muzeum i dostaje pieniądze za oprowadzanie ludzi po zabytkach. Ale może panu chodzi o coś innego? Może pan tak naprawdę pyta, czy jestem liderem tej naszej grupy? I wtedy tak, owszem, jestem liderem grupy, ale to nie to samo co przewodnik. Nie dostaję od nikogo pieniędzy, czasem nawet płacę za...

– Dobra, dobra, piękna historia – przerwał mi inspektor. – Niech będzie. Nie jesteś przewodnikiem?

– Nie, tak jak już mówiłem...

– Ale jesteś liderem grupy.
– Tak.
– Napiszesz w takim razie oświadczenie.

Nigdy, ale to przenigdy nie należy nic podpisywać. Podpis na kartce to mogiła, z tego się już nie da wycofać żadną miarą.

– Mówię, że napiszesz oświadczenie – spokojnie powtórzył inspektor.
– Co niby ma być w tym oświadczeniu?
– Że jesteś *tour leader* i przyprowadziłeś grupę do świątyni bez miejscowego przewodnika.
– Co się stanie potem, jak już napiszę to oświadczenie?
– A to już reguluje prawo.
– Jakie prawo?
– Dowiesz się, jak napiszesz oświadczenie.
– Chcę wiedzieć przedtem.
– Krok po kroku. Pisz oświadczenie.

Właśnie wtedy do mnie dotarło, że to nie jest zabawa, że to nie jedna z tych historii, które się potem wdzięcznie opowiada.

– Nic nie podpiszę. Spierdalaj.

To drugie dodałem w myślach.

Czułem, że coś jest nie tak, ale nie przypuszczałem, że aż do tego stopnia. Nie ma na świecie kraju, w którym policja najpierw wymusza oświadczenia, a dopiero potem informuje, co ci grozi. Jestem w środku jakiegoś szwindlu, tylko jeszcze nie wiem, jaki jest planowany jego finał.

A azjatyckie szwindle to jest naprawdę koronkowa robota i nigdy, ale to nigdy nie kończą się happy endem.

Nagle zrobiło się jakieś poruszenie, zmieniła się obsada. Inspektor siedział na swoim krześle i próbował stale oprzeć się na podłokietniku, którego jednak cały czas brakowało. Tajemniczy młodzian zniknął, a w jego miejsce pojawiło się dwóch innych. Jeden w mundurze, drugi po cywilnemu. Przejrzeli mój paszport, pogadali. Przyszedł ktoś jeszcze, przekartkował ponownie. Ten zniknął, wrócił młodzian. Zaszumiało radio przypięte do paska, ktoś krzyknął. Jeden klepnął mnie lekko w głowę i szarpnął się jak do bicia. Zabrali paszport z pokoju, wrócił tajniak.

Inspektor znowu zaczął walić pięścią w stół i coś tam pokrzykiwał. Wszyscy dyskutowali między sobą podniesionymi głosami.

Inspektor nagle uciszył ich jednym gestem.

– No i jak tam, chłoptasiu? Zastanowiłeś się?

– Nic nie podpiszę, chcę się skontaktować z ambasadą.

Inspektor kiwnął głową do gościa stojącego za mną, a ten rzucił się nader gorliwie z kajdankami i skuł mi ręce.

Myśl, chłopie, myśl!

– Dobradobradobra, spokojnie – zacząłem mówić bardzo szybko. – Muszę najpierw zrozumieć, co tu się dzieje. Popełniłem waszym zdaniem przestępstwo, tak?

– Tak.

– Mam złożyć oświadczenie, w którym się do tego przyznam, tak?

– Tak.

– Mogę iść do więzienia?

– Nie.

– Zapłacić karę?

– Tak.

– Jak dużą?

Inspektor wciągnął powietrze nosem, pogładził zaczeskę, a potem otworzył szufladę biurka i wyjął z niej kartkę oraz długopis. Cisnął je przede mnie i wycedził przez zęby:

– Najpierw pisz.

Gorączkowo próbowałem wymyślić jakieś wyjście z sytuacji, ale wszystko po kolei zawodziło. Nie pozwolili mi zadzwonić do ambasady, która zresztą i tak wiele by nie zdziałała ze swojej placówki w Bangkoku. Nie pozwolili mi powiadomić znajomych ani zapoznać się z przepisem, na podstawie którego mnie zatrzymali. Nie zgodzili się na tłumacza, który wytłumaczyłby mi jakoś bardziej przejrzyście, o co chodzi. Nie zgodzili się na nic. W tym scenariuszu miałem tańczyć, jak mi zagrają, i w finale znaleźć się dokładnie w tym miejscu, które zostało dla mnie przewidziane. Nikt mi tylko nie chciał zdradzić, co to za miejsce.

Z braku lepszego pomysłu grałem więc na czas, na zmęczenie materiału, chociaż to teoretycznie działało na moją niekorzyść. Minęły już ze dwie godziny i nie posunąłem się naprzód nawet o milimetr. Gdy tylko widziałem jakieś światełko w tunelu, wracaliśmy do tego samego: napisz oświadczenie, a potem dowiesz się, co dalej.

Kajdanki uwierały, inspektor wrzeszczał i siłą rzeczy osiągał zamierzony efekt. Siedziałem przestraszony już nie na żarty, mój paszport dawno znikł mi z oczu, czułem się coraz bardziej wyczerpany i coraz mniej miałem pomysłów. Nie ma szans, nie wygram z nimi.

Odetchnąłem głębiej.

– Dobrze, napiszę to oświadczenie.

– Mądry chłopak – uśmiechnął się przez zęby inspektor i podsunął bliżej kartkę.

– Co ma w nim być?

– Podyktuję ci, nic się martw.

Pisemne oświadczenie to gwóźdź do trumny, mówiłem wam. To jest naprawdę poważna sprawa i tu już nie ma żartów. Postanowiłem oświadczenie inspektora zapisywać niby tak samo, ale swoimi słowami, w wersji, z której mógłbym się jakoś później wykręcić, żeby mieć chociaż cień szansy na przyszłość.

– Jako przewodnik grupy zaprowadziłem ją do świątyni Xieng Thong... – zaczął dyktować boss.

– Grupa moich przyjaciół wybrała się do świątyni Xieng Thong... – zacząłem pisać.

– ... i oprowadzałem ich po terenie, gdy zatrzymała mnie policja – kontynuował.

– ... i rozmawiałem z nimi, gdy zatrzymała mnie policja – zapisałem.

W ten sposób przebrnęliśmy przez oznajmienie, iż nie wynajęliśmy lokalnego przewodnika, że przyjechaliśmy tego i tego dnia, a wyjechać mamy zamiar tego i tego. Potem w wersji inspektora widniało, że pokazywałem grupie buddyjskie świątynie, a w mojej, że rozmawialiśmy o buddyzmie. A potem inspektor nawet nie spojrzał na kartkę i powiedział:

– Podpisz.

Podpisałem.

– Daj kciuk.

Dałem. Został umoczony w czerwonym tuszu i odbity na kartce kilka razy. Inspektor wyraźnie się rozluźnił, co nigdy nie jest dobrym znakiem. Poczułem w żołądku wielką ołowianą kulę, a gardło ścisnęło mi się jak w za ciasnej koszuli na maturze z geografii. Krew huczała w uszach.

– Dobrze – zaczął z ironicznym uśmiechem starego wyjadacza inspektor. – Więc ustaliliśmy, że byłeś w świątyni z grupą i akceptujesz, że popełniłeś błąd, nie wynajmując przewodnika.

Strzelił palcami i zza moich pleców wyskoczyła ręka ze skoroszytem wypchanym papierami. Inspektor poślinił palec i niespiesznie zaczął przerzucać kartki. Wyjął jedną ze środka i położył ją przede mną. Była to sfatygowana kserokopia jakiegoś urzędowego dokumentu. Czerwonym flamastrem ktoś zaznaczył punkt numer siedemnaście, a pod spodem widniały ledwo widoczne pieczątki. Całość spisano w laotańskim alfabecie, więc nie rozumiałem ani słowa. Gdzieniegdzie rozpoznawałem tylko arabskie cyfry, sto tysięcy, a potem dwieście.

Jak pragnę zdrowia, w życiu nie poczułem takiej ulgi.

Wszystko stało się jasne w mgnieniu oka. W ten oto pokrętny sposób słabo opłacana policja wymusza łapówki, bo jak w każdym socjalistycznym kraju, w Laosie się nie przelewa i budżetówka widać cierpi na chroniczny brak żołdu. Toż to tylko o pieniądze im chodzi! A ja tu już rozważałem scenariusze z dożywociem, snułem jakieś fatalistyczne wizje, widziałem się w rynsztoku, bez górnych siekaczy i w samych majtkach, broczącego krwią, zapłakanego i zbezczeszczonego fizycznie. Strach ma jednak wielkie oczy.

Odetchnąłem spokojniej, krew wróciła do zwyczajowego obiegu, ręce przestały się tak makabrycznie trząść. Jesteśmy w domu. Ile to jest dwieście tysięcy laotańskich kipów? Dwadzieścia dolarów? Phi, dam radę, nie było po co tak panikować.

– No więc, inspektorze, co tu jest napisane? – spytałem pewnie, wiedząc, jaką usłyszę odpowiedź.

– Tu, w artykule numer siedemnaście, jest wyraźnie napisane, że obcokrajowiec za takie przestępstwo płaci dwa tysiące dolarów – odpowiedział inspektor z twarzą pokerzysty.

Zakręciło mi się w głowie. Dobrze, że siedziałem, bo niechybnie bym się przewrócił. Spojrzałem raz jeszcze na kartkę. Faktycznie, to nie było dwieście, tylko dwa tysiące, ale tylko tyle rozumiałem, to mógł być równie dobrze dokument dotyczący kwestii przewozu bydła przez granicę z Kambodżą.

– Płać – polecił cicho inspektor, a każda głoska aż ociekała jadem.

W pokoju zaległa cisza.

– A skąd ja mam niby wytrzasnąć tyle pieniędzy? – spytałem słabym głosem.

– A to już jest twój problem, chłoptasiu.

To, co się dalej działo, pamiętam bardzo słabo. Było dużo krzyku i trzaskania drzwiami, posterunkowi wbiegali i wybiegali, inspektor siedział nieruchomo i przyglądał mi się badawczo, a ja próbowałem myśleć logicznie. Minęło kilka nerwowych minut i śledczy postanowił rozjaśnić mi sytuację. Odchylił się do tyłu, złożył ręce na brzuchu i zaczął kręcić kciukami młynka.

– Z tego miejsca są tylko dwa wyjścia. Pierwsze: płacisz karę, dostajesz paszport i wracasz do domu. Drugie: nie płacisz, ja rekwiruję twój paszport i ślę go oficjalną drogą do odpowiedniego departamentu, który i tak ściągnie z ciebie te pieniądze. A u nas poczta słabo działa, dużo ma opóźnień, zajmie to pewnie kilka tygodni. No, pomyśl, przecież masz pieniądze, wy wszyscy macie dużo pieniędzy, wszyscy, którzy tu przyjeżdżacie, wydajecie majątek na bilety lotnicze, na te pamiątki, na te przejażdżki po rzece. Nie cwaniakuj, że taki niby jesteś biedny, chłoptasiu, bo ja wiem, że n i e j e s t e ś. Zapłacisz tak czy owak, bo mam twoje oświadczenie. Pytanie tylko, kiedy stąd wyjdziesz.

Inspektor był zawodowcem, to było jasne jak słońce. Uderzał prosto w najgorsze lęki białych turystów i uderzał skutecznie. Gdybym był w Azji pierwszy raz, zapłaciłbym już godzinę wcześniej, choćbym miał zaciągnąć kredyt. Ale z moich poprzednich doświadczeń z tym kontynentem wyniosłem jedną naukę. Otóż w Azji wszystko jest negocjowalne.

Te dwa tysiące dolarów to była pozycja startowa inspektora. To jest kwota duża nawet dla nas, przyjezdnych. W Laosie to jest kwota niewyobrażalna. Nie liczył więc chyba serio na to, że ją uzyska. Pozostała kwestia zbicia jej do założonego przez inspektora minimum, z nadzieją, że minimum jest ustawione na akceptowalnym poziomie.

Poczułem się cokolwiek pewniej na znanym terytorium i szykowałem się do precyzyjnej kontrofensywy. Zanim jednak zdążyłem otworzyć usta, inspektor mnie uprzedził, wistując bez żenady:

– Słuchaj no, te dwa tysiące to jest oficjalna taryfa. Ale my tu mamy taką lokalną politykę, że to może być również jakaś mniejsza kwota. Mogę poprosić kapitana, żeby była zniżka.

– Jak duża?

– Musisz coś sam zaproponować.

Wyciągnąłem portfel i wysypałem z niego na blat wszystkie banknoty. W przeliczeniu, jakieś dwadzieścia dolarów. Niech to będzie mój punkt startowy.

Bardzo ten punkt inspektora rozjuszył. Po chwili się jednak uspokoił, zgodnie z moimi przewidywaniami. W końcu skończyliśmy już etap straszenia i teraz się targujemy, a tu nie ma miejsca na emocje.

Wyciągnąłem cały arsenał sztuczek, od udawanego oburzenia, przez prośby i błagania, po roztrzęsioną rezygnację. Krzyczałem, łkałem i milczałem na zmianę, żonglując argumentacją na chybił trafił. Inspektor zszedł do tysiąca i uprzedził, że niżej już nie będzie. Tysiąc dolarów! Za to można przeżyć w Azji pół roku! Odpowiedziałem, że wszystkie pieniądze, jakie mam na ten wyjazd, to trzysta dolarów i więcej nie wyrzeźbię, on na to, żebym pożyczył od znajomych, ja z kolei, że przyjechaliśmy z biednego, komunistycznego kraju i że ma niedorzeczne wyobrażenie zachodnich obcokrajowców. Odegrałem wszystko, co potrafiłem, włącznie z ubogim studentem, pewnym siebie sukinsynem i przerażonym turystą, co to nie wiedział, że jest taki przepis.

Ani grosza poniżej tysiąca.

– Panie inspektorze – chwyciłem się ostatniej deski ratunku. – Proszę mnie natychmiast zaprowadzić do kapitana, który podejmuje decyzję o zniżce.

Zapadła cisza, tego się chyba nie spodziewali. Inspektor się pochylił, krzesło zaskrzypiało.

– To j a jestem tym kapitanem.

No tego to ja się nie spodziewałem.

Teraz już było jasne, że to szwindel ustawiony przez cały posterunek, maszynka do obrabiania turystów. Temat tego mitycznego departamentu wracał jak bumerang, grając rolę straszaka. Na bank żadnego departamentu nie było i nie mieliby nawet dokąd tego mojego paszportu wysłać, ale policja ma aż nadto sposobów, żeby zatrzymać moje dokumenty pod dowolnym pretekstem i usadzić mnie na kilka dni. Przerżnąłem na całej linii, nie miałem stąd łatwego wyjścia. Podjąłem po cichu decyzję, podniosłem głowę i powiedziałem spokojnie:

– Nie mam, panowie, takich pieniędzy i znikąd ich nie zdobędę. Nie mogę zapłacić, wysyłajcie sprawę do departamentu.

Va banque, trudno, raz kozie śmierć.

– W porządku – odpowiedział inspektor-komendant i machnął na młodziana.

Chłopak rzucił na stół mój paszport i wyciągnął z biurka urzędową kopertę z czerwonym paskiem. Patrzyłem z rosnącym niepokojem, jak pieczołowicie składa moje oświadczenie, pakuje wszystko do koperty i zaczyna ją adresować. Wymienili kilka uwag, inspektor coś rzucił do tajniaka stojącego w drzwiach, a ten znów wyciąga kajdanki. Żadnego pola manewru, nic. Żadnej instancji odwoławczej, żadnych praw, żadnego telefonu. Albo grają do ostatniego gwizdka, albo się srogo przeliczyłem i oto wpadam z głową w dół z nieczystościami. Zacząłem coś tam stękać, podając jednocześnie ręce do skucia, że nie mam takich pieniędzy, że może mogę pożyczyć, ale nie więcej niż cztery stówy. Inspektor tylko machnął ręką, że już nie ma o czym gadać i kieruje się do wyjścia, zostawiając papierkową robotę podwładnym. Ale w drzwiach rzucił przez ramię niezwykle cicho coś o zniewadze i czterystu, a potem coś o sześciuset.

Uchwyciłem się tego zębami. Już nawet nie pamiętam oracji, jaką musiałem wtedy wygłosić, ale jej skutek był taki, że inspektor wolnym krokiem wrócił na swoje krzesło i znów mi się przyglądał z nieprzeniknioną, kamienną fizis.

W pewnym momencie gwałtownym ruchem wyrwał urzędową kopertę swojemu podwładnemu, który wciąż kaligrafował na niej adres mitycznego departamentu, co dało w efekcie pociągłą kreskę przez całą jej szerokość. Inspektor przeciągnął językiem po zębach i mlasnął, następnie wyjął z koperty moje oświadczenie i oznajmił:

– Dopiszesz tu jeszcze jedno zdanie.

Było mi już wszystko jedno. Wziąłem do ręki długopis bez skuwki.

– Obiecuję, że następnym razem zatrudnię lokalnego przewodnika... – zaczął dyktować inspektor.

Zapisałem, w dokładnym brzmieniu.

– ... i zgadzam się na karę w wysokości... pięciuset dolarów... – zakończył, patrząc badawczo. Podniosłem powoli wzrok znad kartki.

– Pięciuset...? Niech będzie.

– To tego nie pisz.

WCIĄGNĄŁEM DO PŁUC ŚWIEŻE POWIETRZE, jakbym odsiedział dziesięć lat, a nie kilka godzin. Nie miałem wprawdzie paszportu, ale wynegocjowałem – nadal horrendalnie wysoką – stawkę pięciuset dolarów i wyglądało na to, że sprawa znajdzie finał jeszcze tego samego dnia. Popędziłem do hotelu, w którym z mojej tajnej skrytki w plecaku, kieszeni zaszytej w najmniej oczywistym miejscu, wyciągnąłem swój zasób na czarną godzinę, który od lat bezpiecznie w niej sobie podróżował. Wróciłem na posterunek, żeby dokończyć formalności. Wszedłem przez skrzypiące drzwi do błękitnego pokoju i zobaczyłem inspektora, który siedział przy biurku. Oprócz niego nie było nikogo. Tłumy policjantów tak żywo zainteresowane moją sprawą gdzieś wyparowały i oto byliśmy na posterunku sami.

Odsunąłem krzesło, by na nim usiąść, twarzą w twarz z inspektorem.

– Chcę dostać jakieś pokwitowanie – odezwałem się spokojnie i rzeczowo – bo jak go nie dostanę, zgarniecie mnie za kilka minut z chodnika, pokażecie ten sam paragraf, a potem moje własne oświadczenie i powiecie, że mam zapłacić dwa tysiące.

– Z pokwitowaniem to będzie trwało tydzień przez departament i kosztowało dwa tysiące. Za pięćset nie ma pokwitowania.

– W takim razie chcę kopię tego oświadczenia.

– Nie.

– Ma pan mój paszport?

– Najpierw pieniądze.

– Najpierw paszport, przyjacielu – podniosłem nieco głos, z czego dziś, gdy to wspominam, jestem bardzo dumny. – Nie zobaczysz żadnych pieniędzy, dopóki ja nie zobaczę swojego paszportu.

Inspektor wyjął mój paszport z kieszeni na przyrodzeniu i położył przed sobą. Splunął w kąt, wsadził do ust papierosa i podpalił go. Spojrzał wyczekująco.

Wyciągnąłem pieniądze i przeliczyłem przy nim.

– Zgadza się?

– Zgadza – odpowiedział.

Wyciągnąłem rękę z pieniędzmi, inspektor podniósł paszport i dokonaliśmy równoczesnej wymiany. Wyszedłem z pokoju, obrzucając inspektora najgorszym spojrzeniem białego wywyższenia, na jaki było mnie stać.

Do dziś nie wiem, czy to byli prawdziwi policjanci.

– E TAM, wymyślił pan tę historię... – skwitował kierowca taksówki.

– Nie wymyśliłem, tak było naprawdę.

– No i co, najadł się pan strachu, a jednak nadal jeździ. Mówiłem panu, wojaże zmieniają człowieka. Ma czas, ma myśl, popatrzy sobie dookoła i na siebie też przy okazji popatrzy. Może dojdzie do jakichś wniosków. Każdy by się z panem zamienił. Dwadzieścia cztery złote.

– Może i ma pan rację. Reszta dla pana.

Nie „może". Taksówkarz miał rację.
Każdy by się ze mną zamienił.
A gdyby tak...

Dwa miesiące później

POCIĄGNĄŁEM ZA KLAMKĘ i otworzyłem drzwi, trącając dzwonek. Na mróz buchnęło wilgotne powietrze przepojone alkoholem i papierosowym dymem. W środku panował półmrok i spokój właściwy nocy trwającej całą dobę. Ciasne wnętrze urządzono dawno temu. W ciemnych kątach od przynajmniej czterdziestu lat ukrywali się ci, którzy nie chcieli być widziani. Stali bywalcy, lubiący lustra za towarzyszy, nawet popołudniem, jak teraz. Ludzie bez twarzy i bez przyszłości, nieustannie wspominający dawne dzieje. Za kontuarem krzątała się tleniona blondynka o nieudanej trwałej, w nieco przybrudzonym fartuchu. Jej ziemista twarz nie wyrażała żadnych emocji. To miejsce zbyt wiele już widziało.

Siedział przy oknie, na wysokim stołku z niewygodnym oparciem, a przed nim parowała herbata. Mój ojciec. Tata. Człowiek, który otworzył mi głowę na świat i nauczył zawsze obstawać przy swojej racji, bez względu na koszty. Trochę filozof, trochę religioznawca, muzyk, chociaż umysł ścisły. Bluesman i fan jazzu. Twardy i wymagający nauczyciel.

Gdy przyszedłem do domu zapłakany, bo któryś z kolegów zrzucił mi plecak z okna na ulicę, polecił mi wrócić do szkoły i obić mu gębę. Miałem walić pierwszy i z całej siły, bo w przeciwnym razie przez całe życie będą mną pomiatać. Gdy przegrywałem mecz na podwórku i przychodziłem się przytulić, zawsze kazał mi przestać się mazgaić i podać zwycięzcy rękę, bo przegrywać trzeba z klasą. We wszystkim, co robiłem, wymagał perfekcji, bo jeśli miałem zamiar robić coś na pół gwizdka, lepiej nie zaczynać w ogóle.

Mój ojciec miał zawsze gotową odpowiedź na każde pytanie, obojętne jak trudne, choć często uważał, że tej odpowiedzi nie będę w stanie zrozumieć. Nauczył mnie wszystkiego, co wiem o życiu. Nie nauczył mnie tylko jednego – tego, że on sam też może się mylić.

– Dziwne miejsce wybrałeś – zaczął.

– Potrzebowałem dobrego tła do książki.

Jakby podkreślając scenerię, doświadczony sommelier siedzący w kącie, zakutany w śmierdzącą brudem kurtkę, zamamrotał coś basem i odstawił kieliszek z grubego szkła.

– To chyba jedyny możliwy powód – skwitował ojciec. – No nic, siadaj, napij się, pogadajmy, skoro chciałeś.

– Co u mamy?

– Nic nowego. A u was?

– Też po staremu.

– No to mów, o co chodzi – ponaglił tata.

– Przyszedł mi do głowy pomysł, który może ci się wydać dziwny...

– Mnie już dawno przestały dziwić twoje pomysły.

– Patrzę na moich przyjaciół i widzę, że czegoś im w życiu brakuje. Wiesz, niektórzy są na wirażu, a inni stoją w miejscu i nie wiedzą, co dalej. Każdy czegoś potrzebuje, ale najczęściej nie wie czego...

– A ty wiesz? – przerwał mi ojciec.

– Tak mi się wydaje.

– Odważne założenie.

WIDZICIE ZDJĘCIA Z EGZOTYCZNYCH MIEJSC, wyobrażacie sobie, jak pięknie tam musi być. Słuchacie opowieści, w których wszystko jest pełniejsze i smakuje inaczej. W których dni są niepodobne do siebie, ludzie są szczęśliwsi, a słońce świeci zawsze. Zazdrościcie, marzycie, planujecie, odkładając decyzje na lepszy moment, który jednak nigdy nie nadchodzi. Wasz kalendarz jest zawsze zbyt pełny, piętrzą się trudności, zobowiązania. A czas płynie. Wiedziecie życie, jednocześnie marząc o innym.

Każdy by chciał podróżować, mówicie. Każdy by się ze mną zamienił. Niech tak się stanie.

Wybrałem trzech moich przyjaciół, którym wiele w życiu zawdzięczam. „Zabiorę cię w dowolne miejsce na świecie – powiedziałem każdemu. – Dokąd tylko chcesz. Przeżyjesz to, o czym od zawsze marzyłeś, zobaczysz miejsca, które zawsze chciałeś zobaczyć. Sprawdzisz się w tym, na co nigdy nie miałeś odwagi. Przekonasz się może, na co cię stać. Ty decydujesz kiedy, dokąd i po co.

Ale zdecydować musisz teraz, w tym momencie.

Decyduj”.

MARCIN

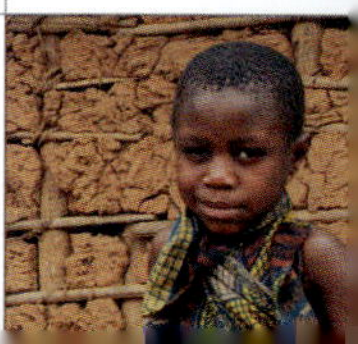

Dolina Omo, Etiopia, osiem lat wcześniej

OD DWÓCH DNI GNIEŹDZILIŚMY SIĘ Na tylnym siedzeniu otwartej półciężarówki Banku Światowego, którą pokonywaliśmy wertepy na południe od Arba Minch, ostatniego miasta przed legendarną Doliną Omo. Chińczycy zaczęli już budować asfaltową drogę, więc niedługo będzie tu można dojechać w kilka godzin, ale teraz każde sto kilometrów to niekończąca się przeprawa przez dziury i kamienie.

Dotarliśmy do celu, małej wioski Key Afar, gdzie autobus dojeżdżał raz w tygodniu, o ile się nie rozkraczył po drodze. Z trudem wydostaliśmy się z ciasnej klatki foteli z tyłu. Nie czułem prawej nogi.

– Napijmy się.

Bar w glinianej chacie krytej blachą prowadziła sędziwa staruszka. Podawała tylko indżerę z kurczakiem i colę w szklanych butelkach. Wyciągnęła dwie z metalowej miednicy z wodą, pełniącej rolę lodówki. Uznała, że białym przyjezdnym trzeba podać porządnie i przetarła je do sucha najbrudniejszą ścierą, jaką widziałem w życiu, szczególnie dokładnie wycierając szyjkę butelki. Cola śmierdziała więc stęchłą szmatą, brudem i zgnilizną. Po dwóch upalnych dniach w metalowej puszce dobre i to.

Marcin miał wtedy dwadzieścia jeden lat i kilka ostatnich młodzieńczych pryszczy. Studiował stosunki międzynarodowe i chciał zmienić świat, robić w życiu coś, co będzie miało znaczenie. Nosił nieco dłuższe włosy,

które przed wyjazdem do Afryki obciął tuż przy skórze, żeby nic w nich nie przywieźć do domu. Chodził w bojówkach i szarych koszulach z bawełnianego tropiku. W kieszeni miał zawsze notes, długopis i wymiętą paczkę papierosów, które palił wieczorami, spisując drobiazgowo wszystkie wrażenia dnia. Gdy wpadał w ekscytację, mówił bardzo szybko i dużo, i opowiadał mi to, co przed chwilą obaj wspólnie widzieliśmy, zupełnie jakby mnie tam nie było. Rzucał się w tę Afrykę, chłonął ją całym sobą.

Był wtedy taki „w sam raz", trudno było znaleźć cechę, którą wyróżniałby się z tłumu. Był odpowiedniego wzrostu i odpowiedniej urody. Ani nie za wesoły, ani za poważny. Nie gruby, nie chudy. Trochę jeszcze nieokreślony.

W tym momencie życia, kiedy wszystko jest jeszcze przed tobą.

MARCIN POSZEDŁ znaleźć jakiegoś tłumacza. Chcieliśmy zamieszkać w wiosce jednego z lokalnych plemion, kultywujących tradycyjne obrzędy. Hamerowie. Mursi. Banna. Tajemnicze nazwy, które w naszych głowach urastały w magiczne wyobrażenia „prawdziwej Afryki".

Prawdziwej, choć znanej nam tylko z filmów i książek.

Chcieliśmy poczuć się odkrywcami, Podróżnikami przez wielkie „P", chcieliśmy dotrzeć tam, gdzie nikt nie dociera, nie bardzo wiedząc, co zrobimy, gdy już się tam znajdziemy.

– Znalazłem chłopaka, piętnaście lat. Mówi, że wprowadzi nas do wioski Banna. To kilka godzin stąd – oznajmił Marcin po powrocie.

– Stać nas?

– Stać.

Rekonesans wykazał, że idąc w odwiedziny do Banna, dobrze coś przynieść na powitanie. Kupiliśmy sól i całą torbę łupin kawy. Ziarna wysyłało się na bogatą północ, a na odludnym południu starczyć musiały same suszone łupiny. Nasz przewodnik okazał się drobnym nastolatkiem w dziurawych klapkach i piłkarskiej koszulce. Geteye. Oznajmił, że wszystkie wioski Banna są jego wioskami, i że zaprosić nas może do każdej, i że wyruszymy niezwłocznie po zakończeniu dnia targowego, po czym odszedł, nie zaszczycając nas dłużej swoją obecnością.

Na naszych oczach ożyła afrykańska pocztówka. Po targu krzątały się półnagie kobiety, przewiązane jedynie koźlimi skórami, pobrzękując miedzianymi bransoletami na kostkach bosych stóp. Mężczyźni w plemiennych kolorach dumnie prezentowanych na opaskach z tysięcy koralików. Między straganami ganiały dzieciaki, grzechocząc zabawkami z łupin jakichś owoców. Na ziemi dzidy, łuki i strzały przeglądane przez potencjalnych kupców. Na łąkach stada kóz i krów na sprzedaż. Chór głosów w obcych narzeczach.

Jesteśmy w Afryce.

Ludzkie oko widzi to, co chce zobaczyć. Ja chciałem zobaczyć dzicz. Ktoś inny zobaczyłby na tym targu plastikowe miski i chińskie ubrania. Klapki zrobione z opon, buty i części do rowerów. Jak w całej Etiopii, również i tu, naprawdę na końcu świata, można było kupić puszki jedzenia USAID, rozdawane tam, gdzie brakowało żywności, i przeznaczone do natychmiastowego spożycia. Wtórny rynek darów organizacji charytatywnych kwitł wtedy w Etiopii w najlepsze. Raz sprzedane i opróżnione, puste już puszki przerabiano na sitka i garnki, po czym sprzedawano po raz drugi. W Afryce nic się nie marnuje.

W gąszczu czarnych głów z warkoczykami przemykał nawet jakiś biały fotograf czy dwóch, którzy dojechali tu wynajętym samochodem i planowali wrócić przed zmrokiem. Gdy przyjrzeć się bliżej plemiennym ozdobom, okazywało się, że koraliki są plastikowe, a błyskotki to zgniecione kapsle i części puszek. I że na skraju wioski stoi wielka ciężarówka, którą większość handlarzy wróci do swoich domów. Tylko nieliczni będą szli dwa dni do osad, do których nie prowadzi żadna droga.

Targ rozpłynął się w powietrzu równie szybko, jak się pojawił. W ciągu godziny nie było po nim śladu. Geteye odnalazł nas pod drzewem i zarządził wymarsz.

Miło czasem powiedzieć, że za plecami został ostatni bastion cywilizacji. Rzadko jest to prawda, ale wtedy była.

* Na stronie tomekmichniewicz.pl/swojadroga można znaleźć galerie, nagrania i dodatkowe materiały pozwalające lepiej poznać poszczególne miejsca opisywane w tej książce. Wystarczy wybrać odpowiedni przycisk w sekcji multimediów.

– NIE SIADAJ NA ZIEMI – syknął Geteye. – Mężczyźni tak nie robią.

– A kobiety?

– Kobiety mogą siedzieć, jak chcą.

Do wioski dotarliśmy o zmierzchu. „Wioska" to zresztą duże słowo. Osada. Dwie chaty należące do pana domu, po jednej dla każdej z żon. Obok zagroda dla krowy i dwóch kóz, palenisko. Niewielkie poletko, wzgórza, dym sączący się przez strzechy chat, brzęczące muchy. Ze środka dochodziły monotonne głosy rozmowy i szuranie po glinianym klepisku.

Przed chatę wyszła kobieta. Jej obfity biust wyzierał spod obszytej koralami i muszelkami zwierzęcej skóry, która pełniła rolę koszuli. Włosy miała sklejone czerwoną ochrową gliną w cienkie warkoczyki, które przy każdym ruchu świergotały jak szklane paciorki na wietrze. Kobieta spojrzała na nas przeciągle, po czym krzyknęła coś do środka chaty, nie odwracając głowy. Po chwili wyszedł z niej chudy trzydziestolatek. Założyłem, że pan domu, Galdi. Nasz tłumacz wyjaśnił mu, kim jesteśmy, i poprosił o nocleg w wiosce. Gospodarz przyjrzał się nam milcząco i łaskawie

Galdi

udzielił zgody. Zaczęliśmy wylewnie dziękować, jeden przez drugiego, wręczać sól, łupiny kawy, niemal do stóp padać, ujęci aurą sytuacji.

Galdi bardzo się z nas śmiał.

W tradycji plemion Doliny Omo podziękowania nie mają takiego znaczenia jak w Europie. Prosisz o coś, dostajesz, dziękujesz jednym słowem, koniec tematu. Jak na podróżników-odkrywców wiele się jeszcze musieliśmy nauczyć.

To był niesamowity wieczór. Pierwszy z wielu, jak sobie obiecywaliśmy. Chcieliśmy zostać w domu Galdiego najdłużej, jak to możliwe. Byliśmy Livingstone'em i Stanleyem, Morganem i Malinowskim. Wpadliśmy w plemienne życie całymi sobą i chłonęliśmy każdą minutę niesieni niesamowitą atmosferą dymu z ogniska i rozgwieżdżonego nieba nad wioską głęboko w buszu.

Galdi z lekkim zakłopotaniem przyznał, że nie jest w swoim klanie ważny, bo ma tylko dwie żony i czwórkę dzieci. Że wódz ma dwadzieścia dwoje, więc jeszcze dużo przed nim. Że jego żony robią z nim, co chcą, i niewiele może na to poradzić. I że ma tylko jedną krowę, a co to jest jedna krowa.

Jakby ilustrując rozżalenie Galdiego, jego żony obserwowały nas z oddali i podśmiewały się ostentacyjnie. Może z nas, może z niego. Marcin podszedł do nich, chciał pomóc ubijać masło z koziego mleka. To rozbawiło je jeszcze bardziej. U Banna czynności dzielą się na męskie i kobiece, a ubijanie masła należy zdecydowanie do tych drugich. Wrócił zmieszany.

W wiosce pojawił się najmłodszy syn Galdiego, ośmiolatek z karabinem na plecach. Na hieny, powiedział, bo zabijają kozy. Karabin wisiał zresztą u powały w każdej z chat Doliny Omo, w wielu były to kałasznikowy kupowane na lewo od policji, która następnie zgłaszała „zaginięcie" lub „kradzież". Kałasznikow kosztował trzy krowy, kilka naboi – bańkę mleka.

PÓŹNY WIECZÓR. Kolacja. Na ziemi kawałek sera i podpłomyki bez smaku. Mężczyźni w chacie, kobiety na zewnątrz. Żarty i śmiechy. Palenisko.

Wyszedłem spod strzechy. Żona Galdiego siedziała na wydrążonej tykwie, mieszając jakiś wywar w sporym garze na ognisku. Dziwny zapach. Po torebce leżącej obok rozpoznałem nasz gościniec, łupiny kawy. A więc to ten tradycyjny napar pijany przez Banna trzy razy dziennie, wspólnie, w ramach stałego rytuału. Pachniał ziołami i dymem.

Kilka minut później z chaty wyszli pozostali mężczyźni i usiedli wokół dogasającego paleniska, robiąc nam miejsce wśród siebie. Gospodyni wstała z tykwy pełniącej rolę stołka i zmieniła ją w miskę, nalewając do niej solidną porcję wywaru. Zapach został przywitany pełnymi aprobaty mruknięciami. Pani domu podała tykwę kuzynowi Galdiego siedzącemu po jej prawej stronie. Kuzyn pociągnął srogi łyk, potem drugi, nie mniejszy, po czym podał tykwę dalej. Sąsiad powtórzył operację i w ten sposób tykwa krążyła z rąk do rąk, co jakiś czas napełniana przez gospodynię nową porcją napoju.

Pierwszy łyk wykrzywił mi twarz, choć bardzo starałem się tego nie okazać. Napar smakował jak piołun z rumiankiem, nie miał z kawą nic wspólnego. Galdi pokazał, że wypić należy więcej, przynajmniej trzy pełne hausty. Nie sądziłem, żebym był w stanie ścierpieć tyle tego ohydztwa. Lokalna tradycja, którą tak entuzjastycznie chcieliśmy badać. Oto i ona. Mocny, gorzki smak długo zostawał na języku.

Napój krążył wkoło przynajmniej pół godziny. Na szczęście kolejne porcje donoszone przez gospodynię były już łatwiejsze do przełknięcia, jakby bardziej rozwodnione. Rozmowy powoli cichły, księżyc wschodził coraz wyżej, coraz jaśniej robiło się od jego blasku. Kobieta znowu usiadła na swojej tykwie, a drugą założyła na głowę jak czapkę.

Syn Galdiego wyciągnął z chaty skórę i ułożył się do snu pod drzewem. Chwilę później dołączył do niego sam Galdi, a po nim wszyscy pozostali. Zasypiałem, patrząc przez kolce akacji w jasne od nocnej łuny niebo.

Co za miejsce.

OBUDZIŁ MNIE DYM Z PALENISKA. Podniosłem głowę i rozejrzałem się po wnętrzu chaty. W nocy zaczęło padać i wszyscy przenieśliśmy się do środka. Niemal całą powierzchnię klepiska zapełniały pochrapujące wełniane zawoje. Przez szpary w ścianach przebijał blady świt.

W rogu gospodyni mieszała w garze, używając swojej tykwy tym razem w roli chochli. Kładła się ostatnia i wstawała pierwsza. Na jej głowie spoczywał cały dom i dzieci, często obu żon Galdiego. Była zmęczona, widziałem to w jej zmarszczkach i bladym uśmiechu. Nie dziwię się.

Kobieta odkryła garnek i dosypała więcej łupin kawy. Ziołowy aromat poniósł się po chacie. Parę kropel z tykwy padło na rozgrzane kamienie, zasyczały w proteście. Znowu będę musiał wypić z litr tego paskudztwa.

Poruszenie w chacie budziło kolejnych śpiących, którzy wstawali i bez słowa gromadzili się wokół paleniska. Zaczynał się dzień. Marcin usiadł ciężko obok, wyraźnie niewyspany. Spojrzał na gar z wywarem i zwiesił głowę z rezygnacją.

Miejmy to już za sobą.

Gospodyni miała na imię Aranech. Napełniła tykwę i puściła ją w obieg. Bez protestów wychłeptałem pierwszą porcję, podobnie jak wcześniej Marcin. Mężczyźni Banna mlaskali, delektując się napojem.

I wtedy to zobaczyłem.

Aranech sięgnęła za przepierzenie i wyciągnęła plastikowy baniak na wodę, pełny do połowy. Wlała do gara te ostatnie kilka litrów, zamieszała tykwą, po czym uzupełniła porcję dla domowników i ponownie podała do picia. Nie odrywając od niej oczu, wyciągnąłem rękę za siebie, po omacku szukając naszego tłumacza, który jako ostatni jeszcze spał. Złapałem go za nogę i szarpnąłem obcesowo. Odpowiedział groźnym pomrukiem. Szarpnąłem jeszcze raz, zmuszając chłopaka do wstania.

– Spytaj Aranech, skąd biorą wodę.

Geteye przetłumaczył niechętnie.

– Z rzeki, zaraz za wzgórzem – przyszła odpowiedź tą samą drogą.

To oznacza, że właśnie – a pewnie i dzień wcześniej – wypiłem z pół litra nieprzegotowanej wody z afrykańskiej rzeki.

– Marcin, idziemy na spacer.

– Co?

– Powiedz im, że musimy na chwilę wyjść.

– Jak mam to niby wytłumaczyć?

– Wymyśl coś.

Kręciło mi się w głowie ze strachu. Mięśnie odmawiały posłuszeństwa, słaniałem się na nogach. Wstałem nieporadnie, opierając się na kimś bez pardonu i zacząłem chwiejnie zmierzać ku jaskrawej plamie wyjścia. Słyszałem, jak Marcin próbuje przekonać domowników, że względy religijne każą nam się pomodlić po wstaniu. Chłodne powietrze poranka trochę mnie otrzeźwiło, ale serce nie przestawało walić jak szalone. Zaraz zemdleję.

Marcin wyszedł za mną, też już do niego dotarło, co się właśnie stało. Byliśmy dwa dni drogi od najbliższego lekarza, a przez lekarza rozumiemy w tym momencie pana w fartuchu, który ma w szafce aspirynę i flaszkę jodyny. Od Key Afar, gdzie może jakimś cudem złapiemy transport, dzieliło nas kilka godzin forsownego marszu. Najbliższy sensowny szpital był w Addis Abebie, sześćset kilometrów stąd. Równie dobrze mógłby być w Hondurasie. A my właśnie napiliśmy się surowej wody z rzeki, co jest synonimem samobójstwa. Cholera, tyfus, dyzenteria, ameboza, bilharcjoza... To wszystko żyje w wodzie i ma się tam bardzo dobrze. Gdybym miał postawić pieniądze, obstawiłbym, że następnego dnia będziemy leżeć w malignie z czterdziestostopniową gorączką.

Umrzemy w tym buszu.

– Co robimy?

– Trzeba to wyrzygać.

Próbowałem, naprawdę. Szorowałem palcami niemal wlot żołądka. Nic. Marcin w tym czasie wypompował trochę wody, ale też niewiele.

– Psia mać, na czczo szybko wchodzi.

– Stary, nie mogę, nie jestem w stanie! – Odwróciłem się niemal z płaczem.

– Otwórz gębę, ja ci pomogę.

Marcin pracował dwa miesiące w szpitalu we Francji jako pielęgniarz czy opiekun. Może ma doświadczenie. Wcisnął mi palce do gardła, powodując natychmiastowe odruchy wymiotne. Też bezskutecznie, nic, zero.

– Musimy się zwijać, nie ma czasu – zawyrokował.

TE KILKA GODZIN MARSZU pokonaliśmy biegiem, korzystając z – jak sądziliśmy – ostatnich godzin, kiedy mogliśmy się swobodnie przemieszczać. Spodziewaliśmy się zatrucia, gorączki i odwodnienia, które nas uziemi. Wystarczy, że trafi jednego. Szanse na to szacowaliśmy jak pół na pół. Ale że było nas dwóch, więc to tak jakby już sto procent. Chcieliśmy być gdziekolwiek, gdzie jest choćby cień nadziei na transport dalej, i to zanim się wszystko zacznie.

Z Key Afar odjeżdżał jakiś gruchot do Jinki, w przeciwną stronę niż trzeba, ale stamtąd raz na jakiś czas latał do stolicy samolot z zaopatrzeniem, który brał też pasażerów. Jeśli będziemy mieli szczęście, przyleci na dniach. Dojechaliśmy do tej wioski, gdzie droga się po prostu kończyła, ściśnięci w nieprawdopodobnym tłoku, z kurczakami i kozami, i z toną ziarna na dachu. Czterdzieści kilometrów, dwie godziny w upale.

Na razie żyjemy.

W Jince był wtedy jeden zapchlony hotel, nocą działający też jako burdel. Obok posterunek policji z jednym funkcjonariuszem, bar i trawiaste pastwisko, na którym przechadzały się krowy, a dzieci grały w piłkę. Zajęliśmy pokój, przepłacając okrutnie i nie zwracając na to uwagi. W pokoju okno było zabite blachą, jedynie w kiblu dało się otworzyć lufcik. Pewnie żeby zapewnić zajętym gościom prywatność.

Zmrok. Na razie wszystko dobrze, gorączki brak. Hotel zaczął się przeistaczać w dom uciech. Z baru ryknęła muzyka wabiąca klientów, dziewczyny rozsiadły się na krzesłach przed wejściem. Chodźmy spać.

OBUDZIŁ NAS STRZAŁ. Usłyszałem, jak Marcin podrywa się na łóżku. Ciemno, nie widzę nic, nawet własnej ręki. Słyszę tylko poruszenie, wrzaski.

– Ja pierdolę.

– Co robimy?

– Nie wiem.

Po omacku włożyłem spodnie i buty. Latarka została w plecaku, lampa nie działa. Na zewnątrz nadal krzyki. Siedzimy na łóżkach, roztrzęsieni. Spora szansa, że chodzi o nas, czy raczej o nasze pieniądze.

– Co robimy?

– Myślę.

– Albo barykadujemy drzwi i czekamy aż się jazgot skończy, albo wyłazimy przez lufcik w sraczu i wiejemy do buszu.

– Widziałeś ten lufcik? Nie przeciśniesz się, ja też nie.

– To co, czekamy?

– A jeśli to pożar? Albo draka, ale nie chodzi o nas? Nic nie wiemy.

– Trzeba wyjść, nie ma rady.

– Dobra, idę. Zamknij się w środku.

STRZELAŁ ALFONS DO KLIENTA, który na zbyt wiele pozwalał sobie z jego podopieczną, a do tego nie chciał zapłacić. Dostał w ramię. Policjant przybiegł po minucie i rozdzielił walczących. Godzinę później wszyscy trzej pili w barze piwo.

Dwaj biali w pokoju numer sześć nikogo nie interesowali.

WRÓCILIŚMY DO ADDIS SAMOLOTEM, płacąc za transport kartą kredytową, którą facet w budce pełniącej rolę wieży kontrolnej odbił na kalce, szorując po niej ołówkiem. Niebotyczna kwota. Po miesiącu zeszła z rachunku w dokładnej wysokości.

Przegoniono kozy i dzieci, pastwisko zmieniło się w pas startowy. Samolot wylądował na krowich plackach, zawrócił. W poszyciu maszyny były dziury na wylot, przez które mogłem wystawić pięść. Składane turystyczne krzesełka przymocowane luźno do ściany pełniły rolę foteli. Na szczęście samolot leciał nisko, więc gdyby spadał, może dam radę wyskoczyć przez niedające się zamknąć okno.

DO ADDIS DOLECIELIŚMY ZDROWI. Bez gorączki, trzęsiawy i osłabienia. Kolejne trzy dni, które profilaktycznie spędziliśmy w okolicy szpitala, też nie przyniosły żadnych symptomów nadchodzącej, niewątpliwie nieuleczalnej i śmiertelnej choroby.

Absolutnie nic.

Gdy tydzień później opowiedzieliśmy tę historię amerykańskiemu antropologowi, który w zupełnie innej części Etiopii badał tradycje plemienne, pokręcił głową i powiedział:

– Panowie, wyczerpaliście limit szczęścia na całe życie.

Warszawa, osiem lat później

KAWIARNIA NA PARTERZE BIUROWCA. W środku brzęk filiżanek i pospieszne rozmowy, za wielkimi szybami bezgłośnie płynęło miasto. Marcin otworzył drzwi, wpuszczając dźwięk ruszającego autobusu i klakson taksówki.

Miał na sobie eleganckie sztruksy i brązowy kardigan, spod którego wystawał kołnierz koszuli. Był nieco pełniejszy niż kiedyś, bardziej przy ziemi. Chodził nieco mniej sprężyście i nie było w nim już tej młodzieńczej nerwowości czy może animuszu. Młody, ale dorosły mężczyzna.

– Przytyło ci się...

– Troszeczkę.

– Dobrze cię widzieć. Siadaj, napij się.

Odstawił torbę, na stół odłożył plik gazet, rozsiadł się w fotelu i strzepnął ze spodni niewidzialny pyłek.

– Marcin, co w ogóle u ciebie? Co teraz porabiasz?

– Jestem księgowym.

– Ty? Księgowym? Naprawdę?

– Naprawdę.

Ostatnia praca, w której bym go widział. Osiem lat temu stawiałbym, że będzie jeździł po świecie i budował kliniki albo prowadził badania dotyczące nierównej dystrybucji żywności. Może analizował politykę międzynarodową albo stawiał obozy dla uchodźców. Ale na pewno nie będzie siedział w dziale księgowości.

Minęło jednak kilka lat, trochę się zmienił od tamtego czasu. Dojrzał, dorósł, wydoroślał. Na pierwszy rzut oka chyba mu się powodzi, widać, że wiedzie poukładane życie. Ale brakowało tego błysku w oku, który powodował, że niegdyś bez wahania pakowaliśmy się razem w kłopoty, i który zawsze uważałem za esencję Marcina.

Rozmawialiśmy dłuższą chwilę o nieistotnych sprawach i o tych trochę ważniejszych też. Tak jak rozmawiają starzy kumple, którzy, choćby spotkali się po latach, podejmują wątek, jak gdyby przerwali go poprzedniego wieczoru, bez cienia obcości i udawania.

– Mam dla ciebie pewną propozycję – powiedziałem w końcu. – Ale musisz mi najpierw odpowiedzieć na kilka pytań. Może nawet bardziej sobie niż mnie.

– Dawaj.

– Znamy się kupę czasu, odpowiedz szczerze. Czy czujesz, że robisz w życiu to, co powinieneś?

– Co to, kartka na dziś z kalendarza złotych myśli?

– Pytam serio.

– Daj spokój, co to ma być, terapia? A ty robisz to, co powinieneś?

– Robię.

Zastanowił się chwilę.

– Ja chyba też.

– Chyba?

– Tak mi się wydaje. Raczej niczego mi nie brakuje.

– Przypomnij sobie, co powiedziałeś, gdy wróciliśmy z Etiopii. Powiedziałeś wtedy: „To jest to, co chcę robić w życiu". Chciałeś mieszkać w Afryce, robić coś, co ma znaczenie, jakoś zmieniać ludziom życie na lepsze. A teraz jesteś księgowym w dużej firmie. Jak się tu znalazłeś? Gdzieś musiałeś skręcić z tej swojej trasy. Pytanie brzmi, czy to była świadoma decyzja.

– Ty tak na serio – stwierdził raczej, niż spytał.

– Na serio. Zaufaj mi, spodoba ci się.

– No dobra, niech będzie. Kiedy skręciłem...? Chyba to nie ja skręciłem, tylko droga skręciła. Jakiś staż, pierwsza praca, a potem już tak osiadłem. Wiesz, było wygodnie...

– Co ciekawego wydarzyło się u ciebie przez ostatni miesiąc?

– Przez miesiąc? Nic. Wszystkie dni są identyczne. Jadę kawał drogi do pracy...

– Lubisz ją?

– Szczerze? Przestałem mieć już do niej jakikolwiek stosunek. Gapię się w monitor, piszę maile, przekładam papiery. Jest kilka fajnych osób, ale większość nie ma nic ciekawego do powiedzenia. Plotkują o pierdołach, o mężach, żonach, kto co zje na obiad, co nowego w telewizji. Ciężko wytrzymać. Ja tam przychodzę, robię swoje i wychodzę. Potem wracam wieczorem do domu, jem coś, idę spać. I rano znowu jadę do pracy. I tak to trwa, nawet nie wiem już ile.

– Osiem lat.

Marcin podparł głowę ręką i popatrzył w podłogę.

– Gdybyś miał znowu dwadzieścia jeden lat, poszedłbyś tą samą drogą?

– Nie.

– A gdybyś mógł się dzisiaj przenieść w dowolne miejsce na świecie, gdzie byś się przeniósł?

– Do Afryki – odpowiedział bez cienia wahania.

– W takim razie mam dla ciebie propozycję – odpowiedziałem.

ZABIORĘ CIĘ W DOWOLNE MIEJSCE ŚWIATA, gdzie tylko chcesz i po co chcesz. Możesz pojechać odpocząć albo się w czymś sprawdzić, spełnić jakieś marzenie, przełamać jakiś strach. Dobrze się zastanów. Wybierz miejsce albo powiedz, czego chcesz, a ja je wybiorę za ciebie. Ale decyzję musisz podjąć teraz, inaczej ugrzęźniesz z nią na zawsze. Decyduj.

– MÓWISZ SERIO?

– Śmiertelnie poważnie.

Marcin popatrzył mi prosto w oczy, pomilczał chwilę. W końcu odpowiedział pewnie, jakby do takiego wniosku doszedł już dawno.

– Potrzebuję jakiegoś wyzwania, sytuacji, w której będę musiał dać sobie radę. Żyję teraz w miejscu, w którym cztery łapy są niepotrzebne, bo wystarczy jedna. Ja po prostu chciałbym poczuć, że żyję, poczuć się tak jak wtedy w Etiopii.

– No to dokąd?

– Nie wiem dokąd. Na pewno do Afryki. Wybierz coś, będziesz lepiej wiedział. Niech się coś wydarzy w moim życiu.

Kamerun, cztery miesiące później

JAUNDE. Dwumilionowa wieś lepianek krytych blachą i drewnianych bud.

Stolica.

Brudna, śmierdząca i chaotyczna. Wokoło sprzedawcy wszystkiego, co akurat było pod ręką, noszący na głowach stosy ręczników, buty, pasty do zębów, suszone ryby, smary silnikowe i chińskie klapki. Wszystkie najlepsze, najtańsze, jedyne w swoim rodzaju, choć wszystko identyczne i równie bezwartościowe. Chodzą chodnikami, których częściej brakuje, niż są, omijając walające się śmieci i gnijące resztki tego, czego nie dało się już zjeść.

Jaunde
z najlepszej strony.
Z daleka

Straszne miejsce.

Chaos dworca autobusowego wielkości małej dzielnicy i smog, w którym się ciężko oddycha. Gumiasta buła z jajkiem i sardynkami z puszki, zalana olejem. Narodowe uliczne jedzenie Kameruńczyków. Ohyda. Autobus zapełnia się powoli. Jeszcze godzina–dwie i pewnie pojedziemy. Może nawet już o czternastej.

Marcin wygładził fałdy koszuli. Miał już na sobie szare ubranie wyprawowe, ale niemal odprasowane, za czyste i schludne, zupełnie niepasujące do tego otoczenia. Ułożył ostrożnie plecak w luku, sprawdził, czy dobrze się trzyma.

Ruszamy, silnik rzęzi. Przed nami dwieście kilometrów na wschód. Obok matka karmi dziecko piersią, z przodu facet wpycha się na czwartego na dwuosobowe siedzenie. Kolana mam pod brodą, plecak pod nogami. Miejsce to tutaj zdecydowanie towar deficytowy. Sprzedawcy wyskakują w biegu, widać wolą zostać na dworcu, gdzie ruch jest większy.

– Witam państwa niezwykle serdecznie na pokładzie autobusu firmy Alliance Voyages do Bertoua, z przystankami w... – chudy mężczyzna bez jednego zęba stanął na środku i próbował przekrzyczeć hałas. Miła odmiana po nachalności obnośnych handlarzy.

Opuszczamy miasto.

Kamerun. Koniec afrykańskiego świata, kraina dżungli, sawanny i Sahelu, rozciągnięta przez wszystkie strefy klimatyczne. Na pierwszy rzut oka kraj zupełnie bez właściwości, w którym państwowość ma się nijak do podziałów plemiennych i więzów krwi. Tu nie ma nic narodowego, bo nie ma narodu. Są europejskie bagietki, marokańskie sardynki i chińskie wszystko pozostałe, a dzieciom nadaje się francuskie imiona zamiast tradycyjnych, w języku makaa czy bamileke, dobrowolnie odzierając się z własnej tożsamości.

Narodowa jest tylko reprezentacja piłki nożnej.

Od trzydziestu jeden lat Kamerunem rządzi despota w białym kołnierzyku, chroniony szczelnie przez bataliony wojska i BIR-u, specjalnych oddziałów szybkiego reagowania, które na życzenie prezydenta, jak to mówią, „czyszczą teren". Czyszczą zarówno z bandytów, jak i z opozycji, a ciała zostawiają na pożarcie świniom.

Kawałek Afryki, o którym za wiele się nie mówi.

– ... a na miejsce, zgodnie z rozkładem jazdy, powinniśmy dojechać w ciągu trzech i pół godziny – kontynuował powitanie steward Alliance Voyages. – Tymczasem chciałbym państwa zainteresować jedyną w swoim rodzaju, cudowną, magiczną wodą Africana Crystalina, opracowaną przy udziale najlepszych europejskich naukowców, która leczy świerzb, bóle ucha i kamicę nerkową... – oznajmiał dalej tym samym tonem, sięgając do torby po stare półlitrowe butelki po coli, wypełnione jakimś białawym, lekko pieniącym się płynem.

Niezły jest, dałem się nabrać.

Rzeka Nyong, symboliczna granica między wschodem i zachodem Kamerunu, odgradzająca zachodni dobrobyt od świata mroku na wschodzie. Za rzeką podobno dzicz. Czarownicy, dżungla, kanibale i Pigmeje. Nocą niewielu tam się zapuszcza, jeśli nie musi. Zachód boi się wschodu. Ja za rzeką nie widziałem większej różnicy.

– ... moja sąsiadka urodziła siedmioro dzieci. I uwierzcie mi, zaklina się, że nigdy jej tak nie bolało, jak gdy jej ropiał ząb. Dlatego zwróćcie, drodzy państwo, uwagę na kolejny produkt, specjalną szczoteczkę, która... – ciągnął sprzedawca, nadal krzycząc mi do ucha. Jechaliśmy tak już półtorej godziny.

Przystanek. Nie czuję nóg, tak zdrętwiały. Wysiadamy. Marcin zmrużył oczy od ostrego słońca, przysłonił je ręką. Dookoła kosze i stalowe miski wyładowane towarami, odpierające napór pasażerów próbujących wydostać się z autobusu. Woda w butelkach i wędzone ryby, gotowana pangola, jakiś pancernik czy łuskowiec, kawałek węża. *Vers blancs*, białe robaki. Wielkie, pękate larwy nadziewane na długie wykałaczki po kilka sztuk.

Jesteśmy na wschodzie.

– No, Marcin, masz swoją Afrykę. Po jednym na rozbieg?

– Może innym razem. Wiesz, jednak w głowie nadal jestem w Europie...

– Jak chcesz.

Smakowały nieźle, nawet zaskakująco. Jak fasola z orzechami w ostrym sosie, tylko z chrupiącą skórką. Może nie danie pierwszego wyboru, ale też nie ostatniego. Marcin patrzył z obrzydzeniem.

Znów ciasny autobus, nogi pod brodą i krzyczący handlarz. Za oknem przewijała się zielona dżungla pokryta brązowym pyłem z laterytowej ziemi. Gdy wysiadaliśmy w Abong-Mbang, komiwojażer sprzedawał magiczną maść na stawy i zaćmę. Zbliżał się wieczór.

JEDYNE MIEJSCE DO SPANIA W MIEŚCIE. Syfiasta noclegownia przytulona do baru nocnego przy parkingu dla autobusów. Dwa pokoje do wyboru, pierwszej i drugiej klasy, w tym lepszym stary wiatrak, który i tak nie będzie chodzić, bo w mieście zabrakło prądu. Zamiast kibla dziura w ziemi i wiadro z wodą stojącą w nim od tygodnia. Łóżka śmierdziały moczem i płatną miłością uprawianą na nich od lat. Drzwi na balkon nie dało się zamknąć, światła i wody brak.

Dojedźmy już na miejsce.

W ABONG-MBANG KOŃCZY SIĘ ASFALT i zaczynają normalne drogi, czyli takie z czerwonej gliny, która w deszczu zmienia się w gęste, śliskie, mlaszczące błoto, a gdy wyschnie, zastyga jak kamień i niemiłosiernie pyli.

KAMERUN

Dwanaście kilometrów do rzeki, dwadzieścia kilogramów na głowie

Afryka spotyka się z Europą w niedzielne południe

Typowa architektura wschodniego Kamerunu – lepianka z laterytowej gliny kryta strzechą

Jedyny publiczny środek transportu przez dżunglę. Osobowe samochody pełniące funkcję autobusów. Jeśli jakiś się zakopie, pracują wszyscy

Vers blancs, białe robaki żyjące w pniach palmowców. Wysmażone, obtoczone w chili i odpowiednio doprawione smakują jak fasola z masłem orzechowym. Naprawdę znakomite

Balafon – instrument zrobiony z tykwy

Klubokawiarnia dla lepszej klienteli. Wieczorem gra DJ Jliass

Głęboki wschód, gdzie wielu Kameruńczyków boi się zapuszczać, bo tam czarują, mordują i jedzą ludzi

KAMERUN

Na wschodzie Kamerunu dżungla to podstawa zaopatrzenia. Je się wszystko, co uda się znaleźć, złowić lub upolować

Drogi składające się z samych wybojów, kolein głębokich na siedemdziesiąt centymetrów i dziur wielkości studni. Musimy zrobić dwieście dwadzieścia kilometrów na południe.

Gare routière, niby-dworzec autobusowy, choć rolę autobusów pełnią samochody osobowe z tekturową tablicą za szybą, informującą, dokąd pojazd odjedzie, gdy się zapełni. Lomié, nasz następny przystanek, sto dwadzieścia kilometrów przez dżunglę. Do Lomié jest czterech pasażerów, o połowę za mało, by mała toyota corolla mogła odjechać. Odjedzie, gdy będzie siedem osób, które zmieszczą się w środku sposobem wydającym się przeczyć prawom fizyki. Pojazd, który w Europie nie miałby już prawa jeździć, tu dostał kolejne życie. Sztukowana blacha, kable na wierzchu, spawane na twardo zawieszenia na obciążenia przekraczające normy. Ma może z piętnaście lat, ale zajeżdżony na czterdzieści.

Jedziemy.

TOYOTA TRZĘSŁA SIĘ NA WERTEPACH, podrzucając nas w środku jak worki kartofli. Przez przednią szybę, całą w gęstej siatce pęknięć, mało było widać. Na lusterku wisiały dwie pluszowe kostki na szczęście, sflaczałe smętnie, jakby w geście rezygnacji. Oddychaliśmy benzyną, bo spaliny szły do środka przez jakąś dziurę w wydechu. Okna z tyłu zamknięte na stałe, od kiedy wymontowano ich pokrętła, podobnie jak pasy i wszystko, co wystawało do wewnątrz i zmniejszało przestrzeń na upchniętych pasażerów. Przez lekko uchylone okno z przodu co jakiś czas wpadał duszący ziemny pył. W pewien sposób przynosił nawet chwilową ulgę.

Drut skręcony w sterczący do środka ostry gwóźdź miał trzymać na miejscu sufitową tapicerkę z nierówno przyciętego filcu, ale się poddał. Filc opadał mi więc na głowę, a gwóźdź tylko czekał, aż na którymś wyboju podskoczę, by z rechotem wbić mi się głęboko w ciemię. Leżałem więc niemal z kolanami pod drążkiem dźwigni zmiany biegów i z głową w miejscu zagłówka, którego brakowało.

Trzy i pół godziny.

PRZEJECHALIŚMY OSIEMDZIESIĄT PIĘĆ KILOMETRÓW. Dalej nie pojedziemy. Przed nami wielka ciężarówka ugrzęzła w podmokłym bagnisku. Kabina wpadła do metrowego dołu, stała zakopana po zderzak, a wokoło nikogo. Do dyspozycji mamy pozostałą część drogi w formie rozmokłej gliny po kolana względnie rów do pół uda na samym skraju.

– No nie ma mowy, nie przejedziemy tego – oceniłem.

– Mała szansa – zgodził się Marcin.

Kierowca był jednak innego zdania. Nie pytając nikogo, pomknął przez bagno, licząc... nie wiem na co. Niewiele się spodziewaliśmy po tej desperackiej próbie i nie zawiodła ona naszych oczekiwań. Pięć sekund później toyota stała już bokiem, zakopana po drzwi, z jednym kołem wiszącym w powietrzu w rowie na skraju drogi, a kierowca drapał się po głowie, nie dowierzając, że się nie udało.

Marcin bez mrugnięcia okiem rzucił się ratować sytuację, w błoto i brudną zatęchłą wodę, próbując odkopać nasz wóz, wypchnąć go, wyciągnąć, zrobić cokolwiek, co da nam chociaż cień szansy, że dziś jeszcze odjedziemy.

Jego entuzjazm do tego taplania się w błocie kontrastował z beznadzieją sytuacji. Gotujący się na wysokich obrotach silnik i mlaszcząca glina jasno dawały do zrozumienia, że nasze wysiłki są daremne. Samochód nie ruszył się nawet o centymetr, choć Marcin był już cały mokry i utytłany. Ale to nic. Jasne dla mnie było, że to właśnie tego, tej nieprzewidywalności, tego kalejdoskopu wrażeń brakowało mu zaledwie trzy dni wcześniej, gdy przekładał kolejny plik faktur na inne biurko.

Jeszcze parę lat temu też bym się tak desperacko rzucił głową naprzód, ale dzisiaj już nie. Za dużo przejechałem już takich wertepów, za wiele razy gdzieś utknąłem bez widoków na poprawę sytuacji i za często wpadałem w takie kłopoty. Teraz wolałem usiąść z boku i spokojnie się zastanowić, jak z tego wyjść. W jedną stronę osiemdziesiąt pięć kilometrów do miasta, w drugą ponad trzydzieści. Po drodze pewnie jakieś wioski, ktoś będzie miał motor, podjedziemy kawałek. Na ciężarówce na skraju drogi kilka ton desek, można zbudować most, kładkę, może chociaż podłożyć kilka pod koła. Opcje są.

No nic, walczymy, myślimy, pchamy.

Nie pojedziemy.

CE 676 AT

JEDNAK POJEDZIEMY! Może.

Manewrem naszego kierowcy rajdowca zatarasowaliśmy drogę dokumentnie, tak że nic się już nie prześlizgnie, ale godzinę później pojawili się pierwsi chętni. Z jednej strony pick-up z Chińczykami. Pewnie coś budują lub wycinają. Z drugiej kolejna *petit-taxi*, jak nasza, równie wiekowa i w równie beznadziejnym położeniu. Ale za to pełna. Wypluła siedmiu rosłych facetów, pick-up jednego, na motorku przyszwendał się ktoś jeszcze, pojawiło się znikąd trzech miejscowych i nagle stoimy już w piętnastu, więc sytuacja uległa znaczącej poprawie.

Piętnastu inżynierów.

Do przodu. Do tyłu. Przenieśmy samochód. Spróbujmy bokiem. Podważmy gałęzią. Nie, nie. Obróćmy na plecy. Marcin nieśmiało spróbował się przebić z propozycją zwiększenia tarcia poprzez podłożenie chropawej deski. Bezskutecznie, nikt nie słucha, wszyscy wiedzą lepiej. Zaklął pod nosem. Kretyni.

Zaparli się, stękają, silnik wyje, ruszyli o dwadzieścia centymetrów. Potem na wpół wynieśli, na wpół przepchnęli auto do tyłu, choć nie wiadomo, po co. Znowu ugrzęzło, jeszcze gorzej niż poprzednio. Kolejna debata. Wszyscy krzyczą, nikt nie słucha. Z chaosu wyłoniła się inicjatywa ponownej próby przejazdu do przodu. Ręce pchają, błoto się ślizga, samochód jedzie. Przeturlał się za ciężarówkę, zwalniając przejazd, choć sam nadal stoi w rowie i nasza sytuacja nie uległa znaczącej poprawie. Nadal nie możemy wyjechać, z tą tylko różnicą, że stoimy piętnaście metrów dalej.

To już nieważne, nikogo to nie interesuje. Do samochodów, ruszamy! *Petit-taxi* na holu pick-upa przepchnęło się przez mazidło, motorki odjechały, pick-up minął nas, trąbiąc, i zniknął za zakrętem. Sukinsyny. Zostaliśmy sami, w czterech, mokrzy, brudni, z autem w rowie i ciężarówką za towarzysza niedoli.

A dżungla patrzyła na nas z politowaniem.

UDAŁO SIĘ. Wyjechaliśmy po korzeniu pięćdziesiąt metrów dalej, dopychając do tego miejsca samochód z niewielką pomocą silnika. Jedziemy. Spaliny śmierdzą, drut wystaje, szczęśliwe pluszowe kostki całe mokre.

ZAUWAŻYŁEM, ŻE kierowca co jakiś czas odszpuntowuje małe niebieskie saszetki z wodą i popija łapczywie. Nic dziwnego, pomyślałem, że taki spragniony, w końcu gorąco i duszno. Błysnęła nawet myśl, że to całkiem niezły pomysł, sprzedawać małe porcje, takie na łyk czy dwa, zamknięte w foliowych opakowaniach, których nie da się obrobić tak jak dużych butelek. Z tych – strzykawką, przez dno, wyciąga się uzdatnioną do picia wodę, a potem napełnia kranówą i zasklepia mikroskopijną dziurkę po igle. Z saszetkami tak się nie da.

A potem obejrzałem jedną z nich z bliska. Gin, czterdzieści trzy procent. Na etykiecie nazwa, Król Artur. Może dlatego kierowca jechał coraz odważniej, taranując wertepy małą toyotą jak potężną terenówką.

No nic, dojedźmy wreszcie.

Marcin, już szczęśliwy, bo cały brudny i mokry

PRZYSTANEK. Pół minuty. Szkoda wysiadać. We dwóch wyszli, wrócili z kawałkami mięsa w garści. Szybka przegryzka.

– Co to?

– Małpa.

– Aha.

CO KILKA KILOMETRÓW mała osada na skraju dżungli. W każdej przy drodze stoją dzieciaki, trzymając za ogony, co się udało złapać. Węże, warany, małe antylopy, królika, pangolę. Wszystko najczęściej żywe, ostateczny dowód, że świeże. Nabywca zabije sobie sam.

Jesteśmy daleko na wschodzie.

BOŻE, JAK GORĄCO, zaraz się uduszę. Od spalin kręci mi się w głowie, gwóźdź rozorał mi czaszkę już dwa razy. Marcin, niższy ode mnie o pół głowy, jakoś się przynajmniej mieścił z przodu, choć też wszystko go gniotło z każdej strony. Kilometr za kilometrem same wertepy, trzęsie, szarpie, podrzuca. Po co mi to było, do jasnej cholery. Trzeba było zostać w domu.

Mijają nas camiony, wielkie ciężarówki wiozące gigantyczne pnie stuletnich drzew wyrwanych z lasu bez zbędnych ceregieli. Za każdą z nich ogon pyłu, który wciska się przez wszystkie szpary do wnętrza naszego samochodu. Nawet kierowca ma już dość.

Matko, niech on szybciej jedzie...

MATKO, NIECH ON TROCHĘ ZWOLNI!

Następny samochód, następny kierowca, pięćdziesiąt kilometrów dalej. Potężna terenówka organizacji pozarządowej, tylko nieco słabsza niż transporter opancerzony. Jedyny samochód na południe od Lomié w ciągu najbliższych trzech dni.

Kierowca pędzi jak szalony, setką po koleinach głębokich na pół metra, po dziurach, karbach i drewnianych mostkach, bokiem po śliskim błocie i dęba na podjazdach pod górę.

Jakiś wybój wyrzucił mnie w powietrze na tyle wysoko, że zdążyłem pomyśleć, jak bardzo bolesne będzie lądowanie. Noga uwięziona pod nienaturalnym kątem pod workami ryżu przy każdym szarpnięciu trzeszczała nieprzyjemnie w kolanie. Wojskowe kontrole, dokumenty, inspekcje. Kolejne wertepy, kolejne kilometry.

Prom na rzece, stary, pofrancuski. Zamiast silnika – siła mięśni pasażerów i korba do kręcenia, walcząca z silnym nurtem. Noc, ciemno, dżungla się budzi do życia. Jedziemy dalej. Marcin wciśnięty w kąt ciężarówki już dawno przestał się odzywać.

– No, to teraz już z górki, ostatnie trzydzieści kilometrów.

Te trzydzieści kilometrów jechaliśmy dwie i pół godziny, i był to niezły wynik. Po deszczu do Ngoila można jechać i sześć, i nigdy nie dojechać.

Tego dnia dwieście dwadzieścia kilometrów zrobiliśmy w trzynaście godzin. To był bardzo udany dzień.

JACY SŁABI MY JEDNAK JESTEŚMY, delikatni. W tym samochodzie jechało dwanaście osób, wszyscy wracali do domów w Ngoila. Dla nas – wielkie wyzwanie, przeprawa, niemal rajd przygodowy po bezdrożach. Dla nich codzienność.

Ja walczyłem o życie, a dwóch pasażerów przez ostatnie półtorej godziny ucinało sobie drzemkę, nie zważając na okoliczności.

NGOILA. Wieś na końcu drogi. Dalej już tylko pieszy dukt do granicy z Kongiem, a wokół dżungla. Nie ma prądu, nie ma wody, bo pompa zepsuta i nikt jej nie naprawił. Zamiast toalet – dziury w ziemi i roje bzyczących much. Paski ziemi pełniące rolę ulic wybrukowane saszetkami po Królu Arturze, któremu wszyscy biją pokłony od wczesnego rana. Transport – raz na dwa, trzy dni, czasem rzadziej. Ngoila w porze deszczowej jest odcięta od świata przez dwa miesiące. Wtedy ludzie modlą się do Boga i wszystkich duchów, jakich znają, bo choroba w tym czasie to śmierć.

Przy domach groby bliskich, zaraz obok, u wejścia. Na nich schną prane buty lub świeże ziarna kakao. Stara, opuszczona francuska poczta, komisariat o pustych ścianach, ale z pokojem komisarza, który z fotela godnego Ludwika XIV patrzy na petentów z góry, łaskawie zezwala lub kategorycznie zabrania, pociągając piwo z butelki ukrytej pod stołem.

Trzy bary, jeden czynny wieczorami, bo ma prąd z generatora. W nim pijany żandarm, rozżalony na dziesięć lat w tej dziurze na końcu świata.

Dalej już nie ma nic.

Po trzech dniach drogi i przebijania się przez kolejne kilometry w głąb wiecznie zielonego lasu dotarliśmy wreszcie – głodni, zmęczeni i cali mokrzy – do miejsca, z którego w końcu mogliśmy w y r u s z y ć na naszą wyprawę.

W TAKICH CHWILACH dopada mnie czasem myśl, że to wszystko nie jest warte swojej ceny. Do domu przywozi się zdjęcia. Kolorowe i pachnące, piękne chwile zamknięte w kadrach. Ale na zdjęciach nie widać tygodnia w brudzie i smrodzie, jaki trzeba było poświęcić, by się do tego pięknego miejsca dostać.

Nie wiem, chyba wertepy dla samych wertepów przestały mi już wystarczać. Może się zestarzałem, utyłem, zdziadziałem do reszty, a może po prostu zbyt wiele przejechałem już kilometrów. Jeśli mam się telepać po wertepach, niech czeka na mnie jakiś cel. Muszę mieć do czego jechać, bo, uwierzcie, z czasem powszednieje wszystko, nawet przygody i silne wrażenia.

Marcin bardzo chciał wrócić do Afryki, to jedyne, czego był pewien. Ciekawe, czemu. Nie wydaje mi się, żeby miał jakieś romantyczne jej wyobrażenie rodem z Redforda w przestworzach. Jeśli o niej mówił, to zawsze o kopalniach, rewolucjach, o tym, jak wiele przyniosła kolonizacja i co by się tu działo, gdyby biali nigdy Afryki nie podbili. Może utożsamiał Afrykę z etapem swojego życia, kiedy wszystko jeszcze było przed nim i wszystko mogło się wydarzyć. Pamiętał nasze przygody z Etiopii i emocje przekraczające maksimum na skali intensywności. Może nieświadomie tęsknił do tamtych dni i podskórnie liczył, że jeśli wróci do Afryki, będzie mógł wszystko przeżyć na nowo.

A może powód był zupełnie inny. Marcin niechętnie mówi o sobie.

Przyjechaliśmy tu poznać życie Pigmejów Baka. Ludzi lasu, ostatnie afrykańskie plemię dżungli. Następnego dnia zejdziemy z ubitej drogi i wejdziemy na szlak prowadzący w głąb puszczy, gdzie Baka pokażą nam zupełnie inny świat.

Niech się coś wydarzy.

– PIGMEJE W DŻUNGLI? – spytał wątpiąco tata.

– Za mało na przygodę życia?

– Jeśli masz trzynaście lat, to pewnie będzie idealne, ale dorosły facet w życiu szuka chyba czegoś więcej.

– Zapewniam cię, że jeśli coś ma kogoś wyrwać z życiowej stagnacji, nie ma lepszego wyboru niż dżungla.

– No nie wiem.

W DŻUNGLI panował jak zwykle półmrok, chociaż nad koronami drzew świeciło pełne słońce. Mokra ziemia parowała, pnącza chwytały za nogawki. Już dawno zostawiliśmy za sobą dźwięk motorków i głosy z drogi. Wokoło tylko cisza równikowego lasu. Szliśmy powoli, noga za nogą, ubłoceni po kolana, wąskim, ledwo widocznym szlakiem prowadzącym do obozu Baka. W obozie powinny stać *mongulu*, tymczasowe domy w tymczasowych osadach, bo Baka zostają w jednym miejscu tak długo, jak okoliczny las jest ich w stanie wyżywić. Gdy zaczyna brakować jedzenia, szałasy zostają, a Baka przenoszą się gdzie indziej. Nomadzi dżungli.

Leśni Ludzie.

NAJPIERW ZOBACZYŁEM SINY DYM, który rozchodził się pod koronami drzew, a potem usłyszałem głosy dzieci. Między drzewami ktoś mignął, zaszczekał pies. W końcu wyszliśmy na polanę, na której stały małe chatki z liści, przypominające kształtem igloo. W wiosce było kilkanaście osób.

Wszyscy zamarli na nasz widok, tylko wciąż było słychać taplające się w pobliskim strumieniu dzieciaki.

Weszliśmy powoli do wioski, bacznie obserwowani przez Pigmejów. Ktoś schował się w szałasie, ktoś się odsunął, ktoś pobiegł zawołać wodza.

Staliśmy na środku, próbując wyglądać przyjaźnie i nie bardzo wiedząc, jak to się robi, gdy góruje się wzrostem dobrze ponad głowę nad wszystkimi wokół.

– *Modziukue* – powiedziałem. Dzień dobry. Odpowiedział mi szmer i lekkie poruszenie. – *Kukuma? Kuk'ma?* – Nie do końca jeszcze wiedziałem, jak wymówić słowo „wódz".

Z szałasu przy centralnym palenisku wioski wyszedł starszy mężczyzna, szczupły, w spłowiałej ze starości fioletowej koszuli z gabardyny. Popatrzył na nas przeciągle, uśmiechnął się. Przywitał nas płynną francuszczyzną, mimo że brak przednich zębów nie ułatwiał mu zadania. Miał na imię Mbampe, a ponieważ każdy Pigmej musiał nosić też francuskie imię, więc w oficjalnych rejestrach figurował jako Gilbert Mbampe. Gilbert spodziewał się nas. Trzy miesiące wcześniej ktoś mu powiedział, że może przyjedzie tu dwóch białych, a jak przyjadą, to może będą chcieli

mieszkać w wiosce. Nie bardzo wiedział, czego moglibyśmy chcieć, ale też nie miał nic przeciwko, by się o tym przekonać osobiście.

Przynieśliśmy sporo ryżu, ryb i oleju, które oddaliśmy w ręce Gilberta, by podzielił je między mieszkańców. Wódz rozejrzał się po wiosce, spojrzał raz jeszcze na nas, zwłaszcza na moje metr dziewięćdziesiąt siedem, zakłopotał się nieco, ale tylko na chwilę, po czym podprowadził nas do największego szałasu, na samym skraju wioski, i powiedział coś do środka. Środek odparł wyrzucanymi po kolei rozżarzonymi polanami z paleniska ułożonego wewnątrz, potem dwoma garnkami, jednym drewnianym moździerzem i sporą zwitką dzikiego tytoniu, który suszył się pod powałą, aż w końcu wychylił się z niego najbardziej uśmiechnięty człowiek, jakiego widziałem w życiu.

Jak się później okazało, miał na imię Alfonse i był dobrym duchem całej osady, znał milion historii, uwielbiał dzieciaki i zostawał najdłużej przy ognisku, gadając późno w noc, nawet gdy już nie było do kogo gadać. Bez cienia zażenowania Alfonse, francuszczyzną tyleż poprawną gramatycznie, ile nowatorską w wymowie, zgodził się z wodzem, iż żaden inny domek nie pomieści ludzi naszych gabarytów, więc on nie ma nic przeciwko, żeby przenieść się do żony.

Te szałasy Baka, *mongulu*, to są ich domy w lesie. Na rusztowaniu z elastycznych witek Pigmejki układają warstwami duże liście *ngongo*, jak dachówki. W efekcie powstaje kopuła wielkości trzyosobowego namiotu ze sterczącym na boki listowiem, niczym kamuflaż myśliwego albo snajpera. *Mongulu* budują kobiety, i tylko one. U Baka wszelkie prace również należą do sfery męskiej lub żeńskiej. Polowanie i karczowanie lasu to męska praca. Zasadzenie drzewa i zbudowanie domu to zadanie dla kobiety.

– Już widzę, jak to cieknie, gdy lunie deszcz... Musimy się okopać i trzeba będzie zrobić stojak na plecaki. – Marcin był już w środku, lokując swoje rzeczy.

MONGULU

Ze wszystkich znanych mi ludzi Marcin jest najbardziej *ajustable*, jak mówią Francuzi. Łatwo się dostosowuje. Może spać na ziemi, w hamaku, w karaluchach, w deszczu, na wietrze, pewnie też w marszu, gdyby się postarał. Może jeść ochłapy, ości, kości albo nie jeść nic przez dwa dni i nie

Gilbert, *kukuma*, wódz wioski

narzeka z tego powodu. Powiedziałbym nawet, że zachowuje się, jakby w ogóle tego nie zauważał. Gdy atmosfera gęstnieje, trzyma nerwy na wodzy, gdy trzeba działać – działa. Facet, na którego można liczyć.

A może „można było"? Nie wiem, jak bardzo się zmienił.

Marcin pierwszy raz w życiu wszedł do równikowej dżungli. Wszystko było dla niego nowe, inne. Nie zapomni tego do końca życia, gwarantuję. Las, który kocham, w którym czuję się jak w domu, jego będzie chciał pożreć żywcem. Będzie miał poranione ręce, setki bąbli i krost po ugryzieniach wszystkiego, co lata, będzie mokry, brudny, zły i zmęczony, przynajmniej do czasu, aż zrozumie, że z dżunglą nie można wygrać, że trzeba się do niej dostosować. To tylko kwestia czasu, każdy musi przez to przejść na początku.

– WYSPAŁEŚ SIĘ? – spytałem.

– Nie zmrużyłem oka. – Marcin siedział na pniu, palił papierosa i przecierał palcami zapuchnięte powieki. Jego koszula nosiła już pierwsze znaki życia w lesie. Kilka plam po glinie z ziemi, ślady potu. Nogawki miał ubłocone po kolana. – Cały czas miałem wrażenie, że coś nam wpełza do szałasu. I te dźwięki... Straszna noc.

Uśmiechnąłem się do siebie. Będzie miał dzisiaj kiepski humor. Też pamiętam pierwszy nocleg w dżungli. Nie zasnąłem nawet na minutę. Siedziałem skulony przy ogniu i tylko dorzucałem kolejne polana, żeby wokoło było jak najjaśniej. W ciemności stale coś szeleściło, brzęczało, przemykało pod krzakami. Za każdym razem zrywałem się na równe nogi, omiatając linię lasu latarką, zawsze roztrzęsionymi rękami i zawsze bezskutecznie. Żeby sobie dodać otuchy, śpiewałem piosenki z *Pana Kleksa*, bo te jedne w nerwach mogłem sobie przypomnieć, a nad ranem, gdy już nie byłem w stanie wytrzymać napięcia, zacząłem się modlić do wszystkich bogów, jakich znałem. I wymyśliłem sobie jeszcze trzech własnych, na wszelki wypadek.

DZIEŃ W WIOSCE BAKA to wielkie trwanie, nicnierobienie. Mężczyźni polują w lesie, kobiety zbierają grzyby, orzechy, wykopują bulwy jadalnych roślin. W obozie zostają tylko najmniejsze dzieci i kilku dorosłych, podtrzymujących ogień i pilnujących tych drobin wartościowego dobytku poukrywanego w szałasach. Siedzą na ławkach, rozmawiają. Z patyka i żyłki zmontują instrument, *limbindi*, z garnka – pudło rezonansowe. Któraś z kobiet zrobi pranie i rozwiesi je na sznurze z liany. Inna wyplecie koszyk albo matę do spania.

KOSZYK

Czas płynie, nie trzeba nic robić.

Trwamy.

ZNOWU OBUDZIŁO MNIE BLADE ŚWIATŁO wpadające przez otwarte wejście szałasu. W wiosce wstawało życie. Kobiety krzątały się przy paleniskach i roznosiły poranny posiłek. Wszystkim oprócz nas. Znowu czeka nas jedzenie z proszku.

Dzień wcześniej poszliśmy z Baka do dżungli. Wiele się jeszcze musieliśmy nauczyć. Poruszaliśmy się po lesie jak słonie, Pigmeje – jak antylopy. Szybko i bezszelestnie. I nie oglądali się na nas za bardzo.

Po kilku godzinach marszu wróciliśmy do wioski, a Marcin legł jak kłoda. Bardzo dobrze, musi nabrać sił. Dopadło go typowe dżunglowe zniechęcenie, które dopada każdego, kto po raz pierwszy stawia stopę w lesie deszczowym. Na początku wszystkiego jest za dużo, wyobraźnia wariuje. Za każdym drzewem widzi skorpiona, pod każdym liściem niechybnie sunie wąż. Człowiek się szybko męczy, denerwuje i boi. Trzeba stale uważać, żeby się nie nadziać okiem na kolczastą gałąź, baczyć na łapiące za nogi liany, na wystające korzenie. Twarzą zdejmuje się pajęczyny, pot zalewa oczy, trudno się przedrzeć przez kolczaste zarośla, które robią co mogą, by nikogo nie przepuścić dalej. Wszystko jest lepkie i brudne, i mokre.

Pierwsze dni w dżungli to bardzo męczący, zniechęcający stan.

– Będzie lepiej, zobaczysz.

– Mam nadzieję.

Marcin grzebał bez celu patykiem w ziemi.

– Dziwnie się tu czuję. Doszliśmy tu, przynieśliśmy trochę jedzenia, palę z nimi fajki, gadamy i tak siedzimy, nie wiadomo, kim jesteśmy.

– Jesteś kimś pomiędzy obcym a swoim. Przynajmniej na razie.

– Ale czemu oni się nami nie interesują? Jesteśmy inni, z daleka. Czemu tu nikogo nie interesuje, skąd przyjechaliśmy, co tu robimy, czego chcemy?

Nie umiałem odpowiedzieć na to pytanie. Tu nie ma turystów, Baka nie znają w ogóle takiej kategorii. Z ich perspektywy przyjechaliśmy tu bez powodu. Przyjechaliśmy i oto jesteśmy, mieszkamy w ich obozie. Ale czego chcemy, nie wiadomo. Nikt się nami nie zajmował, bo czemu miałby się zajmować? Chcieliśmy poznać ich życie, nauczyć się radzenia sobie w dżungli, ale dla Baka to było zupełnie niezrozumiałe.

Marcin pierwszy raz się znalazł w takiej sytuacji. Wcześniej zawsze reguły były jasno określone.

– Dajmy sobie trochę czasu.

DOROŚLI OBCHODZILI NAS ŁUKIEM, dzieciaki najczęściej uciekały z płaczem od wielkoludów, o dwie głowy przewyższających wszystkich, których widziały wcześniej, w dodatku bladych jak śmierć. Mogliśmy się Pigmejom przyglądać i to wszystko. Nie było to ciepłe przyjęcie.

Co jakiś czas przychodził Alfonse, niby zamienić słowo, ale bardziej wysępić od Marcina papierosa. Czasem pomogliśmy tłuc orzechy *kanaa*, czasem skrobać ryby.

Mieszkaliśmy wprawdzie w największym szałasie, ale na skraju wioski, niemal już poza jej obrębem. Tam, gdzie nasze miejsce.

– *SENDO!* POLOWANIE.

Nigdy wcześniej nie widziałem czegoś takiego. Baka nie szli przez las, oni go przeczesywali. Poruszali się rozproszoną tyralierą, bezszelestnie jak duchy. Mogłem wyjść do lasu z jednym myśliwym, a godzinę później odwrócić się i zobaczyć, że jest nas czterech. Albo spojrzeć przez ramię i zorientować się, że z ośmiu zostało nas tylko dwóch. Nikogo nie dostrzegasz i nie słyszysz, a w promieniu pięćdziesięciu metrów może być pół wioski. Wystarczy cicho krzyknąć.

Moździerz z owocu gobo

Płoną choroby
i złe duchy

Efekt
sześciogodzinnych
połowów na rzece

Alfonse

IDĘ PRZEZ LAS, jakbym szedł po omacku. Stale się potykam, odczepiam kolczaste pnącza, tracę równowagę, grzęznę. Oni błyskawicznie, cicho przemykają między drzewami. Sprawiają wrażenie, jakby się w ogóle nie musieli schylać, nic pokonywać, po prostu idą, a dżungla się przed nimi otwiera.

MYŚLIWI PRZETRZĄSALI WSZYSTKIE WYKROTY i zwalone pnie, jakie znaleźli po drodze. Szukali nor zwierząt, gniazd ptaków i śpiących w jamach węży. Zaglądali do każdej dziury i wsadzali w nie długie włócznie, prowokując zwierzęta do obrony, ruchu, sygnału, że coś jest w środku. W jamy między korzeniami gigantycznych drzew wpuszczali węszące psy. Wspinali się na liany, żeby zajrzeć do dziupli, których nie można było przeszukać z ziemi. Zakładali pułapki i oznaczali ścieżki zwierząt, wycinając znaki na pobliskich pniach. Robili to szybko i sprawnie, zupełnie rutynowo. Ledwo mogliśmy za nimi nadążyć.

Szliśmy w pełnym rynsztunku butów na twardej podeszwie, bojówek i koszul z kołnierzem. Z kompasami przy pasku, butelkami na wodę, linami w plecaku na wszelki wypadek i żelaznymi racjami, gdyby było naprawdę źle. Na szlaku w lesie – ślizgawica, mokro. Koszmarne tłuste błoto, które wciąga, oblepia buty, maże się, brudzi. Jest wszędzie, gdzie nie dotknąć. Baka biegali po nim boso lub w starych klapkach, albo w dziurawych sandałach, a czasem takich już prawie bez podeszew. Jeden nawet maszerował w kaloszach pękniętych w połowie stopy na całej szerokości, co skutecznie niwelowało ewentualne korzyści z posiadania kaloszy.

I tak wyprzedzali nas o cztery długości.

Wyszliśmy z gęstego lasu nad strumień. Głęboki raptem do kostek, szeroki może na cztery metry. W dżungli przez takie strumienie przechodzi się w butach. Pod koniec dnia nogi i tak masz całe mokre, więc to bez znaczenia. Na dnie rzek leżą często ostre kamienie raniące stopy, w mule szczypiące kraby, na brzegach – węże i cała masa krwiopijczego robactwa. Na bosaka w wartkim nurcie łatwiej też stracić równowagę i skąpać się na całego. Takich rzeczek jest zresztą zbyt wiele, by przy każdej organizować przeprawę jak przez Orinoko. Nie ma na to czasu. Wchodzisz do wody po kolana, wychodzisz, idziesz dalej.

Przeszedłem strumień za kilkoma Baka, którzy zatrzymali się na drugim brzegu i patrzyli gdzieś za mnie z nieskrywanym zdumieniem.

Marcin zdejmował właśnie skarpety, by – jak to nazwać? – chyba „suchą stopą" przejść na drugi brzeg. Buty dzierżył już elegancko w lewej ręce, prawą podciągnął spodnie, by nie zamoczyć nogawek i ostrożnie, krok za krokiem, ruszył ku odległemu brzegowi.

– Co ty robisz? – spytałem.

– Nie chcę zniszczyć butów.

– I tak będziesz miał wieczorem całe mokre.

– Jeśli nie muszę, nie będę ich namaczać. Sparcieją szybciej. – Po krótkiej pauzie na zastanowienie śmiertelnie poważnie pogroził mi palcem: – Ale tego nie masz prawa napisać w książce.

– Daj spokój, z księgowego w dżungli nikt się nie będzie śmiał.

Marcin utapla się w błocie po szyję, wyciągając z niego samochód, ale nie przejdzie w butach przez rzekę po kostki. Kiedyś myślałem, że zrozumiem tę zależność.

Nadal czekam na ten moment.

NA POLOWANIU RZĄDZIŁ MŁODY MĘŻCZYZNA, może trzydziestoletni, szczupły jak wszyscy Baka, ale o wyjątkowo sympatycznym usposobieniu. Gaston. On jeden rozumiał, że nie urodziliśmy się z maczetą w ręce i nie biegaliśmy boso po dżungli, od kiedy umiemy chodzić. Czasem nawet się oglądał, by sprawdzić, czy jeszcze jesteśmy.

Trzymaliśmy się Gastona jak dziecko maminej spódnicy i z czasem nawiązaliśmy z nim nić koleżeńskiego porozumienia. Bardzo go bawiło, że nieustannie pytamy, czy te czerwone owoce można jeść albo jak rozpoznać lianę, która daje wodę. Nawet dzieci Baka nie zadają takich pytań. *École de la forêt*, mówił. Szkoła w lesie.

Gaston nauczył nas robić sakiewki z liści i pleść sznury z lian, chodzić po śliskich mostach ze zwalonych pni i strzelać z kuszy, którą zrobił dla swojego sześcioletniego syna. Nauczyliśmy się rozpoznawać owoce kryjące migdały i unikać trujących. Zaczęliśmy być choć trochę przydatni.

Na polowanie wyszło dwanaście osób. Oprócz garści orzechów, kawałka jadalnej kory i dwóch dużych ślimaków wróciliśmy z pustymi rękami.

Kokolo. Nic.

WIECZOREM W ŚRODKU WIOSKI zapłonęło ognisko, wokół którego zasiadło kilka osób. Z szałasu słyszałem ciche rozmowy, czasem śmiech. Postanowiłem się przysiąść. Rozmowa toczyła się w baka, raz na jakiś czas rozpoznawałem znajome słowo. *Sendo.* Polowanie. *Ebobo.* Goryl. *Mbungi.* Biały.

Zawsze tu będziemy biali. W wioskach krzyczą do nas *les blancs*, w lesie – *mbungi*. Nie mamy imion ani narodowości, mamy kolor skóry. W tej części Afryki nikogo nie obchodzi, skąd jesteś i po co przyjechałeś, co masz do zrobienia, co myślisz. Jesteś biały.

Naiwnie wierzyłem, że tych kilkanaście słów w baka, których nauczyłem się przed przyjazdem, otworzy mi drzwi życzliwości. Zawsze, gdzie byłem, otwierało.

Tu nie.

Siedziałem obok, rozmowa płynęła, wszyscy niezwykle życzliwie mnie ignorowali. Przysiadł się Alfonse, jak zawsze z uśmiechem dookoła głowy. Bez wiary w sukces poprosił o papierosa, choć ode mnie go jeszcze nigdy nie dostał. To nic, warto próbować. Zaczęliśmy codzienną lekcję języka.

Godzinę później przed chatę wyszła jedna z kobiet. Zawsze była poważna, wyprostowana, silna i surowa. Wszyscy zwracali się do niej *per* Jej Królewska Mość, choć nie była żoną wodza. Gdy próbowaliśmy o nią dopytywać, zbywano nas jakimiś banałami. Sekret wioski, nie dowiemy się.

Kobieta usiadła nieopodal ogniska, w czerwonym blasku płomieni. Łupiną twardego, kulistego owocu zaczęła ucierać maniok. Zanuciła jakąś pieśń. Monotonną, jednostajną. Gilbert, siedzący obok na ławce z gałęzi, przyłączył się, mrucząc drugim głosem. Dżungla akompaniowała nocnym życiem. Królowa powtarzała jeden wers, równo z kolejnymi ruchami kuli w moździerzu. Pieśń o Kombie, modlitwa do Boga.

Komba jest stworzycielem wszystkiego. Nieba i ziemi, i Lasu. Wszystkich zwierząt, jaszczurek i węży. Komba żył niegdyś między ludźmi. Był wielkim myśliwym, pełnym mądrości i wiedzy. Uczył Baka życia w dżungli i pokazywał im jej tajemnice. Ale Baka rozzłościli Kombę swoimi nieustannymi swarami oraz ciągłym tańcem i śpiewem, którego nie mógł już słuchać. Odchodząc do nieba, Komba zaklął niektórych z nich w zwierzęta i powierzył im moce. Dał słoniom siłę, a gorylom twardość. Dzięki niemu szympansy skaczą po koronach drzew, a pantery widzą w nocy. A drzewa rosną do chmur i ptaki zostawiają jaja w gniazdach, by można je było znaleźć.

Komba opiekuje się Baka, dba o nich, chroni ich od złych duchów i mocy. Daje im czary, dzięki którym mogą zmieniać się nocą w zwierzęta. Jednak nigdy im się nie pokazuje.

Baka zobaczyć mogą tylko Ducha Lasu, pomocnika Komby, którego uwolnili wbrew zakazowi. To Jengi, którego imienia się nie wymawia, bo nie wolno. Jengi przychodzi do Baka, gdy w wiosce panuje zgoda, gdy ludzie nie krzyczą i nie kłócą się. Gdy wezwą go tańcem *luma* i innymi rytuałami.

Jengi pomaga Baka żyć w lesie, prowadzi ich przez dżunglę i pozwala im tropić zwierzęta. Leczy ich z chorób i sprawia, że leśne duchy nie są na Baka złe, nie robią im krzywdy. Każdy chłopiec Baka, gdy dorasta, musi przejść tajemną inicjację, musi zostać przedstawiony Jengi i przez niego zaakceptowany. W przeciwnym razie zginie w lesie, dżungla nie da mu przeżyć.

Ta inicjacja to jeden z najlepiej strzeżonych sekretów na świecie.

Czasem ktoś choruje lub nie można nic upolować. To oznacza, że las śpi i trzeba go zbudzić. Wtedy Baka śpiewają i tańczą, by przywołać Kombę i przypomnieć o sobie duchowi Jengi. I przestają się kłócić, bo wtedy las cierpi.

Królowa i Gilbert skończyli śpiewać, ale ognisko płonęło dalej. Alfonse wstał i gestem wezwał do siebie kilkoro dzieci siedzących w szałasie naprzeciwko. Gdy się zbliżyły, zaczął rytmicznie klaskać i zaintonował wesołą piosenkę, którą dzieciarnia nader chętnie podchwyciła. Prosta melodia o chłopcu Mabompe, który uwielbiał czekoladę.

MABOMPE

W ciągu kilku minut cała wioska, w świetle dogasającego ognia i czerwonego żaru, tańczyła, śpiewała i waliła w bębny zrobione z garnków i metalowych misek, a głosy niosły się daleko w dżunglę. Na środku wirował i podskakiwał zamaskowany chłopak w stroju z liści i pękatych gałęzi symbolizujący obudzonego Jengi. Transowe pieśni, nieustępliwe, dudniące bębnienie, bose stopy na gołej ziemi, szeleszczące liście strojów tancerzy i echo odbijające się od ściany lasu.

Po raz pierwszy byliśmy w środku.

GDY RANO WYSZEDŁEM PRZED SZAŁAS, zobaczyłem stojącą przed nim małą metalową miseczkę, w której leżały pokrojone na kawałki upieczone plantany i garść orzechów *kanaa*.

MARCIN POSZEDŁ DO LASU, będzie łowić ryby z kobietami. Mocno się zmienił od przyjazdu. Nieogolony, ubłocony, w przepoconej koszuli uwalanej gliną. Przestał się przejmować tym, jak wygląda, chociaż nadal przemywał ręce antybakteryjnym żelem. Niech idzie. Znajdę go później. Pójdę się najpierw wykąpać.

Dzieciaki szalały na huśtawce zrobionej z liany, śmigając między drzewami po drugiej stronie rzeki. Z kilku szałasów sączył się dym z palenisk, na środku wioski trzylatek tłukł w pień drzewa trzymaną oburącz maczetą.

Zebrałem rzeczy i podreptałem przez las za załom rzeki. Zamiast prysznica nurt, zamiast wieszaka – zwalone drzewo. Woda przyjemnie chłodziła, zmywając lepki, tłusty brud życia w dżungli. Proste przyjemności. Tak łatwo się od nich odzwyczailiśmy.

Coś mnie dziabnęło w lewy półdupek.

Przez trzy dni nosiłem potem w tym miejscu krostę wielkości dwuzłotówki.

MARCIN STAŁ PO KOLANA w błotnistym mule strumienia, brudną ręką przecierając twarz z potu.

– Dobrze się bawisz?

– Pierwszorzędnie. Niesamowite są te dziewczyny.

Kobiety Baka łowią ryby sposobem, jakiego nie widziałem nigdzie na świecie. Zamiast je wabić i wyławiać, zabierają im wodę. W wybranym miejscu na rzece stawiają tamę, układając w poprzek dziesiątki gałęzi i uszczelniając konstrukcję mułem. Następnie dwadzieścia czy trzydzieści metrów w dół rzeki stawiają drugą, niższą zaporę, taką do pół łydki. Zrywają duże liście i nimi, złożonymi po trzy, jak szuflą przelewają przez tamę wodę uwięzioną między dwoma barierami. Pracują, zmieniając się co jakiś czas, aż osuszą odcinek rzeki na tyle, że z dennego mułu można będzie wybrać ryby. Gdy to zrobią, stawiają kolejną tamę i powtarzają wszystko jeszcze raz.

↙ TAMY

Gdy wyszedłem z lasu nad strumień, Marcin właśnie wyszukiwał wijące się w błocie ryby, utrącał im głowy i wrzucał na rozłożone na brzegu liście. Obok jedna z kobiet siedziała w kucki z maczetą w ręku i wpatrywała się w dno, w którym nie było widać absolutnie nic. Co jakiś czas cięła błyskawicznym, krótkim ruchem nadgarstka, po czym z mułu wyciągała rybkę długości palca i ponownie nieruchomiała.

Później jeszcze wielokrotnie próbowałem zrozumieć, co Baka dostrzegają w tym mule, że wiedzą, gdzie i kiedy ciąć. Szukałem jakiegoś ruchu,

kształtu, czegokolwiek. Nigdy nie zobaczyłem nic, co choćby sugerowałoby obecność ryby. A jednak każde uderzenie przynosiło kolejną ogłuszoną zdobycz.

Na liściach piętrzyły się już małe rybki, kraby, a nawet krewetki wyciągane spod korzeni i wykrotów w błotnistym brzegu. Liczba imponowała, chociaż rozmiary już mniej. Dużo ości i głów.

Marcin wyszedł z błota i przetarł ręce.

– Robota koszmarna. I zobacz, co wyciągamy. Same ochłapy. Dziewczyny mówią, że jeszcze za wcześnie, że za miesiąc będzie lepiej.

– Widać nie przelewa się.

Posiedzieliśmy chwilę, wstałem z pnia.

– Gdzie faceci?

– Poszli pod wzgórze, szukają jedzenia.

„Szukają jedzenia" to dobre określenie. Im więcej razy wychodziliśmy do lasu, tym bardziej oczywiste się stawało, że Baka to bardziej zbieracze niż myśliwi. Czasem zasadzali się na zwierzęta, zakładali pułapki, ale przeważnie jednak jedli to, co udało się znaleźć, a nie upolować. Plemiona Bantu żyjące w okolicy mówiły, że Baka jedzą wszystko. Skłonny byłem się z tym zgodzić. Jedli jaszczurki, insekty, krokodyle jaja, termity i leśne szczury. Wszystko, co chodzi na czterech łapach, i większość z tego, co na sześciu. Jeśli coś wiło się lub pełzało, prawie na pewno nadawało się do jedzenia. Z lasu wynosili korę i bulwy, kawałki roślin tak łykowate, że ciężko je było przełknąć lub tak mdłe i bez smaku, że gotowana brukselka i niedoprawiony kleik to przy nich frykasy.

Jedli wszystko, bo w dżungli jedzenie to nie przyjemność, tylko kwestia przeżycia.

Gdy ruszałem ścieżką w głąb lasu, obok Marcina siedział już tylko jeden Pigmej, René, wysoki jak na standardy Baka i szczuplejszy niż większość. Często lubił siadać nieopodal i przyglądać się nam z zainteresowaniem, chociaż nigdy się nie odzywał. Pewnie nie mówi po francusku albo wstydzi się kaleczyć obcy język.

– Kobiety gdzie być? – spytał Marcin, upraszczając profilaktycznie.

– Przeszły w dół rzeki, za ten za załom przy moście z bali, zbudować następną tamę – odpowiedział nienaganną francuszczyzną René.

– SZYMPANSY. BLISKO. Nie mamy broni. Szkoda, szkoda, wielka szkoda... – Gaston wsłuchiwał się w dźwięki z koron drzew i patrzył w górę, a nozdrza rozszerzały mu się rytmicznie.

Obok Gastona stał jego młodszy brat, Mmombele. Prawdziwy myśliwy. Silny, szybki i zwinny. Biegał boso, z włócznią w ręku i maczetą na plecach. Wspinał się po lianach jak małpa, czujnie sprawdzał wszystkie wykroty, zastygał w bezruchu na każdy odgłos w zaroślach i nigdy się nie uśmiechał. Poruszał się po lesie tak szybko, że niemożliwe było za nim nadążyć. Wielokrotnie go gubiliśmy, mimo usilnych starań.

Szliśmy przez las, jak co dzień, w poszukiwaniu jedzenia. A raczej Gaston i Mmombele szli, a ja się przedzierałem. Z lubością schodzili ze szlaku w zwartą, mroczną plątaninę pnączy i zarośli, najgęstszą postać dżungli, gdzie torowali sobie drogę maczetami, rąbiąc na lewo i prawo, z całej siły, dziesiątki, setki, tysiące razy.

Starałem się dotrzymać im kroku, choć była to próba z góry skazana na porażkę. Ręce mi mdlały od nieustannego cięcia, na dłoniach

Mmombele, najlepszy myśliwy Baka

wychodziły pęcherze. Maczeta sprężynowała na elastycznych lianach i łodygach, które nie chciały ustępować pod naporem stalowego ostrza. Każde uderzenie zadawane od niechcenia, na pół gwizdka, ze zmęczenia i bezsiły kończyło się bolesnym ukłuciem w nadgarstku. Dżungla nie chciała się tak łatwo poddać.

Las deszczowy nie jest zbyt gęsty. Wysokie drzewa nie przepuszczają światła, więc co może, wspina się po pniach do słońca, a co nie może, maleje i karleje. Paprocie nie muszą się przeciskać, bo i tak nie ma o co walczyć. Rozłożyste liście zwijają się, krzewy palmowe – kurczą. Wszystko żyje w cieniu, ucząc się oszczędzać wątłe zasoby, skąpo wydzielane przez naturę. Co słabsi butwieją i schną, warstwami układając się w gnijącym, mokrym poszyciu.

A potem przychodzi wiatr i deszcz, i grzmoty. Pioruny, ogień, osuwiska ziemi. Płynna glina zdejmująca całe połacie zboczy, walące się czterdziestometrowe pnie, które ścinają wszystko, co stanie im na drodze. Powstają olbrzymie polany, wyrwy w brokułowym dachu dżungli. Najniższe piętra lasu, gdzie nigdy nie dochodziło słońce, nagle zostają zalane promieniami. Na tych wyczyszczonych przez żywioł polanach wybucha życie. Wszystko, co może, łapczywie rzuca się na światło. Wyżej, szerzej, dalej. Liście się rozdymają, łodygi pędzą ku górze, a liany pną się po ramionach cudzych pni i wypuszczają pędy do każdego promienia słońca. Woda z korzeni, pompowana raptownie, przyspiesza, krąży, wciska się w każdy kąt. Słońce pozwala rosnąć, rozwijać się, cieszyć się życiem, tą krótką chwilą naturalnej młodzieńczej swobody, gdy wszystkiego, co trzeba, jest w bród.

Dżungla znowu zarasta, ciemnieje, ponownie zamienia się w królestwo mokrego cienia podsypanego butwiejącym poszyciem. Ale nie jest już taka sama. Tam, gdzie wcześniej było pusto, teraz przejścia broni plątanina pnączy, liści i lian. Kolczaste łodygi wiszą poziomo, czekając na nieuważnych; ostre trawy chwytają za nogi; olbrzymie liście ocierają swoje śliskie, mięsiste cielska, a między pniami wiszą wielkie pajęczyny, w które wpada się twarzą.

To jest koszmar każdego wędrowca. Klaustrofobiczne, mroczne miejsce, z którego nie ma wyjścia. Kolejne, powolne kroki. Noga za nogą, metr po metrze. Kolana podnoszone do pasa, by oswobodzić stopy z wyciągniętych rąk korzeni, chwytających za kostki. Zgięty w pałąk grzbiet, by prześlizgnąć się pod kolejną z nieustających ostrych przeszkód. Jeśli nie masz maczety, zginiesz, pełznąc na czworakach, z rękami pokrwawionymi do kości, próbując pokonać kolejny metr piekła, które nigdy się nie kończy.

Maczeta. Eksponat ponurej historii Afryki, spływający krwią rwandyjskich Tutsi i bojowników południowoafrykańskiej Inkathy. Świadek wojny Republiki Biafry z Nigerią, rebelii RUF w Sierra Leone i zwyczajów w belgijskim Kongo, gdzie obcinano ręce za niedostarczenie transportu kauczuku. Ulubione narzędzie zimbabweńskich weteranów generała Mugabe i metoda przesłuchań ugandyjskiego prezydenta Idiego Amina, który maczetą obcinał jądra. W Afryce maczeta niesie śmierć.

Ale tu maczeta oznacza życie. W gęstej dżungli trzydzieści kilometrów możesz iść i miesiąc, jeśli masz stępione ostrze. A jeśli nie masz maczety w ogóle, zapewne nigdy nie dojdziesz na miejsce. Dlatego wśród Baka nawet dwulatki bawią się ostrymi narzędziami.

Ręce obolałe, nogi drżą ze zmęczenia.

Sendo kokolo. Znowu wróciliśmy z niczym.

SENDO DZIOKU! Udane polowanie! Będzie mięso.

Już noc, ale ostatni myśliwy dopiero wrócił z lasu. Każdego dnia zostawali w dżungli dłużej i dłużej. W wiosce poruszenie. Przyniósł *chat-tigre*, kota-tygrysa, jak nazywali go Baka, jakiegoś nadrzewnego zwierzaka o długim pysku i jeszcze dłuższym ogonie. Gaston i Mmombele oglądali okaz ze znawstwem, z uznaniem poklepując młodego łowczego po plecach.

Jedzenie. Kot został wypatroszony i zaniesiony do szałasu. Tam trafił na żar paleniska.

Cały. Z sierścią, skórą, głową i łapami.

Po wiosce poniósł się smród palonego futra, słodki, mdlący dym.

– Zaraz się porzygam – powiedziałem.

– Czemu oni go nie oskórują? Przecież z takiego futra można zrobić mnóstwo rzeczy. Idiotyzm – ocenił Marcin.

Nie skórowali zwierzęcia, bo skóra to też mięso, a nic nie ma prawa się zmarnować. Opalano sierść, bo to metoda najmniejszych strat. Najpierw jedzenie, potem wszystko inne.

Kot został rozczłonkowany i upieczony na ogniu, po czym sprawiedliwie rozdzielony między wszystkie rodziny.

Z głowy, łap i kilku wnętrzności żona myśliwego zrobiła gęsty wywar, na śniadanie.

DAWNO TEMU Baka mieszkali tylko w dżungli. Przenosili obozy z miejsca na miejsce, a ich las mógł się odradzać. Dziś mieszkają na jego skraju, przy drogach, w skupiskach dziurawych lepianek. Chodzą do szkoły i uczą się odmieniać francuskie czasowniki. Pracują w polu u wszystkich pozostałych plemion w okolicy, u Bantu, za jakieś grosze, stare ubrania, kilka bulw manioku lub szklanek bananowego bimbru. Jednak raz na jakiś czas słyszą, jak las ich wzywa i wtedy opuszczają domy i przenoszą się do dżungli. Czasem na dwa tygodnie, czasem na trzy miesiące.

– Czemu? – spytałem Gilberta, wodza.

Wzruszył ramionami.

– Tak trzeba.

W lesie Baka nic nie uprawiają ani nie przechowują. Tak to zawsze działało. Wystarczyło wyjść do lasu, zawsze coś można było znaleźć.

W Afryce na wysokości równika nieznana jest koncepcja przyszłości w naszym rozumieniu; jutra, na które trzeba się przygotować. Istnieje tylko dziś. Czas tu nie płynie, bo nie ma dokąd.

Tu nigdy nie było siarczystych mrozów, długiej zimy, której się nie dało przetrwać bez pełnej spiżarni, wędzonych mięs, kiszonej kapusty i kuropatwy wiszącej za nogi u powały. Nie trzeba było szyć futer, szykując się na chłody, zbierać zawczasu drewna na opał ani kosić zboża, zanim zmarnieje na deszczu. Dżungla jest zielona zawsze, cały rok, i dowolnego dnia można w niej coś znaleźć. Jak nie mango, to banany, a jak nie maniok, to sapę. Wystarczy wyjść i poszukać albo zabrać włócznię i coś sobie upolować. Zwierzyny też zawsze było pod dostatkiem.

Tu przyszłości nie ma, więc się o niej nie myśli. Jeśli Afrykanin wygra na loterii sto tysięcy dolarów, prawdopodobnie wyda wszystko jeszcze tego samego dnia. Bo pieniądze niewydane to pieniądze całej rodziny, każdy może z nich skorzystać. Jeśli ich nie wydam ja, zrobi to ktoś inny.

Wywar na śniadanie ze wszystkich części *chat-tigre*, których nie dało się zjeść

Naturalnym środowiskiem Baka jest dżungla, ale Pigmeje tracą nad nią kontrolę. Są wysiedlani, gdy ich las zostanie sprzedany wraz z koncesją na pozyskiwanie drewna lub zmieniony w rezerwat ochrony przyrody. W ramach rekompensaty otrzymują od państwa skrawki ziemi przy drogach, na poletka. W lesie są samowystarczalni. Poza nim – muszą żebrać lub pracować za grosze, wykonując najprostsze prace.

Plemiona Bantu zamieszkujące Kamerun uważają Baka za ludzi niższej rasy. Wielu używa określenia „posiadam Baka". W Kongo w 2008 roku prawie stu Pigmejów uwolniono z niewoli, w której przebywali od pokoleń.

Tylko kilka procent Baka potrafi pisać i czytać. Dzieci uczą się głównie przez naśladownictwo dorosłych, wiedza przechodzi z pokolenia na pokolenie. To jednak zmienia się wraz z zanikaniem rytuałów i pieśni, opowieści o roli duchów, o sferach tabu i znaczeniu roślin czy zwierząt stanowiącymi podstawowy nośnik wiedzy. Zastąpić ma go formalna edukacja, jednak tylko niewielka część dzieci Baka uczęszcza do szkół. Baka pozostają poza infrastrukturą społeczną Bantu – szpitalami, targami czy wspólną celebracją świąt w wioskach. Baka wysiedleni z lasu nie żyją w społeczności, a raczej obok niej.

Jeśli rządy krajów afrykańskich nie zaczną rozpoznawać ich praw do ziemi i dżungli, którą zajmowali od stuleci i od której są uzależnieni, oraz nie roztoczą jakiejś formy opieki prawnej nad „pierwotnymi" grupami etnicznymi, społeczności takie jak Baka będą skazane na zagładę.

Wiele firm budowlanych w Afryce płaci swoim pracownikom codziennie głodowe dniówki. Tyle, by starczyło na jedzenie i coś do ubrania. A dopiero po zakończeniu budowy wypłaca ostatnią, największą transzę, na raz. Wcześniej płaciły jak w Europie – co tydzień lub co miesiąc. Następnego dnia po wypłacie nikt nie przychodził do pracy. Pracownicy wracali, gdy skończyły im się pieniądze.

Zresztą po co myśleć o przyszłości, jeśli mogę jej nie doczekać? Zbyt wielu już zginęło od ciosów maczetą, od chorób i czarów, zbyt wielu zabili biali. Jutro po prostu może nigdy nie nadejść.

Baka zabierają z lasu tylko tyle, ile jest im potrzebne. Nawet gdy upolują słonia, zabierają tylko trochę mięsa i wracają do wioski. Przychodzą do nich wtedy dobre duchy *nyabola* cieszyć się i świętować razem z Baka. Mięso słonia starcza na trzy–cztery dni.

Reszta, całe tony, gniją w lesie.

W języku Baka jest dziesięć słów określających „dziś", a tylko jedno, które określa przyszłość. To słowo to „jutro".

Przyszłość nie ma znaczenia.

Gaston, nasz nauczyciel życia w dżungli

KRZYK DZIECKA przeciął ciszę. Coś się dzieje. W wejściu do naszego szałasu pojawił się Gilbert, wyraźnie roztrzęsiony.

– *Idomo, idomo! Yande siti!*

Chodźcie, dziecko jest chore.

Chłopak miał może dziesięć lat. Siedział cały zapłakany, musiało go okrutnie boleć. Podniósł nogę i pokazał na stopie paskudną ranę wielkości mandarynki. To nie było nic świeżego, raczej bagniło się od dawna. Ropa lała się wybroczynami, tkanka wokół rany martwiała, rogowaciejąc, pod skórą widać już było czarną jak smoła infekcję, która rozchodziła się promieniście.

– Przyniosę sprzęt. – Marcin już szedł w stronę namiotu po apteczkę.

Wrócił, oczyścił ranę, przyjrzeliśmy się lepiej.

– Nic z tym nie zrobimy. Ten dzieciak musi jechać do szpitala, inaczej straci nogę albo umrze.

Gilbert przetłumaczył. Rodzice pokiwali głowami. Marcin założył opatrunek, polecił chodzić w klapku, unikać błota. Nic więcej nie mogliśmy pomóc.

Szpital, w którym możliwe było przeprowadzenie zabiegu, mieścił się dwanaście godzin jazdy samochodem terenowym lub tydzień marszu stąd. Bez pieniędzy i transportu to dystans, którego się nie da pokonać. Rodzice nawet nie będą próbować. Zresztą nawet jeśli dojadą na miejsce, nie będzie ich stać na badania, zabieg. Nie przeczytają diagnozy i zaleceń, bo nie potrafią czytać. Nie kupią leków, bo nie będą mieli za co.

To dziecko umrze w lesie.

To jest jedna z wielu rzeczy, jakich tu nigdy nie zrozumiem. Inercji, bezwolności. Wiele tu tego widziałem, w zapyziałych środkowoafrykańskich wioskach. Tak jakby nikomu się nie chciało, nie było warto. Ich mieszkańcy może i są niepiśmienni, biedni, nie mają porządnego dachu nad głową ani oszczędności, nie zbudują od zera pompy i silnika, ale nie są głupi. A mimo to jakby nie uczyli się tego, co wokół nich, własnego otoczenia. Wszystko, co wiedzą, przekazali im dziadkowie i rodzice, ale ten zasób wiedzy jakby się nie powiększał z czasem, trwa w niezmienionej

postaci. To nie jest pierwsze dziecko, które zraniło się w stopę, pewnie nawet nie pierwsze w tym roku. I to zawsze wygląda tak samo. Niewielka rana, ale utytłana w błocie, ciągle mokra i brudna. Babrze się, rozrasta, czerwienieje, żółknie, w końcu czernieje. A potem dziecko zaczyna gorączkować, aż w końcu umiera.

Ile tych dzieci musi umrzeć, by rodzice połączyli fakty? Ile razy muszą przejść ten sam proces, by *kukuma* albo szaman w końcu podrapał się po brodzie i zauważył, że jak rana jest czerwona, to trzeba reagować, bo jak się zrobi czarna, to już będzie za późno? Baka potrafią z liści zrobić wszystko. Mogliby zrobić też opatrunki, lepsze niż nasze, bo nieprzemakalne. Ale nie zrobią, nie pomyślą. Bo dziadowie ich tego nie nauczyli, bo choroby przynoszą złe duchy, a jutra nie ma.

I te dzieci będą umierały, jedno po drugim, jak świat światem.

Nic tu się nigdy nie zmieni.

A ja tego nigdy nie zrozumiem.

ZBLIŻAŁ SIĘ WIECZÓR. Siedzieliśmy na ławce z kijów, Marcin palił papierosa. Dzieciaki ganiały kury wokół szałasów, kobiety pichciły kolację. Psy wygrzewały się przy ogniu, mężczyźni ostrzyli maczety i naprawiali włócznie. Wcześniej nanieśliśmy drewna do wioski i oskrobaliśmy kilka bulw na kolację. Marcin bawił się jakiś czas z dzieciarnią na huśtawce z liany i patrzyliśmy, jak nastolatki łowią ryby na wędki z bambusa. Typowy dzień.

Cały czas czekałem, aż w Marcinie wybuchnie jakaś ekscytacja, jak kiedyś w Etiopii. Że da się porwać niesamowitości tego, co przeżywamy, bo mnie aż rozsadzało od środka, i mogłem o tym gadać codziennie do północy. Jak dotąd nie wybuchła. Robił, co należało, pracował, bawił się, ale nieco beznamiętnie. Jeśli cieszył się tym, co go otaczało, to po cichu. Być może przeżywał wszystko wewnątrz, ale na wierzchu emocje utrzymywał w stonowanych rejestrach. Przez chwilę miałem mu to nawet za złe. Taka przygoda! Powinien się bardziej cieszyć, myślałem. Jeśli się nie cieszy, to jakby go tu nie było. No nic, dajmy sobie jeszcze trochę czasu.

Postanowiłem zrobić przed naszym szałasem suszarnię. Wyciąłem w lesie trzy kije, zaostrzyłem je, wbiłem w odpowiednich odstępach. Z plecaka wyciągnąłem linkę, zawiązałem odpowiednio, naprężyłem. Z sąsiedniego *mongulu* zabrałem dwa polana i trochę żaru, który rozniecilem liśćmi. Na linkach zacząłem rozwieszać mokrą koszulę.

Od początku siedziało przy mnie dwóch młodych chłopaków z szałasu obok. Patrzyli z wyraźnym zainteresowaniem, co też ten *mbungi* kombinuje. Wytłumaczyłem. Ciepło, ogień, sucha koszula. Suszarnia jak malowana. Postęp w domu i zagrodzie. Wreszcie to ja ich czegoś nauczę, nie będę stale ostatni.

Wtedy jeden z nich wstał, wszedł do dżungli na pięć kroków i jednym uderzeniem maczety wyciął elastyczną witkę. Wbił jeden jej koniec głęboko w miękką ziemię tuż obok paleniska, potem zgiął łodygę w elegancki pałąk i to samo zrobił z drugim końcem. Na pałąku powiesił swoją koszulę. Budowa mojej suszarni zajęła mi dziesięć minut. Jemu – trzydzieści sekund.

Obaj stracili zainteresowanie. Raczej niczego się nie nauczą.

GODZINĘ PÓŹNIEJ na mojej suszarni wisiały już cztery koszulki i dwie pary majtek, nawet nie wiem czyje.

„Mojej suszarni". Mojej. Niewłaściwe słowo, europejskie. U Baka nie ma własności prywatnej, wszystko jest wspólne. Garnki, moździerze, maczety, kosze. Każdy korzysta do woli. Szałasy buduje się razem, razem łowi się ryby. Nawet rodzina jest wspólna – wszystkich mieszkańców wioski uważa się za krewnych, choćby dopiero co przyjechali z daleka. Dziecko ma więc wielu tatusiów i mam, ktoś się nim na pewno zaopiekuje. Pigmej sam nie przeżyje w dżungli. Tylko w grupie ma szanse na przetrwanie.

Od jakiegoś czasu Marcin próbował zrozumieć relacje w wiosce. Jak to możliwe, że małżeństwa mogą być i aranżowane, i z własnego wyboru? Tak po prostu jest. Kto wybiera wodza? Nikt. To kto tu jest najważniejszy? Wszyscy są równie ważni. Wodza nie ma, wódz to wymysł Bantu, którzy chcieli rozmawiać z jedną osobą, a nie z całą wioską, i kazali nam kogoś wybrać. To kim jest Gilbert? No, wodzem właśnie. Ale nie może nikomu nic nakazać? Nie może.

Wszystkie decyzje Baka podejmują wspólnie. Nie ma władzy, przymusu, represji. Nawet rodzice nie mogą nic nakazać dzieciom. Ale robią to za nich tradycje.

Na przykład za żonę płaci się rodzinie pracą. Mąż musi udowodnić, że jest wystarczająco pracowity i zaradny, by utrzymać żonę. Będzie pracował dla teścia za darmo, będzie mu przynosił, co sobie teść zażyczy. Plantany, małpę, pytona. Obsieje mu poletko za domem przy drodze, naprawi dach. Ile to będzie tak trwać? Latami.

U Baka można mieć kilka żon, ale zdarza się to niezmiernie rzadko. Nikt nie ma tyle siły do pracy.

– Gilbert, ile ty masz dzieci? – spytał Marcin, gdy siedzieliśmy wieczorem przy ognisku.

– Nie wiem, rano policzę – odpowiedział wódz. – Albo nie, czekaj, w sumie sam jestem ciekaw. Dzieciaki, do mnie!

Ze wszystkich szałasów wychyliły się czarne łebki z szeroko otwartymi z ciekawości oczami.

– Ty jesteś mój... I ty, i ty, ty nie. Jeden syn w Kongo, drugi w Bertoua, córka w wiosce...

Dziesięcioro własnych i ósemka po starszym bracie, który zmarł. I może ktoś jeszcze, sam już nie pamięta.

O to, ile z dzieci Gilberta już nie żyje, nie mieliśmy odwagi zapytać.

Trzy kwadranse później żona Gastona przyniosła nam dwie miseczki, po jednej dla mnie i Marcina. W środku kilka upieczonych rybek, plantany i orzechy *kanaa*. Wręczyła nam je bez słowa, jak pozostałym mieszkańcom wioski, i wróciła do swoich spraw.

Taki zwykły gest, nawet nie zwróciła na niego uwagi, a mi łzy napłynęły do oczu ze wzruszenia. Bardzo chciałem jej podziękować, ale nie miałem jak. W języku Baka nie ma słowa „dziękuję".

– *SENDO!* POLOWANIE.

– *Kokolo*. Nic.

A POTEM SPADŁ DESZCZ i padał cały dzień i całą noc. Siedzieliśmy w szałasie, wyczekując na ten moment, kiedy woda zacznie nam się lać strumieniem do środka. Nigdy nie nadszedł. Konstrukcja *mongulu* nie przepuściła ani jednej kropli wody bez względu na to, jak mocno padało. Nasza ławeczka na plecaki była zupełnie niepotrzebna.

Gdy w końcu wyszło słońce, ziemia w wiosce zmieniła się w żółte, gęste błoto. Nasze buty ślizgały się w nim, a bose stopy Baka nie. Też wyszedłem na bosaka, tak wygodniej. Minął mnie Marcin. Miał spodnie utytłane do kolan i z każdym krokiem swoje wypieszczone buty zanurzał po kostki w błocku. No proszę, jaka zmiana. Wreszcie dojrzał do życia w lesie, czyli w końcu przestało mu zależeć. Może zrozumiał, że buty przemokną i tak. Że na pewne rzeczy po prostu nie mamy wpływu.

Zapadł zmrok, wokół ogniska zaczęły się tańce. Znane już nam piosenki i rytmy, chłopak cały w liściach, udający ducha Jengi. Rozpoczęły dzieciaki prowadzone przez Jej Królewską Mość, potem powoli przyłączały się inne kobiety. W dżungli za plecami brzęczały cykady. Noc.

– Marcin, mam pomysł. Wytnijmy kilka gałęzi, wsadzimy sobie za kołnierz i w galoty, wskoczymy na środek, zatańczymy jak chłopaki. Będzie kupa śmiechu.

– Dwa razy mnie namawiać nie musisz.

Przygotowaliśmy stroje za szałasem i gdy atmosfera nabrała rozpędu, wpadliśmy na polanę, wirując, skacząc, udając kurczaki i goryle, wpadając w drgawki, pohukując i próbując nieudolnie naśladować misterne ruchy tancerzy Baka. Zostało to przywitane wybuchem śmiechu i poklepywaniem się po udach. Dowcip dotarł do publiczności mimo braku wspólnego języka. Po chwili rytm wrócił ze zdwojoną mocą, dopingując nas do kolejnych hopsztosów, melodia przyspieszyła, nawet błocko pod stopami mlaskało głośniej.

ZAPADŁA NOC. Leżałem już w szałasie, robiąc notatki przy latarce. Marcina przy ognisku dopadł Alfonse i nie zapowiadało się, żeby szybko się od niego uwolnił. Alfonse perorował niewyraźnie tym swoim bełkotliwym francuskim. Bardzo się starał opowiedzieć jakąś niesamowitą historię, ale boleśnie brakowało mu zasobu słów. Nadrabiał ekspresją i wykrzyknikami, co jeszcze bardziej utrudniało zrozumienie czegokolwiek.

Marcin był zdecydowanie nie w humorze. Słyszałem w jego zdawkowych odpowiedziach, że już nawet nie między wierszami, ale wprost daje Pigmejowi do zrozumienia, że chciałby przez chwilę pobyć sam, popatrzeć w ogień. Alfonse nie czytał tych sygnałów. Nadal prawił swoje, pewnie siedząc najbliżej, jak się da, i trzymając Marcina za ramię.

Nawet leżąc w szałasie, wiedziałem, jak Marcin reaguje. Strzela oczami i ciężko wzdycha, irytując się coraz bardziej. Zapala jednego papierosa za drugim i już zupełnie obcesowo daje Alfonse'owi do zrozumienia, że nie chce mu się z nim gadać. Marcin czasem potrzebuje chwili dla siebie i gdy ktoś mu w niej przeszkadza, dostaje piany.

W końcu zobaczyłem przy ognisku cień postaci wstającej z ławki a potem błysk latarki. Marcin wgramolił się do szałasu i padł na posłanie z liści.

– Matko, on nie wie, kiedy przestać.

– Słyszałem właśnie. Posłuchaj, dalej gada.

– Mam wrażenie, że my tu trochę patrzymy na nich z boku, może nawet z góry, trochę się z nimi certolimy – Marcin zamamrotał w bluzę pełniącą rolę poduszki. – Wiesz, jak naukowiec wśród ludów pierwotnych. Przyglądamy się, notujemy i tak dalej. Ale na takim najbardziej ludzkim poziomie to nadal są albo fajni goście, albo niefajni. Z takim Alfem po prostu nie da się wytrzymać, jemu trzeba powiedzieć między oczy: „weź mnie zostaw w spokoju!", bo on inaczej nie zrozumie.

– Ale Gaston jest na przykład bardzo w porządku.

– O tym mówię. To są normalni, zwykli ludzie. Jednego lubię, drugiego nie, prosta sprawa.

LU NA MBEMBE. Wielkie Drzewa. Gigantyczne, stuletnie pnie, wystające wysoko ponad zielony sufit lasu. Olbrzymy. Taki pień objąć musiałoby trzech ludzi. Wysokie jak wieżowiec, tak że nie widać konarów i liści, bo zasłania je plątanina niższych drzew, więc gdy patrzy się z ziemi, Wielkie Drzewa po prostu znikają w zieleni gdzieś wysoko.

Dla Baka *lu na mbembe* to spiżarnia. W ich korzeniach mieszkają jeżozwierze, w dziuplach – węże i jaszczurki, a w koronach skaczą małpy i wiją gniazda ptaki. To na nich rosną grube, mocne liany. Ich wysuszona kora to najlepsze drewno na opał.

Staliśmy pod jednym z takich drzew. Przed chwilą Gaston znalazł jakieś bobki, roztarł je i powąchał. Teraz już dłuższą chwilę patrzył w górę, rozglądając się po okolicznych drzewach. Krzyknął, czy może nawet powiedział coś trochę głośniej niż normalnie, bo Baka raczej nie krzyczą w lesie. Chwilę później z dżungli wychylił się Mmombele, jego młodszy brat, najlepszy myśliwy w wiosce. Porozmawiali, popatrzyli, jeszcze raz powąchali bobki. Obeszli drzewo dookoła.

Mmombele w końcu bez słowa wskoczył na lianę i zaczął się po niej wspinać. Na głowę spadł mu kawał kory ważący ze dwa kilo. Nie wzruszyło go to ani trochę. Przestałem go widzieć na wysokości dwudziestu metrów, gdy przesłoniły go korony innych drzew i plątanina lian.

Siedzieliśmy, czekaliśmy. Dziesięć minut, dwadzieścia. Słyszeliśmy, że tam wysoko okrążył pień, używając lian jak rusztowania. Krzyknął,

że znalazł norę *yoki*, jakiegoś nadrzewnego stwora, ale pustą. Posiedział jeszcze trochę. Zawołał, żeby mu przynieść maczetę. Gaston z witki zrobił przepaskę na plecy i przerzucił przez nie maczetę, po czym pomknął śladem Mmombele.

Siedziałem sam, wsłuchując się w cięcia, szelest i dźwięk kawałków próchna spadających przez gęstwinę na ziemię. W końcu zeszli spokojnie obaj, choć brzmiało to, jakby spadali. Przynieśli plaster miodu wielkości dłoni. To znaczy, że weszli po drzewie na dwadzieścia metrów, tam znaleźli rój afrykańskich pszczół, i wisząc na lianach, dobrali się do wnętrza ula.

W wiosce powoli brakowało jedzenia. Nic się nie może zmarnować.

– *SENDO! KOKOLO.*

Polowanie. Nic.

STOPA TEGO DZIECIAKA wyglądała jeszcze gorzej niż dwa dni wcześniej. Rana się powiększyła, stwardniała, infekcja pod skórą jeszcze się rozrosła. Wyrok zapadł, zapewne. Marcin był bardzo przejęty, po raz pierwszy. Nie dziwię się. Też byłem, choć jednak inaczej niż kiedyś. Kilka lat wcześniej szukałbym jakiegoś sposobu, transportu, wyprułbym z plecaka pieniądze schowane na czarną godzinę i opłacił policyjną ciężarówkę, by zawiozła to dziecko do szpitala, albo przez radio wezwał pomoc kosztującą tysiąc dolarów, bo gdy biały roztrzęsiony, to zapłaci każdą cenę. Nie poddałbym się, choćbym miał zdechnąć. Zapożyczył się, wydał wszystko, co mam, poświęcił tydzień, ale uratowałbym tego dzieciaka za wszelką cenę. Potem, w szpitalu, trzymałbym go za rękę, gdy lekarz będzie mu amputował nogę powyżej kolana. A później, przy pożegnaniu, ściskał dłonie rodzicom, którzy wpatrywaliby się we mnie tym dziwnym, nieodgadnionym wzrokiem, bez słowa albo może w potoku słów, których nie rozumiem. Wtedy byłbym przekonany, że to wdzięczność, że po prostu nie wiedzą, jak mi dziękować. Dziś już nie byłbym tego pewien.

Bo ja odjadę, a oni muszą jeszcze wrócić do wioski, a potem utrzymywać syna, który nigdy nie będzie pracował. A jak oni mają się opiekować dzieckiem, które nie może chodzić? No jak?

Wyjechałbym w poczuciu dobrze spełnionego obowiązku, z satysfakcją, że udało mi się naprawić kawałek świata. Trzy dni później wykąpałbym się w jakimś lepszym hotelu, odpoczął, odespał. To by była jedna z wielu przygód, które kończą się szczęśliwie.

Uratowałem dziecko w Afryce.

Ale tych dzieci, tylko w tej jednej prowincji wschodniego Kamerunu, są dziesiątki tysięcy. Ten rzekomy heroizm nie zmienia nic oprócz własnego samopoczucia. Wracamy do domów, przepełnieni smutkiem łagodzonym poczuciem poczynionego dobra. Ale to my wracamy do lepszego świata, nie oni.

Ich świat pozostaje taki sam.

– NIC NA to nie poradzę, Alfonse. Musisz iść do lekarza – Marcin kolejnej osobie klarował, co możemy, a czego nie możemy dla nich zrobić. Rwa kulszowa Alfonse'a wykraczała poza nasze możliwości. Dzień po dniu opatrywaliśmy skaleczenia, obtarcia i drobne oparzenia. W oczach Baka mogliśmy wszystko, więc przychodzili do nas po diagnozę bolących stawów, oczu, przepełnionego pęcherza, krzywych nóg i pieprzyka na plecach.

Widać duchy duchami, ale nasze czary były jednak skuteczniejsze.

– *SENDO! KOKOLO.*

– *YANDE! Idomo, titi, titi... A dzie po te? Mabu?* – powoli zaczynałem już konstruować w języku baka pełne zdania, zapewne okrutnie kalecząc gramatykę. To nic, dzieciaki nas uwielbiały. Dziesięć razy dziennie przychodziły się przywitać, usiąść na kolanach. Marcin ganiał się z nimi wokół szałasów, bujał je na huśtawce. Gdziekolwiek się ruszaliśmy, ciągnął się za nami ogon ciekawskiej dzieciarni.

Byliśmy teraz w wiosce atrakcją większą niż Baka dla nas. Gdy wychodziliśmy przejść się po dżungli, kto żyw, szedł z nami. Szliśmy z René na przykład uczyć się robić z liści bukłak na wodę. Na brzegu strumienia siedziało dwóch chłopaków łowiących ryby. Zobaczyli nas, już rzucili wędki, idą z nami, może coś się wydarzy ciekawego. Przechodzimy przez poletko dzikich bananowców, trzy dziewczyny ścinają plantany na obiad. Kosze pełne grzybów, bulw, korzeni. To nic, już idziemy w szóstkę, śmiech, pogaduchy.

Zaczęły się żarty, ale nie z nas, a z nami. Mmombele wyskoczył z lasu w zrobionej naprędce czapce z liści *boboko*, śmiertelnie poważnie klarując, że to tradycyjny strój myśliwski Baka. Ktoś inny w mały kopiec termitów wbił fioletowy kwiat znaleziony nieopodal i wysunął przypuszczenie, że niewątpliwie będziemy zainteresowani kolejną lekcją dziwowisk dżungli, bo kwiat można zjeść, podobnie jak i sam kopiec.

Wszystko pięknie, ale tak jak i Baka, byliśmy głodni.

– *SENDO! KOKOLO.*

W NOCY JAK ZWYKLE GŁOŚNO – śmiech i rozmowy późno w noc. Z szałasów słychać wszystko. Każde kichnięcie, każdy szept, co kto robi z żoną, gdy wszyscy zasną. Nie ma własności prywatnej i wszystko jest publiczne. Wieczorne rozrywki również.

Przewracałem się z boku na bok. Burczało mi w brzuchu.

– *SENDO! KOKOLO.*

– *SENDO! DZIOKU.*

Jedzenie!

– *Pose.*

Niech to diabli. *Pose. Vers blancs.* Białe robaki.

One żyją w powalonych pniach palmowców, ale takich, które jeszcze nie spróchniały, w miarę świeżych. Wystarczy przyłożyć ucho do tego miejsca, gdzie łamiący się pień odsłonił żółty środek. Piszczą, świszczą, mlaszczą – słychać je od razu. Potem wycina się maczetą karby, rozpoławia pień i z wnętrza wyciąga tłuste, pękate, białe larwy wielkości kciuka. Całe w śluzie, śliskie i silne, że trudno je utrzymać w palcach. Kiedyś zamienią się w dorodne chrabąszcze i będą latać, basując w nocy. Te nie zdążą, Baka zjedzą je jeszcze dziś.

POSE

Miałem jeszcze nadzieję, że będą pieczone, jak te, które sprzedawali na autobusowym popasie, z chrupiącą skórką, w chili i oliwie.

Niestety.

Żona Gastona przyniosła nam miseczkę z *pose*, taką samą porcję, jak wszystkim innym. Ledwo sparzone na ogniu, miękkie i glutowate. Niektóre rozpołowione łyżką, z głowami i wszystkim, co w środku. Wyciekała z nich szara masa flaków podlana łyżką oleju. Makabra.

– Trzeba było zjeść te pieczone, miałbyś podkład – powiedziałem.

– Już mi wszystko jedno – odpowiedział Marcin.

Złapał miskę i nie oglądając się na nic, sięgnął łyżką po pierwszy okaz. Trafił mu się cały, dorodny robal, ciekawie łypiący swoim jednym okiem w kierunku otwartej gęby Marcina. Ten zrobił jedno podejście, drugie. Potrzebował chwili na opanowanie odruchów wymiotnych, aż z wysiłku łzy pociekły mu lekko po twarzy. W końcu wrzucił larwę do ust i zaczął mleć językiem, próbując pokonać w równej mierze robaka, co swoją europejską naturę.

– Może powinienem cię był uprzedzić, że idzie łatwiej, gdy połykasz w całości, zamiast przeżuwać... – zreflektowałem się.

– Trochę za późno na takie rady.

– Jak w smaku?

– Wyborne. Z foie gras nie miałyby sobie równych.

Włożyłem do ust rozćwiartowanego robaka. Gęsta oleista maź pociekła mi w dół przełyku. Myślałem, że zwymiotuję, naprawdę. Nigdy nie jadłem nic gorszego. Kiedyś w Tajlandii zdarzyło mi się jeść pluskwy wodne, a ich chitynowy pancerzyk wchodził mi między zęby. W Korei *gae-bool*, morski robak, spływał w dół gardła i nie dało się go połknąć. W Wietnamie musiałem zmęczyć chrupki ze skóry węża, na Saharze – szarańczę. Zamieniłbym tego robala na każde z nich.

Różnica była taka, że wtedy jadałem lokalne rarytasy dla zabawy i własnego poznania.

Teraz jadłem surowe larwy, bo nie było nic innego.

OBÓZ BAKA POWOLI SIĘ ZWIJAŁ. Niedługo wszyscy wrócą do swoich domów przy drogach. Znów będą pracować na polach Bantu za grosze albo za stare ciuchy czy kilka plantanów i garść ziaren kakao. Niektórzy zamiast wypłaty dostaną butelkę bimbru z bananów, toksycznej, wysoko uzależniającej nalewki, którą Bantu pędzą dla Baka, choć sami jej nie piją. Wolą mieć wiernych niewolników, którzy wrócą po więcej.

Znowu Bantu będą brać kobiety Baka za żony, zabierać najlepsze, najbardziej zaradne i pracowite dziewczyny do swoich wiosek. Znowu z dzieci Baka wszyscy będą się śmiać w szkole. Znowu będą patrzyć na cudze motory i samochody, na telefony komórkowe, nowe klapki i kalosze bez dziur. Będą mieszkać w lepiankach z gliny krytych dziurawą blachą, przez którą w trakcie deszczu leje się do środka, a nie w szczelnym jak namiot *mongulu*.

A inni będą im wmawiać, że to postęp i cywilizacja.

Jaką niby przyszłość oferuje im ta nasza cywilizacja? Do czego ich prowadzimy? Wyciągamy ich z lasu, uczymy pisać i czytać, i po co? Kim będą w tym naszym świecie? Najniższą i najtańszą siłą roboczą, bez żadnych praw i ochrony, żyjącą w nędzy, w alkoholizmie, na dnie, wyzyskiwani i okradani przez wszystkich dookoła, i nadal bez dostępu do lekarza czy leków? Czemu nie pozwolimy im zostać w lesie, bez dowodów osobistych, rejestrów, bez tej pozornej pomocy, którą państwo im niby niesie.

W lesie Baka również niczego nie mają, ale tam niczego nie potrzebują.

Na co komu świadomość tego, jak wiele nie ma? Co niby dobrego wynika z wiedzy o tym, jaka przepaść mnie dzieli od innych, co mógłbym mieć, gdybym urodził się innym człowiekiem? Jaką korzyść z tej świadomości można osiągnąć? Jakie szczęście?

Żadne.

To są ostatnie dni Baka takich jak dziś. Dżunglę dziesiątkują firmy wyrąbujące pnie drzew, legalnie i nielegalnie. Brakuje zwierząt, znikają słonie. Kiedyś Baka polowali na jednego słonia rocznie, żeby tradycji stało się zadość i by zadowolić duchy *nyabola*. Dziś, na zlecenie, za grosze i bananowy bimber zabijają trzy słonie dziennie, żeby ważni ludzie mogli sprzedać kość słoniową do Chin. A wraz ze słoniami znikają inne zwierzęta, które nie mogą się swobodnie poruszać po gęstej dżungli bez przesiek torowanych przez olbrzymy.

Ludzie lasu znikają, bo znika las.

Zarabiają za mało, by żyć w wioskach, a nie mogą już żyć w lesie. Są w połowie drogi między swoją historią i swoją przyszłością. Poznali już nowoczesność i nie będą chcieli dalej żyć jak kiedyś. Zachłysnęli się tym, co czeka na nich poza lasem, nie rozumiejąc, że to wszystko zawsze będzie poza ich zasięgiem.

Jak my wszyscy, zostawiają za sobą szczęście, bo myślą, że gdzieś indziej będzie im lepiej.

Dziś las ich jeszcze wzywa, nie wytrzymują długo w domach przy drodze. W porze suchej uciekają od Bantu, nie chcą mieć z nimi nic wspólnego. Mówią, że gdy świeci słońce i wieje wiatr, Bantu przynoszą choroby.

Wtedy wchodzą głęboko do dżungli i budują *mongulu* w miejscu, gdzie nikt ich nie znajdzie. Żyją w zgodzie z Jengi, polują, zbierają grzyby *tulu* i orzechy *kanaa*. Tańczą taniec *luma*, śpiewają o Mabompe, który lubił czekoladę, i zaklinają duchy lasu, by uchroniły ich od wypadków.

I przyjmują dwóch białych gości, którym nieświadomie pozwalają zrozumieć, jak wiele mamy i jak wiele z tego nie jest nam tak naprawdę potrzebne.

– ŻEGNAJCIE – powiedział nam na do widzenia Gilbert Mbampe, wódz, *kukuma* wioski, najwyższa instancja w osadzie, w której najważniejsza jest zgoda. – Jeśli kiedyś będziecie chcieli wrócić, zawsze tu będziemy.

Nie będziecie.

GASTON DO KOŃCA nie zapamiętał mojego imienia. Pożegnał mnie określeniem „*Baka mbungi*". Biały Baka.

Podejrzewam, że żartował, jak zawsze.

ZNOWU W NGOILA, w tej dziurze na końcu drogi. W miejscu, do którego nie ma po co przyjeżdżać. Wychodząc z dżungli, nie marzyliśmy o niczym innym, jak wykąpać się, najeść i wyspać. Te śmiałe plany będą musiały jeszcze poczekać. Pompa w wiosce nadal nie działa. Jedyna woda to ta w wielkich zardzewiałych beczkach, stojąca w nich Bóg wie ile czasu. Obmyliśmy się w zatęchłej brei, próbując nie myśleć, co w tym upale namnożyło się w środku. Kupiliśmy gumiastą bułę i sardynki w puszkach, bo nie było nic innego, i zrzuciliśmy rzeczy w jedynej noclegowni w okolicy, w pokoju śmierdzącym szczynami parującymi od gorąca.

Znowu wyłączyli prąd. Siedzieliśmy przy lampie naftowej, przeżuwając bułę w ciszy i odsuwając sardynki cuchnące starym olejem.

Wyśpijmy się chociaż.

– PSST! Marcin, słyszysz?

Za drzwiami hałas. Podjechały jakieś samochody, słychać przyspieszone kroki, ludzie coś krzyczą. Coś się dzieje.

Myśliwi przed wyjściem do lasu

Gaston pije wodę z liany. Dała nam półtora litra

Dom Baka poza dżunglą. W połowie drogi między lasem i wioską, jak i oni sami

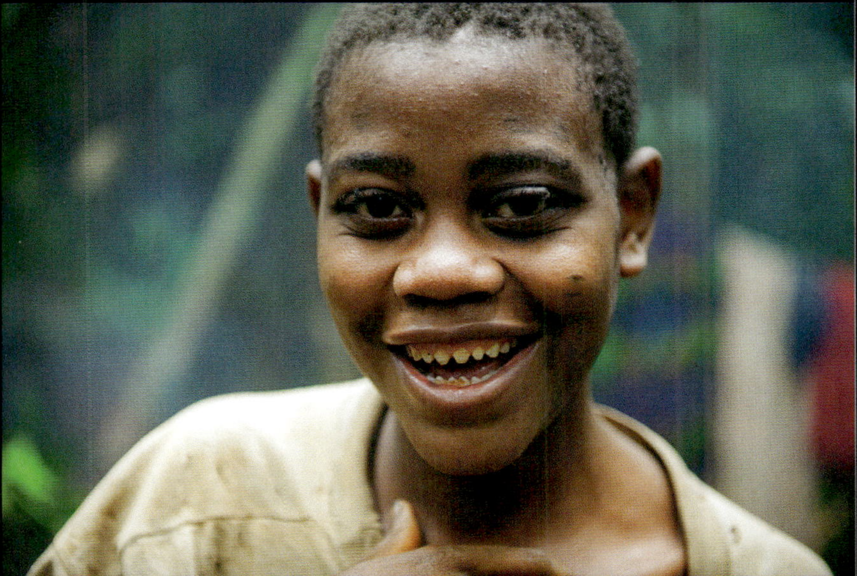

Zęby ciosane nożem i kamieniem – dla Pigmejów ideał urody. Zabieg wykonuje się dzieciom w wieku 8–12 lat na ich życzenie

Alfonse naciąga kuszę na myszy leśne dla swojego ośmioletniego syna

„Polowanie" z maczetą na ryby. Magia w działaniu

Mosty, groble, szlaki. Dom Baka w dżungli

– Nie wierzę. Znowu...?

Jak osiem lat temu, znowu ciemność absolutna i nie widać nawet kształtów. Przez mały lufcik w ścianie nie wpada nawet odrobina światła. Drzwi zamknięte na małą kłódkę, można je wyważyć jednym kopnięciem. Na zewnątrz coś się zdecydowanie dzieje, i to coś raczej niedobrego.

W nasze drzwi ktoś załomotał z całej siły. Ochrypły głos krzyknął:

– Czy tu mieszka Zezowaty? Wyłaź!

– Spierdalaj – odpowiedział Marcin znad poduszki i przewrócił się na drugi bok.

Zrobiłem to samo. Facet poszedł dalej, szukać Zezowatego w następnym pokoju.

PIJANY ŻANDARM jak zwykle siedział w barze, narzekając na zmarnowane dziesięć lat na zesłaniu w Ngoila. Musiał kiedyś komuś podpaść. W litanii żalów doszedł do tego punktu, kiedy wszystko jest już nie tak.

– I po co oni tu wszyscy przyjeżdżają? No po co? Przecież tu nic nie ma, nawet upraw. Tu powinno mieszkać trzysta osób, a jest ile? Tysiąc? Dwa? A ja sam jeden, co ja tu mogę zrobić?

– Tu mieszka tysiąc osób? – spytałem. Ngoila nie wyglądała na tak liczną osadę. Kilkadziesiąt domów, można je obejść w dziesięć minut.

– Stale się chowają po krzakach, budują domy w lesie. Szkoda gadać...

– Po co mieliby tu przyjeżdżać?

– Po co, po co! Na przemyt! Chodzą tym szlakiem do Konga, sześćdziesiąt pięć kilometrów. Wynoszą stąd wszystko na lewo. Broń, skóry, kość słoniową, nawet ludzkie organy wynoszą.

Ludzkie organy. No proszę. Czyli transporty, lodówki, sterylne warunki do przeszczepów. Można dać się oszukać, że w dżungli nie ma żadnej cywilizacji. Jest, tylko trzeba wiedzieć, gdzie patrzeć.

ZŁAPALIŚMY TRANSPORT, ciężarówkę Ministerstwa Środowiska, którą jakiś oficjel wpadł na niezapowiedzianą kontrolę. Może się wreszcie stąd wydostaniemy. Negocjacje trwały długo, bo za darmo to można w pysk

Baka są pierwszym ogniwem globalnego łańcucha nielegalnego handlu kością słoniową. Myśliwi tradycyjnie polowali na słonie dla mięsa, dziś robią to na zamówienie. Wynajmują ich „ważni ludzie” z Jaunde lub Duali. Wręczają Baka dubeltówkę i amunicję, którymi Pigmeje na co dzień nie dysponują. Polowanie na słonia trwa przynajmniej pięć dni, często jeszcze dłużej. Myśliwi zabijają słonia w dżungli i wycinają jego ciosy, po czym oddają je wraz z bronią zamawiającemu. Za zabicie słonia dostają tyle, ile za każde inne wyjście do lasu. Dziesięć, czasem trzydzieści dolarów.

Klient wrzuca do samochodu kość wartą już w tym momencie osiem tysięcy. Gdy transport dotrze do Jaunde, będzie kosztowała ponad trzy razy więcej. Potem dalej, do Senegalu, Nigerii, wszystko po drogach i przez zielone granice, w końcu na statek. Gdy statek dopłynie do Chin, ciosy będą już warte sto dwadzieścia tysięcy dolarów. Tam zmienią się w figurki i ozdoby domowe, stanowiące w Chinach symbol statusu.

Nielegalną kość słoniową z dżungli wywozi się bocznymi drogami. Trzeba opłacić wojskowych, którzy rozstawiają tymczasowe posterunki i przeszukują samochody. Sami żandarmi i policja również są wynajmowani do roli kurierów. Samochodów mundurowych na podobnych blokadach nikt nie będzie przeszukiwał. Płaci się im sześćdziesiąt dolarów za przewieziony kilogram kości. Coraz częściej przez blokady na drogach kość słoniową przemycają również dzieci, które nie poniosą kary, jeśli zostaną złapane.

Jeśli ktoś idzie do więzienia, co zdarza się niezmiernie rzadko, to właśnie kurierzy, tak zwane mrówki. Praktycznie nigdy nie są to „białe kołnierzyki”, które kierują całą operacją. Gdy strażnicy ochrony przyrody zatrzymają na gorącym uczynku grubszą rybę, w grę wchodzi niebotycznie wysoka łapówka lub strzelanina.

Rangerzy biegają bez mundurów i w sandałach, z psującym się wiekowym radiem. Mają stare jednostrzałowe karabiny francuskie z czasów drugiej wojny światowej. Kłusownicy – izraelskie automaty i kałasznikowy, noktowizory, telefony satelitarne, dubeltówki i shotguny.

W całym południowo-wschodnim Kamerunie, na terenie trzech olbrzymich stref ochrony przyrody, żyje ponad dwadzieścia tysięcy słoni. Ma je chronić raptem trzydziestu jeden strażników.

Jeśli dzisiejsze tempo nielegalnego odstrzału się utrzyma, w ciągu dziesięciu lat słonie całkowicie znikną z tego terenu.

dostać. Oficjel miał wypolerowane lakierki i białą koszulę. Wiedział, że jest naszą jedyną nadzieją na opuszczenie tego padołu, więc licytował wysoko. W kabinie jechał z żoną, asystentem i współpracownikiem w dziurawym swetrze. Za niemałe pieniądze zgodził się w końcu, żebyśmy wskoczyli na paczkę, na wielką kiść plantanów i koło zapasowe uwalane smarem. Znów kilkanaście godzin po wertepach.

Jedziemy.

Kolejne kilometry, na zmianę po twardej jak skała, dziurawej nawierzchni i mokrym, śliskim błocie. Przez kałuże, które chlapią spod kół, na stojąco, bo usiedzieć się nie da, z gałęziami chłoszczącymi po twarzach i w palącym słońcu. Przy drogach osamotnione gliniane chaty, dzieci, kozy, ojciec z maczetą, matka z koszem. Promieniste uśmiechy i pozdrowienia.

Wśród nich, na którymś z kolei kilometrze dostrzegliśmy „naszych" Baka. Siostrę Gastona i trójkę dzieciaków. Pod chatą siedział Alfonse, który gdy nas zobaczył, zerwał się na równe nogi i zaczął machać, jak zwykle rozradowany, z uśmiechem od ucha do ucha. Dzieciaki podskakiwały, siostra Gastona pozdrowiła nas uniesieniem ręki. A więc wyszli z dżungli, wrócili do domów przy drodze. Wyglądali jak wszyscy inni. Biedni i zapracowani. Jej Królewska Mość znów jest zwyczajną Marie, a Mmombele, najlepszy myśliwy w wiosce, już jako Jean będzie ścinał trzcinę cukrową i suszył ziarna kakao na cudzym polu. Gaston nie będzie już królem lasu, tylko zwykłym wyrobnikiem, którego się pogania. A do Gilberta nikt tu nie powie *kukuma*, wodzu.

Gdy jedzie się tymi dziurawymi drogami, widzi się tysiące takich samych zwyczajnych, biednych ludzi. Trudno się domyślić, kim są naprawdę.

OFICJEL Z MINISTERSTWA najwyraźniej robił zapasy. Zatrzymał się w wiosce, nie wyłączając silnika. Machnął władczo na dzieciaka bez koszuli, który przy drodze sprzedawał pangolę, tego łuskowca czy pancernika. Zwierzak był żywy, ruszał się niemrawo trzymany przez chłopaka w powietrzu. Oficjel obejrzał, cmoknął, zbił cenę o połowę, w końcu wysiadł, złapał pangolę za ogon, zakręcił młynka i huknął nią z całej siły

Chłopak sprzedaje złapaną, jeszcze żywą pangolę

o ziemię. Pangola zwinęła się w kulkę i odbiła twardym pancerzem od gliniastej nawierzchni. Oficjel musiał powtórzyć, walnął jeszcze kilka razy, aż czoło zrosił mu pot, który przetarł rękawem śnieżnobiałej koszuli. W końcu pangola zwiotczała, rozrzuciła łapy bez życia. Oficjel zadowolony z siebie cisnął ją na naszą paczkę, na banany i brudną oponę. Otrzepał lakierki, wsiadł do samochodu i władczym gestem nakazał kierowcy ruszać.

Kilka kilometrów dalej dokupił dwie młode antylopy bongo, zawiązane w jutowych workach, jeszcze ciepłe. Marcin odsunął się z obrzydzeniem od ich truchła, nogą odepchnął je na koniec naczepy. Później jeszcze jeden worek. Króliki, powiedział oficjel. Nigdy jeszcze nie widziałem królika z kopytami, ale może widziałem po prostu jeszcze niewiele.

Kolejny rów wypełniony wodą. Coś trzasnęło pod kołami, samochodem zarzuciło. Potężna gałąź zaklinowała się między wałem napędowym i podwoziem, przebijając przewód z olejem. Naprawiamy. Marcin lekko poirytowany wlazł pod samochód. Coś tam zaczął piłować, wyciągać. Oficjel z małżonką i asystentem stoją obok. Nie będą się brukać taką pracą, choćby tu mieli utknąć na dobre.

Nad rzeką kilku pijanych Baka, chcą papierosów, pieniędzy, daj cokolwiek. Nie. To spieprzaj, *le blanc*.

– *Ma ma bue mbungi, Baka*. Nie nazywaj mnie biały. *Go a nda*. Idź do domu.

– O, mówisz w baka?

– A mówię.

– *Mana pe mboo!* To daj papierosa.

– Nie.

– To jednak spieprzaj.

NASZE WOJSKOWE repelenty o stężeniu trzydziestu procent tylko rozśmieszały tutejsze insekty. Muchy mut-mut bez mrugnięcia okiem żarły przez toksyczną substancję. Nie było dokąd uciekać. Byliśmy uwięzieni na promie na rzece Dja. By przedostać się na drugi brzeg, kręciliśmy na zmianę korbą. Wszyscy oprócz oficjela, który nadal był zbyt ważny na taką robotę. Prom posuwał się przeraźliwie wolno, prąc pod prąd. Od półtorej godziny muchy mut-mut miały więc danie podane na tacy. Gryzły, zostawiając krwiste, czerwone plamy, które znikają po dwóch tygodniach. Miałem w tych kropkach całe ręce i kostki, kawałek niechcący odkrytego brzucha. Trucizna nie działała ani trochę. Widać dla muszek jedzenie też było ważniejsze niż jakakolwiek przyszłość.

Zaczął się sezon na filariozę. Latają muchy tse-tse.

Baka mówią, że w porze suchej Bantu czarują, przynoszą choroby. Nie wiedzą, że to nie czary Bantu, a harmattan, gorący wiatr znad Sahary, który niesie drobiny piasku i mikroby, a z nimi gorączkę i zapalenia wszelkiej maści. Baka chowają się wtedy w dżungli. Wiatr to znak, że ktoś rzuca czary. Idą tak głęboko w las, aż czują, że czary ich nie dosięgną, i zostają tam, aż przestanie wiać.

KOLEJNE GODZINY W UPALE i pyle z drogi. Ręce pocięte ostrą blachą naczepy, plecy obite od uderzeń. Marcin zrezygnowany w końcu usiadł na antylopach.

– Ciągle ciepłe... I śmierdzą...

– Uważaj, ciężarówka!

Znowu. Regularnie mijaliśmy wielkie camiony, transporty drewna. Każdy z nich podnosił z ziemi chmurę pyłu, którym nie dawało się oddychać. Zasłoniliśmy usta i oczy.

Jedna ciężarówka, za nią druga, trzecia. Każda wyładowana kilkoma gigantycznymi pniami stuletnich drzew.

Lu na mbembe. Wielkie Drzewa, spiżarnie Baka. Mahoń, iroko, ayous, sapeli. Oto jadą europejskie tarasy i parkiety.

Żeby budować swoje domy, ścinamy cudze.

INTERESOWAŁY NAS różne rzeczy. W moim notesie lądowały zapiski o zwierzętach, ludziach, kulturze. Marcin ożywiał się na każdą wzmiankę o ekonomii i polityce. Plany budowy kopalni rudy żelaza bardziej go interesowały niż nieuchronna zagłada Baka. Sucho patrzył na Afrykę, bez zbędnego romantyzmu. Mówił o niej raczej szorstko, analitycznie. Porównywał ją z cywilizacją Europy i rzadko miał wątpliwości, co jak ocenić. Gdy coś komentował, to kategorycznie, bardziej jakby podawał fakty niż formułował opinie. Jest tak i tak, po prostu. Nie zawsze się zgadzaliśmy.

– To jest taki kraj, że tu się po prostu nie opłaca być kimś – to była jedna z tych opinii.

Z tym się akurat zgadzałem. W małych wioskach nie możesz sobie wypracować statusu, to społeczność ci go nadaje lub odbiera. Prości ludzie są równi w swojej biedzie. Każdemu wiedzie się równie mizernie, więc nie ma zazdrości. Ale jeśli ktoś zaczyna się wyróżniać, wszystko się zmienia.

– Spójrz na takiego faceta przy chacie – kontynuował Marcin. – Może zostanie nauczycielem, lekarzem, burmistrzem. Może pozna kogoś ważnego i zacznie z tej znajomości korzystać. Wybije się.

Wtedy zacznie mu się żyć lepiej niż innym, więc inni zaczną mieć oczekiwania. Bo każdy ma mieć tyle samo. Bo rodzina to zobowiązania i poczucie odpowiedzialności, które się odczuwa od dziecka. Zaczną się prośby, wymagania wręcz, niezadowolenie, jeśli odmówi. Krzyki, groźby, zawiść. Same problemy.

– Mówię ci, tu się nie opłaca być kimś. Lepiej być nikim.

Ściemniło się, zerwał się wiatr. Będzie padać. Tylko tego nam brakowało. Ciężarówka toczyła się po wertepach, podrzucając nas na każdej dziurze. Nie było się dokąd schować, z każdej strony dżungla. Przyjdzie nam zmoknąć po ciemku.

W powietrzu pojawiły się pierwsze krople, zwiastujące nieuchronne oberwanie chmury. Tu jak pada, to pada. Krople zgęstniały, urosły. Mogliśmy tylko czekać. I w końcu otworzyło się niebo i w minutę w naszej naczepie mieliśmy wodę po kostki.

Marcin siedział na samym końcu, wylewając porcje deszczu zbierające się na brezencie przykrywającym plecaki.

– Usiądź zaraz za kabiną, tu mniej pada, nie wieje tak. Przemarzniesz, stary – odezwałem się, jakbym był jego tatą.

– Jest w porządku, sarenki mnie grzeją od dołu.

– Jak chcesz, twoje zdrowie.

Godzinę później nawałnica poszła dalej. Byliśmy przemoczeni do suchej nitki, mając przed sobą kolejne cztery godziny jazdy. Opatuliłem się w kilka warstw. Wszystko mokre, ale trzeba utrzymać ciepłotę ciała. Marcin siedział w samej koszuli ociekającej wodą. Uważał, że pęd powietrza go wysuszy.

W tym miejscu, gdzie zakopaliśmy się toyotą ostatnim razem, stał uziemiony land-rover. Potężna terenówka, silna jak słoń, stała zanurzona w miękkiej glinie. Kierowca w środku podziękował Bogu za nasze przybycie. Znów błoto do kolan, myślimy, kombinujemy, pada. Spróbowaliśmy ją wyciągnąć naszym pick-upem. Pękły obie liny holownicze, z kół land-rovera poszedł siwy dym. Nie ruszył się o centymetr.

Nasz kierowca w akcie desperacji po prostu zamknął oczy i ruszył przed siebie, w grzęzawisko i kałuże do kolan.

– Przejechał! Udało się!

– Jedźmy, jedźmy!

Bez chwili wahania zostawiliśmy kierowcę land-rovera na drodze, w uziemionym samochodzie, w nocy. Każdy musi tu sobie radzić sam.

Szybciej, dojedźmy wreszcie...

NARESZCIE ABONG-MBANG. Miasto, które przy pierwszym podejściu wydawało nam się zapadłą dziurą, teraz robiło wrażenie metropolii. Jest prąd, są jakieś sklepy w lepiankach, nawet stacja benzynowa. Wracamy powoli na zachód. Cywilizacja.

Znaleźliśmy nocleg, zjedliśmy, zrobiliśmy pranie. Spróbujemy odtajać przez kilka dni. Poszwendamy się bez celu, pogadamy z ludźmi, pomyślimy, co dalej.

SPOJRZAŁEM W LUSTRO. Od dawna nie widziałem własnej twarzy. Zacząłem ją studiować drobiazgowo. Jakieś plamki, krosty po ugryzieniach, zadrapania. Typowe pamiątki z podróży. Ale między nimi zmarszczka czy dwie, przy uchu nawet kilka siwych włosów. Twarz jakby odrobinę bardziej okrągła niż pamiętałem, oczy nieco mocniej podkrążone. Chyba przybyło mi lat i jakoś tego nie zauważyłem.

Gdzie one się podziały?

Dużo się wydarzyło. Te wszystkie dżungle i pustynie, ucieczki przez krzaki, partyzanci, dzikie słonie i ceremonie w świątyniach. Na pewno mam o czym opowiadać.

Tylko czy to ma jakieś znaczenie?

Marcin chciał poczuć, że żyje. Przyjechał tu, żeby jakoś odkryć się na nowo, dać się porwać biegowi zdarzeń, dowiedzieć się więcej o sobie.

Dla niego to jest przeżycie, dla mnie – ż y c i e.

Te emocje, których on tak bardzo łaknie, mam na co dzień. Wszystkiego, czego mu brakuje, mam pod dostatkiem. Dlaczego więc czuję, że mnie również czas przecieka przez palce? Niby dużo się dzieje, ale czy dzieje się to, co powinno?

Czas to jedyny zasób w życiu, którego nie można odzyskać. Pieniądze, miłość, szczęście – to wszystko przychodzi i odchodzi. Ale nie czas. Wyjeżdżam, rzucam się głową naprzód w świat, dotykam go, chłonę, staram się lepiej zrozumieć. Dzieje się tyle, że trudno spamiętać. A jednak nadal, choć ze wszystkich sił staram się o tym nie myśleć, co jakiś czas łeb podnosi przerażająca konstatacja, że marnuję czas. Że robię wszystko, co mogę, by odsuwać w czasie dorosłe decyzje, które wiem, że powinienem podjąć.

Wygląda na to, że też siedzę za biurkiem, tylko innym.

Mam na półce w domu książki, które tam postawiłem, mając piętnaście, siedemnaście, dwadzieścia lat. Książki, które do mnie mówiły, kształtowały mnie, zmieniały moje myślenie. To ja jestem na tych półkach. Staję przed nimi, patrzę. Monolit grzbietów. Trwały. Wieczny. Mądrość pokoleń zamknięta w twardych oprawach. Wystarczy sięgnąć, otworzyć i stanąć mocniej na nogach. Wiem, kim jestem. Oto ja.

Ale czasem wyciągam którąś z tych książek i czytam jakiś fragment. Ze zgrozą odkrywam, że nic już z nich do mnie nie mówi, że to tylko kolejny zwyczajny ciąg znaków w czarnym druku. Kim więc teraz jestem? Gdzie się podział tamten „ja"? Na tych półkach stoję ja, którym byłem kiedyś, a nie ten z dzisiaj.

Ja też straciłem kontakt z samym sobą.

WSTALIŚMY Z PRZYZWYCZAJENIA WCZEŚNIE, chociaż mogliśmy spać do południa. Zjedliśmy, ogoliliśmy się. Marcin zebrał pranie, wcisnął je do plecaka i upchnął kolanem. Poszliśmy do miasta połazić bez celu. Na targu w Abong-Mbang rewia mody. Opuszczone spodnie i czapki z daszkiem, chłopaki w dżinsach z nieodciętymi sklepowymi metkami, oznajmiającymi, że to pachnąca nowość. Podjeżdżają motory z zafoliowanym siedziskiem i wypolerowanymi chromami – najtańsze chińskie pierdziawy, które padną za dwa lata, ale odpicowane na pokaz. W barach głośna muzyka z olbrzymich kolumn, przy stolikach modnisie i eleganciki. Podrabiane komórki wszystkich globalnych marek, odjazdowe fryzury, stroje jak wycięte z teledysków.

A to wszystko na tle góry śmieci i rozpadających się bud z drewna, w dziurawych butach, w błocie po kostki.

Można się dać oszukać, że tu nie ma biedy.

– Zawsze się zastanawiam, skąd się bierze ten kontrast – powiedziałem. – Przecież to jest takie irracjonalne.

– Ja ci powiem skąd. Z zazdrości. Oni chcą być tacy jak my.

– Jak zwykle wszystko upraszczasz.

Europa miała tysiąc lat, by się wzbogacić, zbudować. Część plądrowała, grabiła i wyzyskiwała, część wojowała z sąsiadami, część z drugiego końca świata zbierała łupy i branki. Ale pięła się w górę stopniowo. Rosły grody i zamki, dukty zmieniały się w drogi, a te w autostrady. Uniwersytety gromadziły myślicieli, a społeczeństwa uczyły się na własnych błędach. Podlewana krwią wojen i niewolnictwem, w świetle odkryć, zmian i wynalazków Europa wyrosła na kontynent, którym jest dzisiaj. Przeszła długi i mozolny proces.

Afryka obudziła się w lepiankach z dziurawym dachem, ale zobaczyła świat, jaki pokazuje się w telewizji, i chce takiego świata, zachłysnęła się marzeniem o nim. Chce go jednak natychmiast, na skróty. Nie chce iść tą samą drogą, chce po prostu już być na miejscu.

Dlatego w Abong-Mbang młody chłopak za pierwsze pieniądze kupi radio albo nową komórkę i będzie się z nią dumnie przechadzał po głównej ulicy, chociaż na bosaka. Ojciec rodziny zamiast wstawić drzwi, kupi telewizor, tapczan i komplet skórzanych foteli, które zajmą połowę glinianej chaty. Matka ufarbuje włosy i nabędzie podrabianą torebkę, a dzieciaki będą wolały błyszczące białe adidasy od lepszego jedzenia przez miesiąc.

Może faktycznie te symbole statusu to próba dorównania komuś innemu, wyrastająca z zazdrości. Wielu Afrykanom te kilka świecidełek zawęża pole widzenia. Widzą adidasy, a nie widzą błota obok. Mogą odetchnąć spokojnie, myśląc, że talerz na dachu i wypolerowany zderzak motoru to już jest to, że już doszli na miejsce.

W ABONG-MBANG stało więzienie urządzone w starym poniemieckim forcie z początku ubiegłego wieku. Mijaliśmy je codziennie, coraz bardziej zafrapowani. W końcu, trochę z nudów, postanowiliśmy jakoś dostać się do środka, zobaczyć, jak wygląda wewnątrz.

Godzinę później przekraczaliśmy próg więzienia w towarzystwie lokalnego dentysty, który miał odpowiednie kontakty. Wizyta gospodarska, mówił.

W fortecy dwustu osadzonych, trzech strażników i kraty zamykane na wygięty pręt, nawet nie na kłódkę. Brama prowadząca na dziedziniec okolony celami otwierała się średnio co dwie minuty. Stale ktoś wchodził, wychodził, wnosił bambusy, wyskakiwał po fajki. W środku garkuchnie pod gołym niebem, przy których więźniowie pichcili sobie coś na ciepło, bo na więziennym wikcie ciężko było przeżyć. W kącie pod murem wyplatali meble z bambusa, na środku był targ ręcznie robionych saszetek zdobionych koralami. Raczej mała wioska niż małe więzienie.

Dwa lata temu jeden z osadzonych dał nogę, potem drugi. Dyrekcja postanowiła zapobiec kolejnym ucieczkom, przyozdabiając mur odłamkami szkła z tłuczonych butelek. Naczelnik był bardzo zadowolony ze swojej decyzji.

Ucieczka byłaby banalnie prosta. Wystarczyło poczekać na dogodny moment, gdy otworzy się krata, i puścić się biegiem, mijając strażnika za drzwiami, przepuszczającego właśnie dostawcę manioku. A potem przez pola do lasu, i tyle mnie widzieli. Działanie z zaskoczenia. Jeśli ten strażnik przy drzwiach nie zdąży mnie zatrzymać, nikt już nie da rady. Jedyna broń w więzieniu to stara francuska dubeltówka, dzierżona na pokaz przez mundurowego na wieży. Uciekinier byłby daleko, zanim zdążyłby ją naładować.

W więzieniu w Abong-Mbang płaci się za pryczę, za możliwość spania. Kto nie płaci, śpi na dziedzińcu, na podłodze lub na stojąco. Sto franków za noc. Chętnych jest dwustu dwudziestu czterech, pryczy – niecałe pięćdziesiąt. Ci z pryczami to więzienna arystokracja. Mają materace, niektórzy moskitiery, w kącie stoi telewizor.

Pozostali się nie liczą.

W jednej z cel siedział Andre. Miał czterdzieści dwa lata, był wysoki i szczupły. W forcie od trzech lat. Celę dzielił z trzema skazanymi: za gwałt, morderstwo i homoseksualizm. Wszyscy z podobnymi wyrokami.

Andre siedział za czary.

Sądy w Jaunde pełne są procesów o czary. Są świadkowie, prokuratorzy, obrona. Zamiast dowodów – zeznania. W roli biegłych – *marabu**,

* Prawidłowa francuska pisownia to *marabout*, co w afrykańskim kontekście oznacza „czarownik, mag", w przeciwieństwie do znaczenia związanego z islamem, gdzie *marabout* to nauczyciel i przewodnik duchowy. Będę używał uproszczonej pisowni *marabu* wyłącznie dla naszej wspólnej wygody.

Cela w więzieniu w Abong-Mbang

szamani i znachorzy od białej magii, cieszący się powszechnym szacunkiem. Zapadają wyroki, zgłasza się apelacje.

I ludzie idą do więzienia.

Na podstawie jakich dowodów?, pytałem nieustająco. Jakie mogą być dowody na czary?

Nikt ich nie potrzebuje. Tu się nie szuka dowodów, tu się szuka p o w o d ó w.

Łączy się fakty, szuka się motywu. Dziecko utonęło w studni, a chwilę później jakaś kobieta zaszła w ciążę. Oto powód. Czary. Chłopak wyjechał z wioski do miasta, nie było go trzy lata, wrócił samochodem, w dobrych ciuchach, w okularach słonecznych. Czarownik, bo skąd by miał pieniądze.

Jeśli komuś wiedzie się źle, a innemu dobrze, nie szuka się dłużej. Powód jest jasny.

Ten pierwszy jest jedzony.

„Jeść". *Manger*. Czasownik, który mówi więcej o Afryce Środkowej niż lata studiów nad kulturą klanową. W tej części świata mówi się po francusku, ale to francuski bardzo odległy od paryskich salonów XVI Dzielnicy. To jest francuski opierający się na lokalnych językach, na makaa, ngamambo, ewondo. Są w nim znaczenia, konteksty, których nie da się wyczytać ze składni i melodii języka. *Manger*, jeść, to jedno z takich słów.

Tutaj wokół jedzenia obraca się wszystko, całe życie. Jedzenia rozumianego dosłownie, jako funkcja biologiczna. Jedzenie to przeżycie.

Ale w tych prowincjonalnych mieścinach, z dala od świateł Duali i luksusów Libreville, jedzenie oznacza też śmierć. Zjeść można kogoś magicznie, czarami. Zjeść, czyli odebrać mu siłę, energię, w końcu życie. Dla własnej korzyści i prosperity. Żeby się ocalić, uzdrowić, wzbogacić. Jeśli mi ma być lepiej, ktoś inny musi za to zapłacić.

A płaci się tylko w jeden sposób. Krwią.

Dlatego ludzie boją się czarowników, nienawidzą ich. Stąd oskarżenia, procesy. Czary to śmierć czekająca na ofiarę.

Andre siedzi w więzieniu od trzech lat. Bez wyroku. Tak to tu działa. Strach to potężna broń; jeśli ludzie się boją, zrobią wszystko. Wyciągną go z domu, pobiją, wezwą policję. Trafi do aresztu. Wypełnione zostaną papiery, przesłuchani zostaną świadkowie. A potem plik dokumentów trafi na dno szuflady albo zapodzieje się w niejasnych okolicznościach. Wszyscy zapomną o Andre, który zgnije w lochu. W ten sposób społeczność pozbywa się ludzi, których się boi. I nikomu nie trzeba za to płacić, wręczać łapówek. Policjanci boją się tak samo.

Andre, jak wielu przed nim, jedzony przez wszy i robaki, umrze w więzieniu w Abong-Mbang.

CZARY. AFRYKAŃSKA CZARNA MAGIA. Na południu *juju*. W dżunglach Afryki Środkowej *djamb*. *Wudu* w Beninie i Togo. Świat, o którym Zachód już dawno zapomniał. Wydaje nam się, że nie istnieje. Przyjeżdżamy do Afryki i widzimy uśmiechnięte twarze, biegające dzieciaki, radość i *hakuna matata*. Bo nie wiemy, co się dzieje w nocy. Nikt nam nie powie, że na wschodzie Kamerunu nie sypia się w ciemności, a zawsze przy lampie naftowej lub palenisku. Że nowo narodzone bliźniaki zanosi się do dżungli. Klątwę, którą przynoszą rodzinie, zdejmuje się w trakcie specjalnego rytuału, w którym los dzieci nierozerwalnie łączy się z losem dwóch czarnych kobr. Że w Bafoussam sprzedaje się czarownikom ludzi. Że na targach wciąż można znaleźć ludzkie mięso. I że organy, które nielegalnie przewozi się z Ngoila do Konga i Gabonu, nie służą wcale do przeszczepów i nie są wożone w sterylnych warunkach.

Wycięte serca, oczy i piersi potrzebne są do rytuałów przeniesienia mocy.

W tych wioskach w dżungli Afryki równikowej stanem naturalnym jest wszechobecne, otaczające wszystko zło. Świat jest mrocznym, groźnym miejscem. W lesie grasują drapieżniki i pełzają węże. Nocami władzę przejmują duchy i demony. Dusze zmarłych po śmierci zostają wśród ludzi, czasem przynosząc ochronę i szczęście, ale częściej choroby, zmartwienia.

Świat wokół jest miejscem, którego ludzie raczej się boją.

Trudno nam to sobie wyobrazić. W naszym postrzeganiu świata dobro i zło wiążą się ze zmianą, są efektem działania, wydarzeń. Naturalnym dla nas stanem jest stan neutralny, zero. Od tego zera odchylamy się w obie strony zależnie od tego, co się wokół dzieje. W swojej naturalnej postaci świat sam w sobie nie ma właściwości.

Natomiast wydaje się, że afrykański świat sam w sobie ma określony stan – dominuje w nim zło. Zmiana na lepsze, szczęśliwe wydarzenia to zaledwie chwilowa ulga. Ruch w stronę zera, a nie na plus.

Ucieleśnieniem tego zła, budzącym największy wstręt, nienawiść i przerażenie, są czarownicy. W języku makaa nazywa się ich *ndjimbulu*. Czarownicy są wszechmocni i przepotężni. Mogą wszystko. Zsyłają plagi, rzucają klątwy, zabijają dzieci i odbierają rozum dorosłym. Karmią się cudzą mocą, życiową siłą.

Zjadają innych dla własnych potrzeb.

Czarownicy działają w sekrecie, po kryjomu. To szefowie wiosek, sąsiedzi, dzieciate matrony i bezzębne starowiny. Ludzie jak wszyscy inni. Nawet nie podejrzewasz.

Życie w wiosce płynie normalnie, aż wydarzy się coś niepokojącego. Może zmarnieje pole, może ktoś zachoruje. Może wyschnie studnia, a może ktoś zacznie lepiej zarabiać.

Coś się zmieni.

To pierwszy moment, w którym ktoś z mieszkańców wioski użyje słowa *ndjimbulu* i to słowo wsiąknie w umysły wszystkich jak w gąbkę.

Czy afrykańskie duchy są złe? Nie, nie są. A raczej – nie zawsze. W afrykańskiej tradycji światy żywych i umarłych nie są oddzielone. Nie ma nieba ani piekła, Dżannah, Walhalli, Sehet Jaru czy innego konceptu miejsca, do którego po śmierci udaje się dusza. Dusze (*anime*, stąd nazwa „animiści") zostają na ziemi wśród ludzi, mogąc czynić dobro lub zło, w równych proporcjach. Mają natomiast intencje, które rozpoznaje się po efektach, gdyż umarli mają wpływ na nasze ziemskie bytowanie.

Jeśli dziecko w wiosce ugryzie wąż, to nie dlatego, że było nieuważne i na niego nadepnęło, tylko dlatego, że ktoś – żywy lub umarły – tak chciał. Jeśli „ziemski" efekt jest postrzegany jako zły, duchom przypisuje się złe intencje. Jeśli dobry – dobre.

Podobnie magia, która służy między innymi do wpływania na duchy, komunikacji z nimi i wyzwalania ich intencji. Sama w sobie nie jest ani zła, ani dobra. Wszystko zależy od jej użycia, efektów, które ma wywoływać. W tradycyjnym afrykańskim postrzeganiu świat realny, magiczny oraz świat duchów nie jest więc „zły". Jest i zły, i dobry. Siły obu mocy utrzymują delikatną równowagę.

Ten rozdział opisuje jednak procesy zachodzące w ostatnim czasie w konkretnym miejscu – w odizolowanych wioskach wschodnich prowincji Kamerunu. Tu i w innych podobnych rejonach Afryki Centralnej w wyraźny sposób następuje ewolucja p o s t r z e g a n i a świata, co jest efektem zmian światopoglądowych i wymierania tradycji. Moje opisy i oceny odnoszą się wyłącznie do tego konkretnego zjawiska, mimo że semantyka mogłaby sugerować generalizację. Chciałbym więc podkreślić: nie piszę o „Afryce", o kontynencie, o „Afrykanach". Piszę o konkretnym miejscu, konkretnych ludziach i tylko jednym, niewielkim wycinku tego wspaniałego kontynentu.

Będzie rosło, pęczniało, będzie powtarzane po kątach, opłotkach. Ludzie będą szukać dowodów, przykładów, będą się wzajemnie upewniać, że tak, z pewnością w wiosce jest czarownik. Albo i kilku.

Nie będą szukać dowodów, same powody wystarczą. A potem wydarzyć się może wszystko. Może *marabu,* dobry szaman, rzuci zaklęcia obronne, może wygonią czarownika z wioski, a może w ruch pójdą maczety.

To nie są dawne czasy. To się dzieje dziś.

CZARY, MROCZNA STRONA AFRYKI ŚRODKOWEJ, tętniąca podskórnie, nie na widoku. Przylatując do Kamerunu, nie planowaliśmy się nimi zajmować, ale może...

– Co o tym sądzisz? – spytałem.

– Brzmi ciekawie – odpowiedział Marcin.

– Chce ci się znowu pchać w dżunglę?

– Badać taki temat? Chce. Zresztą i tak nie mamy nic do roboty.

– Trzeba będzie popytać, znaleźć jakieś tropy.

– Słyszałem wczoraj o jakimś znanym szamanie, trochę na północ stąd.

– Dobry początek.

WRÓCILIŚMY NA NAJLEPSZĄ DROGĘ W KRAJU, przecinającą Kamerun od Kribi po Bertoua. Kręta jednopasmówka, ale pokryta asfaltem w niezłym stanie. Co za ulga po gliniastych wertepach. Afryka Centralna to dom spokojnej starości dla europejskich samochodów, które skończyły już – jak by się mogło wydawać – ten czas w życiu, gdy komuś się mogły jeszcze przydać. Tu, na zesłaniu, w miejscu, gdzie nikt nie patrzy, dogorywają samotnie, wstydliwie przysłaniając łyse opony, brak pasów i świateł, i fakt, że silnik już nie ten co kiedyś, a z zaworów czasem coś niechcący pocieknie. Przywożą je tu wielkie frachtowce, upchane są w kontenerach jak stare śmieci, na które nikt w Europie nie chce już patrzeć, bo woli auta nowe, lśniące, naszpikowane elektroniką, lepiej wyglądające przed gankiem.

Bezwartościowy złom, za który w domu nikt nie dałby funta kłaków, tu kosztuje tyle, ile u nas trzyletnie auto. Jak na te warunki – majątek.

Ktoś w końcu przygarnie staruszka, co to kaszle i prycha, kopci do środka i nie trzyma pionu na zakrętach, a pod górkę musi przystanąć na półpiętrze, dla złapania tchu. Wierzcie lub nie, może to nadzieja, że jeszcze nie wszystko skończone, ale wtedy się okazuje, że w dziadku jest jeszcze sporo ognia, i samochód, który nie miał już prawa jeździć, po małym spawaniu i biciu młotkiem leci nagle sto sześćdziesiąt, wbrew prawom fizyki i zdrowemu rozsądkowi. Znów kocha wiatr w lusterkach, jak szczeniak rozchlapuje na boki kałuże, dla zgrywy pędzi lewym pasem na zakrętach i wyprzedza na czwartego, bo i tak nie ma już nic do stracenia.

A w środku my, biali jak ściana z przerażenia, odliczający z zamkniętymi oczami każdy kolejny kilometr.

MARCIN ZATRZYMAŁ sportowego mercedesa. Srebrny, dwudrzwiowy, najwyżej kilkuletni, w dobrym stanie. Kierowca – światowy. Złoty zegarek, okulary, bilet lotniczy z Zurychu, dobry francuski, dobry angielski.

Rozmowa płynie miło, muzyczka się snuje z głośników. Gdzie pan pracuje? A to wspaniale, dziś piękna pogoda, nieprawdaż. Pan ma trzy firmy, a my żadnej, to tak jakbyśmy mieli po jednej, ha, ha. Klimatyzacja miło chłodzi, skórzana tapicerka sympatyczna w dotyku. Możemy tak jechać.

Przed nami bramki drogowe, facet w pomarańczowej kamizeli zbiera w majestacie prawa po pięćset franków za wóz. Wokół niego obnośny targ, jak wszędzie. Kasawa owinięta w liście, suszone ryby i góra ananasów.

– Kupię kilka – oznajmił kierowca.

– My też weźmiemy jednego – odparł Marcin.

Wysiedliśmy rozprostować kości. Ananasów – do wyboru, do koloru. Tanie jak barszcz. Kierowca wybrał dziesięć i otworzył bagażnik mercedesa.

Był wyładowany po brzegi plantanami i bulwami manioku.

Nie byliśmy w stanie ukryć zdumienia.

– Tu jest taniej niż w Jaunde – odpowiedział prezes trzech dużych firm na niezadane pytanie.

W WIELU AFRYKAŃSKICH KRAJACH nie ma prawdziwych elit. Wśród kolonialistów tylko Brytyjczycy nie prowadzili przemyślanej, sukcesywnej polityki eliminującej przywództwo wyłaniające się z lokalnej społeczności. Pozostałe potęgi imperialne – wręcz przeciwnie.

W Kongo podczas dwudziestu trzech lat panowania króla Leopolda zginęło dziesięć milionów ludzi, połowa populacji kraju. Na wschodzie Kamerunu, w Doumé, do dziś stoi szpaler drzew, na którym Niemcy powiesili trzydziestu pięciu szefów wiosek, bo strzała wystrzelona przez myśliwego trafiła przypadkowo angielskiego kupca. Na południu Brytyjczycy zaproponowali „partnerstwo w rządach" między białą mniejszością i czarną większością. Tłumacząc jego zasady, premier Rodezji Południowej sir Godfrey Huggins, przedstawił je obrazowo – że będzie to partnerstwo między koniem i jego jeźdźcem.

De Gaulle powstanie na Madagaskarze zdławił bezlitośnie, zabijając osiemdziesiąt tysięcy ludzi. Portugalczycy w swoich koloniach w Angoli i Mozambiku zalegalizowali niewolnictwo i niemal do samego końca sprzedawali „siłę roboczą", co stanowiło podstawę gospodarki.

Afrykańskie kraje, ogłaszając niepodległość, nie były do niej przygotowane. To nie był końcowy etap długotrwałego procesu rozwoju, tylko jednostronna decyzja krajów europejskich, które postanowiły pozbyć się w końcu męczącego problemu i trzasnąć drzwiami. Ostatni zgasi światło. Tak to z grubsza wyglądało. Francuzi, opuszczając Gwineę, zabrali wszystko, co byli w stanie. Lekarzy, nauczycieli, inżynierów, dokumenty, sprzęt medyczny, leki, nawet żarówki. Nowo wybrany premier w budynku rządu zastał gołe ściany.

Po kolonialistach w wielu krajach władzy nie przejęła więc inteligencja, gotowe do funkcjonowania organizacje czy grupy naturalnych liderów, bo ich w ogóle nie było. Na terenie dzisiejszej Zambii w dniu ogłoszenia niepodległości raptem trzydzieści pięć osób miało wyższe wykształcenie. W Malawi – dwadzieścia osiem. Pierwszy premier Konga, Patrice Lumumba, był urzędnikiem pocztowym i obwoźnym sprzedawcą piwa. Podczas wizyty dyplomatycznej w USA poprosił przedstawiciela Departamentu Stanu, by na wieczór przysłać mu białą blondynkę o obfitym biuście.

Ugandyjski prezydent Idi Amin był synem czarownicy. Ciała zabitych przeciwników pozostawiał hienom na pożarcie, a jego służby specjalne przesłuchiwały podejrzanych przy użyciu młota kowalskiego. Jean-Bédel Bokassa, przywódca Republiki Środkowoafrykańskiej, mianował się cesarzem, jego ceremonia koronacyjna pochłonęła jedną piątą rocznego budżetu kraju, a po roku panowania zamordował czterdziestu uczniów, którzy nie chcieli nosić narzucanych siłą mundurków pochodzących z jego fabryki.

W Gwinei Równikowej szef MSZ zginął z ręki prezydenta, gdy ten w ogniu sporu zaczął go tłuc pałką po głowie, a w Beninie prezydent zabił swojego ministra spraw zagranicznych, gdy nakrył go ze swoją żoną w łóżku.

W byłych koloniach francuskich czytać potrafiło średnio dziesięć procent mieszkańców. W Kongo nie było żadnego czarnego oficera, inżyniera ani lekarza. W Kenii pierwszy prawnik otworzył praktykę w pięćdziesiątym szóstym. W sześćdziesiątym drugim można było policzyć na palcach obu rąk afrykańskich biznesmenów w niemal każdym kraju.

Wyjątki od tej scenerii był nieliczne. Ghana, Afryka Południowa, może Namibia. W pozostałych krajach nie było pytania, kto ma przejąć władzę, bo ludzi, którzy byliby w ogóle w stanie udźwignąć takie wyzwanie, było

Typowy „najlepszy lokal w okolicy"

najwyżej kilkuset. Pokolonialne państwa były społeczeństwami rolników i rzemieślników, i wtedy, i dziś uprawiających to, co w Kamerunie określa się mianem „radzę sobie" – kombinuję, dłubię, jakoś składam wszystko do kupy. To są społeczeństwa wiecznych kombinatorów, a na prowincji Kamerunu czy Konga widać to bardziej niż gdzie indziej.

Dzisiejsze elity to często pierwsze lub drugie, najwyżej trzecie pokolenie ludzi, którzy mieli dostęp do edukacji, władzy i pieniędzy, choć najbardziej ukształtowały ich te dwa ostatnie. Z domu często wynieśli nieustające myślenie, jak by tu niewielkim kosztem, na krótko, poprawić swoją sytuację. Ta mentalność drobnego kombinatora zostaje, nawet gdy awansują społecznie. Sędzia sądu okręgowego w Duali, z immunitetem na wszystko i w służbowym, nowiutkim audi, będzie załatwiał niewielkie przysługi dla znajomych, wykorzystując swoją pozycję. Dowódca oddziału żandarmerii, z kapitańskimi gwiazdkami na pagonach, nadal będzie przyjmował jakieś drobne łapówki, by na chwilę odwrócić wzrok. A prezes dużej firmy budowlanej w sportowym mercedesie będzie wozić maniok i plantany, bo zrobi kilkanaście takich kursów i kupi sobie nową komórkę, choćby i podrabianą.

Nie różnimy się za bardzo, jeśli się dobrze zastanowić. Przedmieścia Warszawy czy Poznania pełne są nuworyszy, utytych na bazarowych szczękach czy handlu bananami z Niemiec. Do dziś sklepy jubilerskie zaludniają drobni kanciarze w dziurawych wiatrówkach, ale ze złotym sygnetem na palcu. Też lubimy te drobne interesiki, szybkie okazje, tu kupić, tam sprzedać. Podobnie jak trzydzieści lat temu, gdy po prostu tak trzeba było, nie było wyboru. A dziś uważamy, że wyniesienie kanapek ze szwedzkiego stołu to spryt i zaradność, a nie małość. I też mamy swoje błyskotki, też nam się wydaje, że jedną nogą jesteśmy już w wielkim świecie. Wysoki mur dookoła domu i drogi samochód powodują, że nie widzimy naszych tapirowanych fryzur i złotych zębów.

Je pars me chercher. Jadę szukać siebie, odnaleźć się. Tak tu mówią ci, którzy opuszczają dom i jadą szukać innego życia.

Wszyscy szukamy. I my, i oni.

WĄSKA GLINIANA PRZECINKA PRZEZ LAS, poorana bruzdami kolein. Wysokie trawy i busz kładły się z obu stron na drogę, jakby dżungla za wszelką cenę chciała odzyskać straconą przestrzeń i nie wpuścić nikogo dalej. Samochód przebijał się przez wertepy chłostany gałęziami z obu stron. Siedziałem w środku, Marcin wolał zostać na paczce. Znowu miał ten swój humor, kiedy chce zostać sam. W Ngoila o niczym innym nie marzyliśmy, jak pojechać na zachód kraju, gdzie jest prąd i można znaleźć normalne miejsce do spania. O względnej cywilizacji. Będziemy musieli poczekać. Znowu w interior, na wschód, jeszcze głębiej w dżunglę.

Ściemniało się. Ta zarośnięta droga w gęstniejącym mroku robiła się coraz bardziej niepokojąca.

To tylko moja wyobraźnia, ale wyobraźnia ma wielką moc.

POZNALIŚMY GO JESZCZE W ABONG-MBANG, rozpytując o czary. Opowiadał historie, w które trudno było uwierzyć.

– Przyjedźcie, sami się przekonacie – mówił.

Chcieliśmy się przekonać, zobaczyć na własne oczy. Przyjęliśmy zaproszenie i oto staliśmy pod jego domem.

W okolicy mówili na niego Binda Punde. W makaa oznacza to „nie bójcie się". Gdy przyjechał tu dziesięć lat temu, dzieci uciekały na jego widok z krzykiem, a i dorośli nie byli w stanie ukryć strachu.

Kilka lat po jego przyjeździe lokalny misjonarz, również biały, zatrzymał samochód na wąskiej drodze przez las, bo postanowił sfotografować baobab. Traf chciał, że z pola wracała matka z dziećmi. Dzieciaki biegły przodem, rozwrzeszczane. Wypadły z krzaków i stanęły jak wryte na widok białego mężczyzny stojącego przy otwartym samochodzie.

Zaczęły krzyczeć, jakby ktoś je obdzierał ze skóry, i w panice rzuciły się do ucieczki, zanim misjonarz zdążył cokolwiek powiedzieć.

Matka podążająca śladem dzieci usłyszała ich przeraźliwe krzyki i puściła się biegiem, spodziewając się najgorszego. Wypadła na drogę i zobaczyła wyprostowanego białego, stojącego przy samochodzie z otwartymi drzwiami. Dzieci nie było nigdzie widać.

Padła na ziemię w spazmach i wpiła dłonie w piasek, płacząc, krzycząc i przeklinając białego za to, co zrobił z jej potomstwem.

Misjonarz stał jak oniemiały, nie rozumiejąc, co się dzieje.

Krzyk i płacz usłyszeli mężczyźni pracujący nieopodal. Wybiegli na drogę i zobaczyli zapłakaną, leżącą na ziemi kobietę, stojącego nad nią białego mężczyznę i samochód z otwartymi drzwiami. W słońcu błysnęły maczety, gdy rzucili się biegiem w kierunku misjonarza.

Ledwo zdążył wskoczyć do auta, uruchomić silnik i ruszyć, trąc kurz z gliniastej ziemi buksującymi kołami. Mężczyźni właśnie dobiegali na miejsce.

Misjonarz przejechał wtedy dwadzieścia kilometrów, do Doumé, gdzie roztrzęsiony wpadł do siedziby biskupa i opowiedział, co się wydarzyło. Szef wioski, z której pochodziła kobieta, pracował nieopodal. Gdy dowiedział się o zajściu, natychmiast wsiadł na motor, żeby wytłumaczyć mieszkańcom nieporozumienie, opanować sytuację.

W połowie drogi spotkał mężczyzn z maczetami, którzy nadal biegli za misjonarzem, by porąbać go na kawałki.

To się wydarzyło cztery lata temu.

Są jeszcze takie miejsca w Afryce, gdzie stosunkiem czarnych do białych wciąż rządzą dwa uczucia: strach i zazdrość.

To było jedno z nich.

BINDA PUNDE MIESZKAŁ W DOUMAINTANG, niewielkiej wiosce w środku dżungli. Dwie drogi, skrzyżowanie. Sklep rodziny z Nigru sprzedającej bułki z czekoladą, ryby w puszkach, świeczki i benzynę. Naprzeciwko bar z piwem, przed domami suszące się kakao i dwie babcie obierające owoce *mbila*. Na skraju wioski duża, murowana szkoła, w której uczą się dzieciaki z całej okolicy. Po przeciwnej stronie drogi placyk z flagą na maszcie.

Leniwa mieścina.

Binda Punde był dla całej okolicy *marabu*, dobrym szamanem i znachorem, zdejmującym uroki, leczącym ludzi i przynoszącym dzieciom ochronne moce. Zbudował też studnię i postawił pompę, zorganizował młyn manioku i komunalną ładowarkę komórek. Miał pięćdziesiąt lat, przyprószone siwizną włosy i taki sam zarost. Mówił spokojnie i często się śmiał w sposób, który natychmiast ocieplał atmosferę. Był bardzo dobrym człowiekiem.

Jedynym białym, którego się nie bali.

ZAMIESZKALIŚMY W DREWNIANYM DOMU BINDA PUNDE za dużym drzewem mangowca. Drewniana chata, po której nocą biegają mrówki. Marcin od kilku godzin jakby przycichł.

– Nie najlepiej się czuję – powiedział wieczorem.

Nic dziwnego. Trzeba było nie siedzieć na wietrze, będąc przemoczonym do cna. Trzeba było słuchać dobrych rad.

– Połóż się, odpocznij. Prześpij się trochę. Przyniosę coś do jedzenia.

MARABU OD ZAWSZE WZYWAŁ DUCHY PRZODKÓW, bo umarli nie odchodzą. Zostają wśród nas, żeby nam pomagać. Tak przynajmniej było kiedyś, w czasach naszych dziadków. Dziś jest inaczej.

Dzisiaj duchy najczęściej są złe. Nocą ludzie nie wychodzą z domów, jeśli nie muszą. Noc to czas demonów, czarowników i złych mocy. Każdy szelest w domu, nieznany dźwięk z dżungli, każde skrobanie na dachu – wszystko zwiastuje najgorsze. Ktoś lub coś chce mi zrobić krzywdę. Dorzuca się wtedy do ognia, podkręca knot lampy i próbuje dotrwać do świtu.

TO ZAWSZE WYGLĄDA TAK SAMO. Czarownik przygotuje zaklęcie wcześnie rano, w zaciszu swojej chaty. Dobierze składniki, przygotuje wywar. Wyrysuje symbole, rozsypie prochy, zaintonuje zaklęcia. Wybierze ofiarę.

Wypowie jej imię.

W tym rejonie świata imię jest niezwykle ważne, to coś o wiele więcej niż słowo na wizytówce. To cały ciąg znaczeń i symboliki, rodzinnej historii, specjalnych mocy i zwierząt totemów śledzących każdy twój krok. W imieniu zaklęty jest człowiek, który je nosi.

Potem czarownik jakoś się zbliży do ciebie, odwiedzi cię, spotka na drodze. Jeśli jest słaby, musi cię dotknąć. Jeśli potężny, tylko spojrzy z daleka. Zrobi ledwo zauważalny gest, ruch ręką.

Od tej chwili jego zaklęcie będziesz nosić w swoim brzuchu.

Minie kilka dni, miesiąc, rok. Może wyruszysz w podróż, może wrócisz do Europy.

Któregoś dnia przyjdzie ta chwila. *Ndjimbulu* dobierze składniki, przygotuje wywar. Znowu rozsypie proszek, zaintonuje zaklęcie. Zanurzy ręce w gorącej wodzie i wypowie twoje imię.

Nie uciekniesz. Choćbyś był na końcu świata, zaklęcie zacznie działać.

I wydarzy się coś złego.

Siedzisz teraz pewnie w fotelu albo czytasz tę książkę w autobusie i myślisz: „co to za brednie?", za grosz w to nie wierzysz, w te zabobony i gusła. I powiem Ci – masz rację. Afrykańska czarna magia działa tylko na tych, którzy w nią wierzą. Albo inaczej – nie dosięgnie tych, którzy są absolutnie i niezachwianie przekonani, że nie istnieje.

Ale przeleć pół świata i wjedź głęboko do puszczy w Gabonie, Kamerunie, Nigerii. Poczekaj, aż się ściemni i posłuchaj, jak się budzi dżungla. Popatrz, jak w oknach zapalają się lampy naftowe, jak ludzie zamykają drzwi.

I wtedy zadaj sobie to pytanie. Czy absolutnie i niezachwianie wierzysz, że czarna magia, praktykowana tu od tysiąca lat, akurat na ciebie nie będzie działać.

Wystarczy cień wątpliwości.

Ndjimbulu już cię mają.

CZARY W AFRYCE opierają się na zbiorowej wierze w ich działanie. Na dobrą sprawę nie ma znaczenia, czy zaklęcia rzeczywiście mają moc, same z siebie. Ludzie sprawiają, że działają. Od pokoleń słyszą historie o *ndjimbulu*, w połowie bajek dla dzieci czarownica kogoś zjada lub zabija, patrzą na żywe dowody – choroby, śmierć, niewyjaśnione wypadki. Wszystko się układa w logiczną całość.

Dla tych, którzy wyrośli w Afryce Środkowej, w tych małych wioskach głęboko w lesie, to, że czary istnieją i trzeba się ich bać, jest naturalne, nie podlega nie tylko dyskusji, ale nawet chwilowemu zastanowieniu.

Podobnie jak my wierzymy, że herbata z cytryną leczy przeziębienie, a od czytania po ciemku psują się oczy. Ciepłe ciasto powoduje ból

Ndjimbulu już cię mają

brzucha, a woda utleniona dezynfekuje. I trzeba siedzieć prosto, bo to dobre na plecy. Prawda jest taka, że to wszystko mity niemające naukowego uzasadnienia. Ale wierzymy w nie, bo „zawsze tak było", bo tak mówiła mama, babcia. To nam wystarczy.

Historie i pogłoski o czarownikach krążą po okolicy, aż w końcu przepowiednie spełniają się same. Dziecko spadające z drzewa to nie efekt wypadku, a czarów. Ktoś c h c i a ł, by ono spadło z drzewa, miał ku temu jakiś powód. W tutejszym postrzeganiu świata nie ma śmierci naturalnych. Dla Kameruńczyka śmierć ma zawsze przyczynę, coś za nią stoi, to nierozerwalny związek przyczynowo-skutkowy. Żeby odnaleźć przyczynę, wystarczy się przyjrzeć skutkom.

Czary przekraczają granicę między światem wyobrażonym a prawdziwym, gdy ludzie biorą sprawy w swoje ręce. Gdy wymierzają sami sprawiedliwość, wyciągają maczety, podpalają dom. Gdy się boją, zaczynają się bronić.

A gdy płonie czyjaś chata, to, czy proszek na ziemi i kilka gestów ręką faktycznie miało moc, przestaje mieć znaczenie.

MARCIN PODNIÓSŁ SIĘ Z ŁÓŻKA. Nie czuł się wcale lepiej, ale miał już dość leżenia w dusznej chacie. Poszliśmy na spacer po wiosce. Czasem, gdy człowiek jest chory, męczy go wszystko. Marcin był w tym stanie. Słońce świeciło za mocno, a dzieci za głośno się śmiały. Nawet papieros mu nie smakował. Szedł, powłócząc nogami, i spoglądał krzywo.

Zaczął jakieś zdanie i przerwał w połowie. Zatrzymał się gwałtownie w pół kroku, złapał się rękami za głowę i zamarł w tej pozycji na dłuższą chwilę. Czekałem cierpliwie. Co jakiś czas dopadały go bóle głowy, nagłe i ostre, jakby mu ktoś wbijał gwoździe w czaszkę. Za każdym razem dociskał wtedy dłonie do czoła. Nie był w stanie powstrzymać tego odruchu, a atak bólu trafiał go w najmniej odpowiednich momentach.

Trzy dni wcześniej staliśmy przy drodze, w deszczu i szybko zapadającym zmroku. Straciliśmy już nadzieję na złapanie jakiejś okazji i zastanawialiśmy się jedynie, gdzie nocować. Marcin zrezygnowany ostatni raz wystawił rękę i ku jego zaskoczeniu jakiś zdezelowany gruchot zatrzymał się obok, choć na raty, bo hamulce nie trzymały jak trzeba. Marcin dostał tego swojego ataku w połowie wymiany zdań z kierowcą, gdy próbował właśnie wytłumaczyć, dokąd chcemy się dostać. Kierowca spojrzał zdumiony na chłopaka, który nagle prostuje się gwałtownie i łapie za głowę. Postał jeszcze chwilę, popatrzył i w końcu odjechał. Wariat jakiś pewnie. Lepiej go nie zabierać.

PRZYJECHAŁA ORGANIZACJA POZARZĄDOWA. Samochody terenowe, koszule safari. Białe myślenie, dużo chęci pomocy. Postawili w wioskach systemy pompowania wody. Karuzele dla dzieci, napędzane uniwersalną na całym świecie chęcią zabawy. Kolorowe, radosne. Dzieciaki bawiły się i śmiały, woda płynęła do zbiorników, a stamtąd do pompy dla całej wioski. Genialne w swej prostocie.

Biali inżynierowie postawili systemy, nauczyli mieszkańców wsi je obsługiwać i naprawiać. Chwilę popatrzyli, czy wszystko działa i pojechali dalej, stawiać następną pompę.

Pompy działały znakomicie, dopóki nie trzeba było przeprowadzić drobnych napraw, może nawet tylko konserwacji. Nasmarować coś, wymienić śrubę, poprawić gwint.

Wszystkie te systemy, wszystkie co do jednego, zmarniały i stoją dziś nieużywane, rdzewiejąc na deszczu. Ludzie chodzą do sąsiednich wiosek i rzek, po kilka kilometrów, choć mogliby mieć wodę na miejscu. Wystarczyłaby odrobina własnego wkładu.

– Temu krajowi nie da się pomóc – powiedział Marcin. – Tu najsłabszym elementem jest odbiorca, człowiek.

– Powiem ci, że trudno mi pojąć, jak ty chciałeś pomagać ludziom z takim podejściem... Co masz na myśli tym razem?

– To jest kolejna dziura, taka jak ta dziura na drodze między Abong-Mbang i Lomié. Popatrz, przez kolejne tygodnie, dzień w dzień, w tym bagnie na drodze utykają wszystkie samochody jeżdżące na trasie przez dżunglę. Przecież można to naprawić w pół dnia. Ułożyć kamienie, utwardzić ziemię, nawet zbudować jakąś kładkę w ostateczności. Wystarczy paru ludzi i kilka godzin. Ale tego nie zrobią.

– Pewnie mi teraz powiesz, dlaczego tego nie zrobią?

– Bo to się nie opłaca. Naprawisz tę dziurę. Powiedzmy, że postawisz kładkę. Wtedy pojawią się problemy organizacyjne o szczebel wyżej. Kto ma załatać kolejną dziurę, kilometr dalej? A kto ma naprawić tę kładkę, gdy pęknie deska? Znowu ty czy sąsiad, a może przejeżdżający kierowcy? A kto ma za to wszystko płacić? Zrzucać się czy co? Pobierać opłaty za przejazd?

Marcin dopalił papierosa i cisnął niedopałek na ziemię, między saszetki Króla Artura i pogięte puszki.

– To jest tak, że tutaj bardziej opłaca się mieć dziurę na drodze, niż jej nie mieć. I to jest dziura w całej Afryce, w jej mentalności. To dlatego tu nigdy nie było kultury, która się rozwija, zbiorowości nastawionej na przyszłość, czegoś, co zapierałoby dech w piersiach. Tu jest kultura w stanie statycznym. Trwa, i to jest jej podstawowe zadanie.

– Co chcesz przez to powiedzieć?

– Że nikogo nie zmusisz, żeby mu się chciało.

BIALI PRZYWOŻĄ DO AFRYKI swoje postrzeganie świata. Patrzymy na trudne warunki i cierpimy, źle nam, budzi się w nas natychmiastowa potrzeba zmiany, naprawienia czegoś.

Ale to my cierpimy, a nie Afryka.

Myślenie „co by tu mogło być" i „ile tu nie ma" to właśnie nasze, typowo europejskie spojrzenie na świat. Chcielibyśmy tu widzieć porcelanowe muszle w toaletach, chodniki i równe drogi.

Ale to my byśmy chcieli.

Afrykanie przez wieki nauczyli się redukować swoje potrzeby. Im nie brakuje tego wszystkiego tak bardzo, jak lubimy myśleć. Brakuje lekarzy, szpitali, leków w każdej wsi. Tego tak. Ale nie wodociągów, prądu i murowanych domów. Być może to właśnie dlatego chłopak w Abong-Mbang za pierwsze pieniądze kupi sobie komórkę, a jego ojciec telewizor, choć mógłby naprawić dach? Może tego dachu po prostu nie potrzebuje? Jeśli ma co jeść i w co się ubrać, może mu to wystarczy, nawet jeśli czasami coś kapnie z sufitu? Dla nas jest oczywiste, że powinien wybetonować podłogę, lepiej ubrać dzieci, zainwestować. Właśnie ta „oczywistość", to przekonanie, że tak powinno być, to esencja naszej europejskości. To my na jego miejscu odczuwalibyśmy okrutny brak i potrzebę zmian. My.

Temu czarnemu chłopakowi po prostu niczego nie brakuje.

A skoro ma wszystko, czego mu trzeba, czemu nie miałby kupić sobie nowej komórki, jeśli zostało mu trochę pieniędzy?

Nie powinien, bo my wiemy lepiej. Jesteśmy o tym przekonani, bo więcej rozumiemy i widzimy dalej. Wiemy lepiej, więc chcemy go tego nauczyć. Ale Afryka nie chce być nauczana, już od pięćdziesięciu lat.

Afryka nie chce, żebyśmy bawili się w Boga.

– I tak się w niego bawisz – powiedział Marcin. – Bawisz się, czy chcesz, czy nie.

Przypomnij sobie ten moment, gdy leczyliśmy dzieci w wiosce Baka. Chłopak miał paskudną ranę na nodze, umrze przez nią. Coś cię wtedy ukłuło, że może jednak trzeba było go zawieźć do szpitala, pomóc mu. Nie zrobiłeś tego i przez chwilę poczułeś, że skazujesz go na śmierć.

Ale gdybyś go zabrał do szpitala, czy nie skazałbyś na śmierć kogoś innego? Dzieciak z szałasu obok kaszlał całe noce. Jednego z mężczyzn bolały płuca i rzęził przy każdym wdechu. Alfonse nie mógł się czasem wyprostować, tak go szarpało w plecach.

Jeśli zabierzesz chłopaka do szpitala, czemu zostawisz innych? Czemu w y b r a ł e ś tego jednego?

– CORAZ GORZEJ SIĘ CZUJĘ... – powiedział Marcin. – Mam gorączkę.

To już trzeci dzień, raczej nie przeziębienie. W takich sytuacjach, w dżungli i daleko od lekarzy, *a priori* zakłada się malarię.

– Musisz wziąć leki, nie ma rady.

– Chyba się położę.

– Śpij jak najdłużej.

STRASZNA SZKODA, że go tak rozłożyło. Wciągnęła go ta Afryka. Znowu. Marcin wreszcie oderwał się od tego swojego biurka, rzucił w wir wydarzeń. Znów nie wiedział, gdzie dziś będzie spał i gdzie trafimy następnego dnia. Leczył dzieciaki, naprawiał kładki, pomagał ludziom wyjechać z bagna. Żył na całego. Po to tu przecież przyjechał. A teraz uziemiła go choroba. Wielka strata.

Za każdym razem, gdy wracałem do chaty, Marcin wypytywał, czego się dowiedziałem, jak te czary działają, co tak naprawdę znaczą. Stale kręcił głową, przewracał oczami. Przecież to są historie o niczym, mówił. Ktoś coś powiedział, rzucił zaklęcie, inni w to uwierzyli i zaczęli się bać. I tyle. Przecież nic złego się tu nie dzieje tak naprawdę.

Dzieje się, odpowiadałem. Takich jak Andre skażą na śmierć w więzieniu, ktoś niby przez przypadek wpadnie do studni, kogoś zabiją w lesie. To są pozornie wydarzenia bez związku, ale ten związek jest. Ludzie się boją i działają po kryjomu, robią innym krzywdę. Jeśli z miasta przyjechał chłopak po studiach inżynierskich i zaczął budować dom, jakiego tu nikt nie widział, z łamaną bryłą, oknami w dachu, przewodami kominowymi i kilka dni później zmarł, a po śmierci pod pachami pojawiły mu się czarne plamy, to nie mógł być to przypadek.

Ktoś go pewnie otruł z zazdrości, może ze strachu. Może i wszystko dzieje się w wyobraźni mieszkańców wsi, ale ludzie giną naprawdę.

Lubiłem te rozmowy. Marcin był trudnym oponentem, ale znów miał ten błysk w oku co kiedyś. To nie były akademickie dyskusje, teoretyzowanie. Naprawdę to wszystko czuliśmy, staraliśmy się zrozumieć. Przez całą tę podróż nie okazywał za bardzo emocji, ale najwyraźniej przeżywał ją na swój sposób, do wewnątrz.

Szukajmy dalej.

NDJIMBULU, ŹLI CZAROWNICY, działają w tajnych stowarzyszeniach, które „jedzą" ludzi. Ich moc bierze się z ludzkiej krwi, czarna magia wymaga więc ofiar. W afrykańskim pojęciu człowiek składa się z trzech ciał. Fizycznego, kości i mięśni. Magicznego, czyli życiowej siły, która pozwala nam funkcjonować. I w końcu duszy, która zostaje na ziemi po śmierci. Czarownicy jedzą to drugie. Bez życiowej energii człowiek choruje, marnieje i w końcu umiera. W ostępach dżungli, pod osłoną mroku, *ndjimbulu* tworzą grupy, które im również pozwalają przetrwać.

Kosztem innych.

Każdy z czarowników w takiej grupie musi kogoś poświęcić. Kogoś bliskiego, związanego więzami krwi. Kogoś pełnego życia, młodego, silnego, a nie staruszkę stojącą jedną nogą w grobie. Czasem brata, czasem żonę, a czasem własne dziecko. Nastąpią specjalne rytuały, zaklęcia. Rozpocznie się wysysanie mocy, jedzenie.

Ofiara będzie jedzona, aż umrze. Gdy to nastąpi i *ndjimbulu* nie będą już mieli z czego czerpać mocy do swoich czarów, następny wskaże kolejną ofiarę. Proces się powtórzy. Po przystąpieniu do takiej grupy nie ma odwrotu. Kara za złamanie przyrzeczenia jest surowa. Jeśli ktoś odmówi poświęcenia swojego bliskiego, sam umrze.

O tych stowarzyszeniach nikt nie wie, działają w sekrecie. Raz na jakiś czas pozostali mieszkańcy wiosek odkrywają okruchy tajemnicy i zaczynają dociekać. Potem dowiadują się coraz więcej i więcej. Czasem reagują, a czasem wolą nie zadawać kolejnych pytań. To są niebezpieczne sprawy.

Kiedyś o czary podejrzewano najczęściej starych ludzi, tych, którzy mają bliżej do świata śmierci i może już do niego jakoś zajrzeli. Starzy, pokrzywieni chorobami, bez zębów, zgięci w pałąk. Uosobienie zła. Albinosi, niepełnosprawni. Czarownikiem mógł być każdy, kto się wyróżniał, był inny.

Przez ostatnie kilkadziesiąt lat to się zmieniło. Podejrzenia skierowano w stronę ludzi mających pieniądze, władzę, wpływy. Którzy odnieśli sukces. Nienawistnie zaczęto patrzeć na szefów wiosek, lokalnych możnych, tych, którzy wyjechali w biedzie, a wrócili bogaci.

Przecież pieniądze i sukces musiały zostać czymś okupione.

A potem wszystko się zmieniło. I to nagle, mniej więcej w tym samym czasie w całej Afryce. I nie sto lat temu, tylko niedawno, dziesięć, dwanaście lat temu.

O czary zaczęto oskarżać dzieci.

– DZIECKO JEST JAK MŁODY PĘD, można je jeszcze nagiąć. Potem rośnie, twardnieje i zamienia się w wielkie drzewo. Wtedy już nic go nie złamie. Dlatego musimy wypędzać czary z dziecka, póki jest jeszcze małe.

Łodygi makabo

– Jak to się robi? – spytałem.

– Makabo to najlepszy bat na czarowników.

Makabo to duży łopian o łodygach grubych na dwa palce, jak gumowy kabel.

DO BINDA PUNDE przyjechał Darius, jeden z szefów okolicznych wiosek. Przyjechał na motorze z Seglendum, kilka kilometrów dalej drogą przez las. Poprosił Binda Punde o rozmowę.

– *Marabu* – powiedział – we wsi są czary. Inicjują dzieci. Rodzice bardzo się martwią. Zrób coś.

Marabu, dobry biały szaman, udał się do wioski. Wszedł do chaty, przepytał rodziców. Coś złego zaczęło się dziać z ich synem Simonem. Zamknął się w sobie, milczy, jest rozkojarzony. Zmienił się nie do poznania.

– Pozwólcie mi z nim porozmawiać.

Simon miał siedem lat, był drobny, nawet jak na dzieci w jego wieku. Miał rozbiegane oczy, trudno mu było skupić się na czymś dłuższą chwilę. Kręcił się niespokojnie.

– Wiesz, jak na mnie mówią?

– Wiem – odpowiedział Simon. – Binda Punde.

– A wiesz, co to znaczy?

– Nie bójcie się.

– Tak. Boisz się mnie?

– Nie.

– Simon, spójrz mi w oczy. Powiedz mi, czy boisz się czegoś innego?

– Tak.

TO SIĘ WYDARZYŁO KILKA MIESIĘCY WCZEŚNIEJ. Simon był w pierwszej klasie. Po lekcjach podszedł do niego starszy chłopak.

– Pójdziesz ze mną do lasu.

Weszli do dżungli, czyli zrobili pięć kroków za szkołę, a potem dłuższą chwilę szli w głąb lasu. Chłopak zatrzymał się i wskazał na coś palcem.

– Widzisz go?

Simon aż struchlał ze strachu. Między korzeniami wielkiego drzewa leżał wąż o czarnej, połyskującej skórze.

– Dostaniesz coś teraz ode mnie. Jeśli tego nie przyjmiesz, ten wąż przyjdzie po ciebie w nocy i umrzesz.

Chłopak wyciągnął z kieszeni kilka kawałków nadpalonego bambusa.

– Przyjmiesz to.

Brendi.

Czasem są to połamane patyki, czasem kamienie, czasem kawałki bambusa. W *brendi* czarownik zamyka moc, zaklęcie. Najczęściej zły urok albo klątwę. Te małe obiekty przenoszą intencje *ndjimbulu*, efekty, których sobie życzy. Muszą trafić do kogoś, kto je uaktywni.

Czy Simon chciał, czy nie, będzie współodpowiedzialny, stanie się narzędziem, pośrednikiem czarownika. Będzie musiał zrobić to, czego *ndjimbulu* żąda. Albo umrze.

Simon miał zakopać *brendi* koło paleniska w chacie swoich rodziców. W ten sposób wyzwoli czar, dopełni go. A potem wydarzy się to, co ma się wydarzyć.

Jedno *brendi* miało sprawić, że brat Simona będzie się źle uczyć w szkole, a drugie, że jego mama nie urodzi już więcej dzieci.

Simon zrobił, co mu kazano. Siedmiolatek przez cztery miesiące nosił w sekrecie straszną tajemnicę. Przyniósł do swojego domu nieszczęście i nie mógł się z tego nikomu zwierzyć. Zamknął się w sobie ze strachu.

DŁUGO NIE MOGŁEM ZROZUMIEĆ, po co te tajne stowarzyszenia czarowników wciągają w ten sposób dzieci. Jaką mają z tego korzyść?, pytałem. Co im po kilkuletnim chłopaku, jaką wartość przedstawia? Czy chodzi o kontrolę, władzę? Jak to działa?

Chodzi wyłącznie o dostęp do zasobów mocy, o paliwo dla czarów.

Grupy inicjują dzieci do czarów przede wszystkim strachem, jak Simona. Zakopie *brendi*, przekona się sam, że to działa, nawet jeśli zadziała tylko w jego wyobraźni. Ze strachu i bezsilności, z braku innego wyboru, zacznie wchodzić coraz głębiej w objęcia grupy. Z czasem strach minie, gdy zacznie poznawać zaklęcia, uroki. Wzbudzi się w nim moc, poczuje władzę. Przejdzie kolejne stopnie wtajemniczenia, aż w końcu zostanie dopuszczony do spółki, w której czarownicy „jedzą" ludzi. Nowy członek to nowy zasób, cała rodzina, nieprzebrane bogactwo mocy do wykorzystania, krwi do zamienienia w potęgę zaklęć i klątw. A strach to klucz do niej.

Kiedyś, w czasach dziadków i pradziadków, starszyzna w wiosce obserwowała rosnące dzieciaki, przyglądała się ich predyspozycjom. Ty będziesz łowić ryby, decydowała. Ty – tropić zwierzęta. Ten będzie się uczył w mieście, ten stawiał domy, a ta będzie piekła bułki. Każde dziecko przechodziło inicjację podczas specjalnego rytuału, było przeznaczane do świata wody, lasu, wiedzy. Z czarami jest podobnie, czary się w dziecku wzbudza.

Dzieci czarowników są obdarzone mocą od urodzenia. Wystarczy ją później uwolnić. Ale tych dzieci jest za mało, *ndjimbulu* potrzebują świeżej krwi, nowych zasobów mocy. Każdy czar, każde magiczne działanie jest nią okupione. Potrzeba jej więcej i więcej. Dlatego inicjują też inne, cudze dzieci.

Rodzice noworodków wzywają często *marabu*, dobrego szamana, żeby rzucił ochronne zaklęcia. Wokół bioder zawinie kawałek skóry słonia, by dziecko było silne. Kępkę grzywy lwa zawiąże na nadgarstku, żeby było odważne i dominowało nad innymi. Czasem natnie skórę i w małą rankę wetrze proch spalonego nietoperza. Zostanie niewielka czarna blizna. Nietoperz chroni przed wypadkami. Ale zaklęć chroniących przez złymi mocami nie ma wiele.

Niektórzy mówią, że czarownicy inicjują postronne dzieci przez czystą zawiść. Jeśli *ndjimbulu* widzi, że jakieś dziecko ma przyszłość, rozwija się, dobrze rokuje, chce je przechwycić, zepsuć, a potem wykorzystać do swoich potrzeb. Dlaczego? Bo *ndjimbulu* jest zły. Po prostu.

Inni twierdzą, że stowarzyszenia czarowników karmią się władzą. Że czary czarami, ale chcą mieć jak największy legion wiernych do dyspozycji. Że właśnie to daje im realną kontrolę, moc sprawczą. Dzięki temu, gdy chcą kogoś zabić, po prostu go zabiją. Inicjują więc dzieci i prowadzą je przez kolejne stopnie wtajemniczenia, żeby grupa była silniejsza, by każdy robił, co mu się każe.

Jeszcze inni są przekonani, że tylko w ten sposób czary *djamb* przetrwają. Że czarownicy przekazują dziedzictwo, wiedzę, by po ich śmierci tajemne rytuały nie zniknęły.

A jeszcze inni twierdzą, że to wszystko głupoty.

– MÓJ WUJEK ZGINĄŁ zabity przez czarownika. To było dwa lata temu. Poszedł do niego i...

– BUDOWALIŚMY KIEDYŚ MOST PRZEZ RZEKĘ, którego ludzie w wiosce bardzo nie chcieli. Przyszedłem do pracy, zaczęło mi się kręcić w głowie, upadłem. Miałem gorączkę, prawie umarłem. W szpitalu *marabu* mi powiedział, że to wąsy pantery, potężny urok...

– SĄSIAD MA DWIE ŻONY i kilkoro dzieci. Dzieci pierwszej żony jakoś bardziej się udały. Uczą się lepiej, są bardziej zaradne, pracowite. Wiadomo dlaczego...

– Dlaczego?

– „Zjadły" tym drugim inteligencję.

– CHOWALIŚMY SIĘ CAŁĄ NOC, bardzo się bałem. *Ndjimbulu* latał swoim mistycznym samolotem nad polami kukurydzy i śmiał się na całą okolicę. W końcu stracił nad nim kontrolę i rozbił się o katedrę. To dlatego dach się zawalił. Naprawiliśmy, ale pola zmarniały, wszystko uschło...

TE BARWNE, potoczyste historie słyszy się na każdym kroku. Typowe afrykańskie klechdy, opowiadane i rozwijane przez dziesięciolecia. Afryka to kontynent opowieści. W Mali są grioci, u Mande – *jali*, wśród Berberów *igawen*, a u plemion Fula – *gaulo*. Całe pokolenia opowiadaczy eposów, historii i dykteryjek, przekazywanych z ust do ust przy ogniskach w długie wieczory. Opowieści magicznych, baśniowych, pełnych złych mocy i dzielnych bohaterów, w których spryt i odwaga zawsze wygrywają. Piękne, zajmujące historie.

Ta tradycja przenika Afrykanów, wszyscy są jej częścią. Opowiadają jak nikt. Ze swadą, kolorowo i w taki sposób, że nigdy nie wiesz, co jest prawdą, a co nie. W ich opowieściach mieszają się światy i rzeczywistości. Duchy, moce, zwierzęta i ludzie. O wielu sprawach mówią kategorycznie, jakby prezentowali fakty, gdy tymczasem snują jakąś opowiastkę, może ją nawet zmyślają na bieżąco. Tyle że często trudno się w tym połapać.

Jednak dopóki nie mam pewności, że demony z dżungli nie wchodzą do domu przez okna, zamknę na noc okiennice. Jeśli wierzę, że moje dziecko jest młodym czarownikiem, wypędzę z niego czary przy użyciu makabo, grubej łodygi łopianu.

A jeśli mam siedem lat i wierzę, że kawałek osmalonego bambusa spowoduje, że będę się źle uczył w szkole, przepowiednia się spełni na pewno.

DO BINDA PUNDE przychodzili kolejni rodzice. Przyprowadzali głównie chłopców, jedną dziewczynkę. A potem przyprowadzili jego. Dziewięć lat. Bertrand. Rodzice przywieźli go motorem. Ta sama historia co zawsze. Nagle, bez żadnego powodu, coś złego zaczęło się dziać z synem. Zrobił się krnąbrny, zaczął pyskować, przestał się uczyć. Patrzył jakoś inaczej, takim złym wzrokiem. Musiał mieć kontakt z czarami.

– Bertrand, wiesz, jak mnie nazywają?

– Binda Punde. Nie bójcie się.

– Boisz się mnie?

– Nie. Ja się niczego nie boję.

Chłopiec stał wyprostowany, patrzył prosto w oczy i mówił bez najmniejszego wahania. Dziwne. Zupełnie inaczej niż cała reszta, która próbowała za wszelką cenę ukryć, jak trudno poradzić im sobie ze straszliwym sekretem.

– Dostałeś *brendi*, Bertrand?

– Chcieli mi dać, ale nie przyjąłem. Nic nie dostałem, ja się ich nie boję, dali mi spokój, bo jestem silny i nie zrobię tego, co mi każą.

Biały szaman popatrzył na niego uważnie.

– Lepiej powiedz, co ci dali i co z tym zrobiłeś.

Po raz pierwszy Bertrand się zmieszał, popatrzył w ziemię.

– Nic mi nie dali...

– Nie kłam.

Zabrali go do lasu po szkole. Na zwalonym pniu leżał wąż. Przyjdzie po ciebie, powiedzieli, i cię połknie, jeśli nie zrobisz, co ci każemy. Weźmiesz *brendi* i zakopiesz je obok ogniska w chacie twojej matki. Potem poczekasz, aż stanie się to, co ma się stać. A potem nauczymy cię czarów. Będziesz potężny, będziesz mógł robić, co tylko chcesz.

Nie chciał, bał się, ale musiał się zgodzić, bo wiedział, że wąż niesie śmierć. Przyjął od nich dwa drewienka, w których zaklęty był czar, wrócił do domu. Długo nie mógł się zmusić do tego, co miał zrobić. Gdy je zakopie, stanie się częścią czegoś strasznego. Tajemnicy, która go przerażała.

Powiedzieli mu też, że od tej chwili nie będzie już człowiekiem, będzie nikim. Będzie się snuł bez celu po wiosce, będzie trwał, a nie żył. Niczego nie osiągnie, nie zrealizuje planów. Będziesz jak zwierzę, jak duch, powiedzieli. Jesteś w naszej mocy, nie możesz się nam sprzeciwić.

To było osiem miesięcy temu.

Na początku bardzo się bał. Teraz już nie musi.

– Co to było? – spytał biały szaman. – Co to było za *brendi*?

BERTRAND MIAŁ ZABIĆ SWOICH RODZICÓW.

MÓWIŁ O TYM BEZ CIENIA EMOCJI, ze stoickim spokojem. Patrzył prosto w oczy, czasem błąkał mu się po twarzy ledwo widoczny ironiczny uśmiech. Matka zginie w wypadku, mówił, a ojciec zostanie zabity na polowaniu. Ktoś strzeli do niego, a potem powie, że mistycznie zamienił się w małpę. Kiedy? Nie wie. Kiedy przyjdzie czas. Czy mu smutno?

Nie.

Na niektóre pytania Bertrand nie chciał odpowiadać, ale świadomie, jak dorosły. Zupełnie nie jak dziewięciolatek. To nie było przestraszone dziecko, złamane ciężarem sekretu, który przyszło mu dźwigać. To był młody czarownik, który dokładnie rozumiał, co się wokół niego dzieje i dawno już podjął decyzję, komu ślubować lojalność. Grupa *ndjimbulu*, która go zainicjowała, najpierw go przeraziła, ale potem zrobiła na nim wrażenie. Może zobaczył w niej swoją przyszłość, może nauczyli go kilku czarów i wierzył, że mają moc, może wreszcie ktoś traktował go z szacunkiem. Może w końcu ktoś będzie się go bał, będzie potężny, niezwyciężony i nieśmiertelny.

Mogło mu się spodobać.

– Bertrand, spójrz na mnie. – powiedział Binda Punde, biały szaman. – Mówisz o swoich rodzicach, o twojej mamie i twoim tacie. Oni cię bardzo kochają, wiesz przecież. Jeśli stanie się to, co czarownik zaklął w *brendi*, nigdy ich już nie zobaczysz. Wstaniesz któregoś dnia, a ich już nie będzie. Czy na pewno jesteś na to gotowy?

Bertrand stracił swoją butną pewność siebie. Przestąpił z nogi na nogę, zaczął unikać wzroku *marabu*.

– Czy jesteś na to gotowy? – powtórzył szaman.

– Nie wiem – odpowiedział cicho chłopiec.

– Czy chcesz, żebym cię od tego uwolnił? Mam taką moc. Mogę odprawić moje czary i zdjąć z ciebie tę klątwę, ale musisz tego naprawdę chcieć.

Bertrand przełknął ślinę, wyraźnie poruszony.

– Na pewno?

– Na pewno.

– W takim razie tak. Zrób to, Binda Punde. Nie chcę mieć z tym *brendi* już nic wspólnego.

Szaman wstał, sięgnął po swoją torbę.

– Pokaż mi, gdzie zakopałeś te drewienka.

BERTRAND DZIOBAŁ MACZETĄ twardą ziemię wokół paleniska, aż krople potu spływały mu po skroniach. Wbijał ją raz za razem, rozgrzebując miejsce, w którym zakopał *brendi*. Bez skutku.

Wyciągnął kawałek jakiegoś drewienka, odrzucił zdecydowanie. To samo chwilę później, gdy znalazł nadpalone szczapy bambusa.

– Nie ma...

– Szukaj dalej.

Bertrand wykopał już spory dołek i przeszukał cały kąt. Zaczął się wyraźnie niepokoić. W pewnym momencie odrzucił maczetę i cofnął się od paleniska. Z rozgrzebanej ziemi zaczęły wychodzić mrówki.

– To on... On je tu przysłał, żebym nie znalazł *brendi*... Nie mogę, nie... Nie będę więcej szukać, on mnie ukarze. – Bertrand nie był roztrzęsiony, raczej poddał się, stracił odwagę.

Marabu wstał i podszedł do paleniska. Złapał chłopca za rękę.

– Bertrand, spytam cię jeszcze raz. Musisz sam podjąć tę decyzję. Czy chcesz, żebym cię od tego uwolnił?

– Tak, ale bardzo się boję.

– Nie bój się. Binda Punde.

Szaman kazał przynieść chłopcu garnek z wodą. Z torby wyciągnął wszystko, co było mu potrzebne. Oprawioną w czarną okładkę książkę z zaklęciami, kilka magicznych rekwizytów. Chłopiec patrzył bez słowa.

Binda Punde odczynił swoje czary. Kilka gestów, zaklęcie. Tchnął w wodę moc, która zmyje czary *ndjimbulu*. Wstał z ławki i mamrocząc podszedł do paleniska, po czym zalał wodą rozgrzebaną ziemię. Postał jeszcze chwilę, szepcząc coś bezgłośnie, zrobił kilka ruchów ręką. Odwrócił się do chłopca.

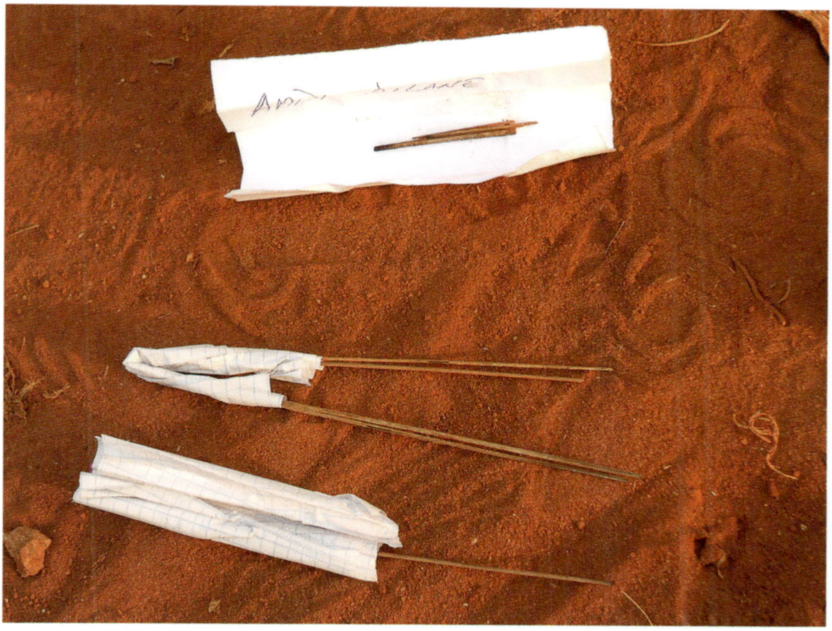

– Jesteś wolny. Nic ci już nie grozi. Moje czary są silniejsze niż czary *ndjimbulu*. Nie musisz się już niczego bać.

BINDA PUNDE, biały szaman, wrócił do swojego domu, kilka kilometrów wyboistą drogą z twardej gliny. Minął sklep rodziny z Nigru i szkołę, skręcił obok studni, którą zbudował, i postawił samochód obok drzewa mangowca. Przed wejściem do domu otrzepał buty i otworzył drzwi do swojego gabinetu. Położył torbę na biurku, wyjął z niej oprawną w czarną skórę Biblię i wytarty już nieco krzyż, który odłożył ostrożnie na półkę.

KOŚCIÓŁ

Usiadł przy biurku i zanotował w zeszycie, by porozmawiać z rodzicami Bertranda po następnej mszy, którą odprawi w kościele za oknem.

DZIECI ZAINICJOWANYCH DO CZARÓW w tych kilku wioskach było łącznie piętnaścioro, czternastu chłopców i jedna dziewczynka. W większości były zalęknione, niemal uginały się pod ciężarem odpowiedzialności, na którą zostały skazane. Źle się uczyły, stawały się skryte, nie potrafiły się skoncentrować. Starały się poradzić sobie z sytuacją, która je przerastała.

Niektóre, jak Bertrand, przeszły już bardziej zaawansowaną inicjację i strach przed czarami ustąpił miejsca fascynacji. Te nie bały się już niczego. Były w takim stanie umysłu, który pozwalał im beznamiętnie mówić, że za ich wstawiennictwem ojciec zostanie zabity albo matka straci wszystkie pieniądze. Świadomie i dobrowolnie akceptowały ten fakt, efekt, który same miały spowodować.

Być może była to rezygnacja, jedyna możliwa reakcja obronna na nieuchronność zdarzeń. Nie miały na nic wpływu. Rodzice zginą, czy chcę, czy nie; jestem tylko narzędziem. Nie mogę nic na to poradzić, nikomu o tym powiedzieć. Nawet jeśli nic złego nie robię sam, wiem, kto to robi, i nie przeciwdziałam temu. Jestem więc współsprawcą zła w tej wiosce, a takich jak ja czeka okrutna kara.

Strach wpychał te dzieci w szpony grupy czarowników, bo to była jedyna droga, którą mogły podążać.

A może, gdy strach w końcu opadał, a nieuchronność zdarzeń spychała w kąt świadomości poczucie winy, okazywało się, że *ndjimbulu*

Dwóch z tych czterech chłopców to czarownicy

dają tym dzieciom coś, czego nie dawał im nikt inny? Przekonanie o własnej wartości, pewność siebie, przynależność do czegoś większego. A w końcu poczucie potęgi, władzy, kontroli, która w wioskach w dżunglach Afryki Środkowej jest najważniejsza. To brutalny świat w dużej mierze oparty na pierwotnych instynktach, na dominacji. Kto ma władzę, ma wszystko.

Te dzieci, które już się niczego nie bały, ogarniało prawdziwe zło. Stawały się złe, bo panicznie bały się śmierci i tego, co je czeka po niej.

Na czarną magię może poradzić tylko *marabu*, dobry szaman. To, że szefowie okolicznych wiosek w takiej sytuacji zwrócili się po pomoc do księdza, że dopuścili kogoś obcego do sekretnego świata magii, czarów i tajemnych powiązań, jest wydarzeniem bez precedensu.

Tym księdzem jest Mirosław Bujak, polski misjonarz, jedyny biały w okolicy, który zbudował studnię, z której korzysta cała wieś. Stawia młyny do mielenia manioku, leczy ludzi, wozi ich nocą do szpitala swoim wysłużonym samochodem terenowym. Jak może, uczy Kameruńczyków poczucia odpowiedzialności za ich własną przyszłość, za wspólne dobro, dodaje im otuchy. Stara się poznać ich problemy i szukać rozwiązań, dla lokalnych mieszkańców często niezrozumiałych. Przywiózł ze sobą również zachodnią technologię, którą wielu Kameruńczyków utożsamiało z magią. Dzieci Makaa do dziś mówią na niego Binda Punde, „nie bójcie się", choć nie rzucają się już do ucieczki ze strachu na widok jego białej twarzy.

Po wszystkim spytałem Mirka, czy szefowie wiosek przyszli do niego jako do księdza czy jako do *marabu*.

Nie miał wątpliwości.

W ich oczach ksiądz j e s t *marabu*. Potężnym szamanem odprawiającym dobre czary.

JEST TAKA AFRYKAŃSKA BAŚŃ, w której mały chłopiec stale zadaje jedno pytanie. Dlaczego czarownica jest zła? Dlaczego je ludzi, dlaczego krzywdzi innych? Musi być jakiś powód, ludzie nie są źli sami z siebie, źli się dopiero stają.

Otrzymuje wiele odpowiedzi, wśród nich jedną, która naprawdę odpowiada na to pytanie. Dlaczego czarownica jest zła?

Bo cierpi.

DO TYCH ODIZOLOWANYCH WIOSEK zmiana przychodzi wolno, i niekoniecznie na lepsze. Stare tradycje umierają, przychodzą nowe albo nie przychodzą wcale. Znikają zwłaszcza tradycje dobra.

Kiedyś w wioskach najbardziej szanowano najstarszych. Starzy, więc mądrzy, doświadczeni. *Marabu*, dziadkowie i babcie. Słuchano i radzono się ich. Dziś słucha się tych, którzy mają pieniądze i wpływy.

Dawniej świat utrzymywał delikatną równowagę. Duchy były dobre i złe. *Marabu* przeciwstawiali się *ndjimbulu*. Szanse był wyrównane.

Dziś *marabu* jest coraz mniej, coraz więcej za to szarlatanów, którzy ich udają. Coraz więcej dzieci oskarża się o czary, coraz częściej batoży się je łodygami makabo, coraz więcej trafia z tego powodu na ulicę. Tylko w Kinszasie, stolicy Demokratycznej Republiki Konga, za czary wyrzucono z domów piętnaście tysięcy dzieci. Bo to jedyny powód, którego nikt nie będzie kwestionował. A zawsze o jedną gębę do wyżywienia mniej.

Ks. Mirek Bujak

Znikają tradycje wspólnotowe, pomoc innym. Jeszcze dwadzieścia lat temu na drogach we wschodnim Kamerunie stawiano proste stojaki, a na nich wieszano banany. Dla wędrowców – w czasach, kiedy jedynym środkiem transportu były silne nogi. Ktokolwiek wyszedł z domu, idąc pięćdziesiąt kilometrów do miasta, miał pewność, że nie będzie szedł głodny, bo zawsze znajdzie banany na stojaku przy drodze.

Dziś w całej okolicy Doumaintang jest już tylko jeden taki stojak, do tego najczęściej pusty. Szkoda pieniędzy. Za to na drogach w trakcie pogrzebów stawia się szlabany i zatrzymuje samochody. W ręku zawsze zdjęcie zmarłej, najczęściej ładnej młodej dziewczyny, choćby umarła bezzębna staruszka. Prosi się niby o zapomogę dla rodziny, ale nikt nie przejedzie, jeśli nie zapłaci.

Sukcesywnie wymierają „dobre" tradycje, zostają tylko te reprezentujące siły zła, głównie związane z pieniędzmi. Szala przechyla się na jedną stronę.

Każda kultura wypracowuje tradycje mające jej zapewnić ciągłość trwania. Są często nośnikami wartości scalającymi społeczność, nadają jej odpowiedni kształt. Tradycje to szkielet, na którym opiera się wszystko inne. Z telewizją, modą, telefonami do kameruńskich wiosek wpada globalna cywilizacja, wnosząc swoją wizję świata. Zaraźliwą, błyszczącą, ponętną. Stare tradycje przestają się liczyć, bo zastępują je nowe, obce.

To my, choć nieświadomie, powodujemy tę zmianę. My, obywatele świata, nasza rzekomo uniwersalna, globalna kultura nowoczesności. Prowadzimy kulturową agresję, choć nie czujemy się winni, nie planujemy tego, może nawet nie chcemy.

Robi to za nas telewizor w glinianej chacie krytej pordzewiałą blachą.

Znika to, co w kameruńskiej wsi było zawsze najcenniejsze. Zbiorowość, rodzina, więzi. Teraz ważne są pieniądze, błyskotki, liczyć można tylko na siebie, na swoje „radzę sobie". Rosną murowane domy, stawia się płoty. Wygląda jak nowoczesność.

– Straciliśmy to, co mieliśmy, a zachłysnęliśmy się tym, czego nie mamy. Nie wiemy, kim jesteśmy – powiedział ktoś ze smutkiem w głosie.

To nie jest nowoczesność. To jest pustka.

WSZEDŁEM DO DOMU BINDA PUNDE. Marcin leżał w łóżku, przespał prawie cały dzień. Był blady i osłabiony. Schudł. Zapinał pasek na dwie dziurki dalej, niż kiedy tu przyjechaliśmy.

– Jak się czujesz?

– Fatalnie.

– Brałeś leki?

– Brałem, ale nic nie pomaga. To nie malaria. Może czary, jakieś wąsy pantery albo inne brednie, sam już nie wiem.

Trzeba było się jednak okryć, gdy jechaliśmy w deszczu samochodem. Widać sarenki nie grzały wystarczająco dobrze.

– Musimy jechać do lekarza.

ZNÓW WYBOJE GODZINAMI i droga po horyzont, potem asfalt i most na rzece Nyong, gdzie mroczny wschód spotyka się z cywilizowanym zachodem Kamerunu. Długa droga, trzydzieści dziewięć stopni gorączki Marcina. Zacząłem się poważnie niepokoić.

Szpital, najlepszy w całej prowincji, w budynkach z trzydziestego piątego. Dziurawy dach i zielony grzyb na ścianach. W zabiegowym zardzewiałe stoły, w salach dziurawe moskitiery. Kolejki do nielicznych lekarzy, Marcin na ławce z twarzą ukrytą w dłoniach. Znowu boli go głowa. Nadal nawiedzały go te paraliżujące ukłucia, ból, który zatrzymywał go w pół kroku i zdania. Siedział w polarze i trząsł się z zimna. W powietrzu było trzydzieści stopni.

Sympatyczna pielęgniarka pobrała mu krew strzykawką, którą musieliśmy kupić w szpitalnej aptece. Znowu czekamy. Robią badania na malarię i gorączkę krwotoczną. Starałem się zabawiać Marcina rozmową, ale nie bardzo reagował. Z każdym dniem czuł się coraz gorzej.

– *Monsieur Martin... Le blanc* – dobiegło z okienka, gdzie wydawali wyniki. Marcin podniósł się z betonowej ławki i powłócząc nogami, poszedł po kartę. Wrócił na miejsce, usiadł, obejrzał. Otworzył usta w niemym zdumieniu połączonym ze strachem i odrobiną rozbawienia.

– Mam tyfus.

CHOROBA BRUDNYCH RĄK i zanieczyszczonej wody. Więc jednak nie deszcz i wyziębienie. Znowu tylko mi się wydawało, że wszystko wiem. Mógł się zarazić dowolnego dnia, przy każdym posiłku, gdziekolwiek. Wysoka gorączka, bóle, potężne osłabienie. „Dobrze, że był pan szczepiony – powiedział lekarz – bo już by pan nie żył".

Widocznie w Etiopii jednak nie wyczerpaliśmy limitu szczęścia na całe życie.

– Wracamy wcześniej – podjąłem decyzję. – Nie możemy ryzykować. Masz antybiotyki, ale jesteś tak osłabiony, że coś się może przypętać. Dziś masz trzydzieści dziewięć. Jutro ci się polepszy, ale pojutrze złapiesz jakąś inną infekcję. Marcin, nie ma żartów.

– Daj mi dwa–trzy dni, zobaczymy, jak będzie – słabo zaoponował.

– Uwierz mi, nie chcesz leżeć w tym szpitalu, gdy będziesz miał czterdzieści jeden stopni. Proszę cię, nie dyskutujmy. Wracamy jutro do kraju.

Nic nie odpowiedział. Marcin jest właśnie taki. Nie po to przeleciał pół świata, żeby wrócić do domu, gdy tylko się gorzej poczuje. Gdyby sam miał decydować, zostałby tu na pewno, nawet na kilka dni. Będzie twardy i choćby nie wiem co, nie okaże żadnej słabości. Nawet z gorączką będzie jeździł dalej stopem i robił dobrą minę do złej gry.

Ale jednocześnie wiem, choć nigdy mi tego nie powie, że w głębi ducha cieszył się z tej decyzji, zwłaszcza z tego, że to ja ją podjąłem w jego imieniu.

– Nie to miałeś na myśli, mówiąc: „niech się coś wydarzy", co? – spytałem, gdy okrył się znowu kołdrą, cały zlany zimnym potem.

– Nie to. A może?

NIE WIEM, czy to była dla niego ważna podróż. Nigdy o tym nie rozmawialiśmy. Później opowiadał o niej spokojnie, raczej bez emocji. Marcin jest człowiekiem, który wypowiada opinie, a nie okazuje uczucia. Nie wiem, czy znalazł to, czego szukał.

Wróciliśmy do domów i swoich zajęć. Ja robię to samo, co robiłem wcześniej.

Marcin już nie.

Podjął poważne decyzje, postanowił coś zmienić w swoim życiu. Nie pracuje już w dziale księgowości dużej międzynarodowej korporacji i nie spędza dni, patrząc w ekran komputera czy przekładając dokumenty z biurka na biurko.

Złożył wypowiedzenie i wyjechał do Somalii, gdzie pracuje w organizacji pozarządowej, koordynując działanie dwóch obozów dla uchodźców z terenów ogarniętych wojną. Mieszka w mieście Garoowe, na granicy południowej prowincji, uznawanej za państwo upadłe i rządzonej przez uzbrojonych bandytów, gdzie wjeżdża się konwojem z karabinami maszynowymi i automatycznym działkiem na paczce pick-upa.

Gdy poinformował swoich współpracowników z działu księgowości, że odchodzi i będzie mieszkał w Somalii, usłyszał, że mu zazdroszczą, bo pewnie będzie miał tam dużo słońca.

– MYŚLĘ, ŻE TA SOMALIA to będzie dopiero przełom w jego życiu, a nie wasza podróż do Pigmejów. To jest dopiero doświadczenie, które wszystko przewartościowuje.

– Musiałbyś raz sam pojechać w taką podróż. Zobaczyłbyś, ile ona zmienia.

– Wydaje mi się, że to ty bardzo byś chciał, żeby dużo zmieniała. – Westchnąłem po cichu. Ojca ciężko do czegoś przekonać. – Ile masz zamiar odbyć takich podróży?

– Trzy.

– Kto jest następny?

MARIANNA

Trzy lata wcześniej

OSTROŻNIE ZAMKNĄŁEM ZA SOBĄ DRZWI, jak zwykle starając się już nie zaglądać do wnętrza mieszkania. Zapomniałem kluczy. Uchyliłem drzwi ponownie i chciałem coś powiedzieć, ale słowa ugrzęzły mi w gardle po pierwszej sylabie.

Stała na środku pokoju, cała zapłakana. Zawsze jest twarda, nic nie daje po sobie poznać. Jedź, mówi, i rób swoje. Taka praca. Zabieram rzeczy, wychodzę i nie oglądam się za siebie.

Czy za każdym razem tak wygląda druga strona drzwi?

Byłem już spóźniony, przez chwilę chciałem udać, że nic nie zauważyłem, jednak cofnąłem się i przytuliłem ją mocno. Jej łzy stoczyły się po mojej kurtce. Drżała, próbując ze wszystkich sił nie szlochać. Nie musiała nic mówić. W tych łzach był tłumiony smutek i rozczarowanie, aż nazbyt znajome przeczucie nieuchronnej samotności, kłujące już teraz. W końcu się poddała i rozszlochała bezgłośnie.

– Nie chcę, żebyś wyjeżdżał. Mam złe przeczucia.

– Przepraszam. Po prostu muszę.

– Wiem.

Zamknąłem drzwi najciszej, jak potrafiłem, wpatrując się uporczywie we własne buty.

Trzy tygodnie później chowałem się w afrykańskim buszu na delcie Okawango ze strachu przed gangiem kłusowników, któremu wcześniej wszedłem w drogę w swojej bezgranicznej naiwności, że naprawię świat.

Dowiedziała się tego z książki.

Po powrocie nie wyjechałem nigdzie przez rok. Musiałem pozbierać do kupy to, co mi jeszcze zostało.

… MOŻEMY POJECHAĆ w dowolne miejsce na świecie, gdzie tylko chcesz. Decyduj.

Marianna pomyślała chwilę.

– Chcę pojechać tam, gdzie miałeś zamiar jechać beze mnie.

– To nie jest chyba najlepszy pomysł.

Skończyła właśnie trzydzieści lat i można powiedzieć, że niczego jej w życiu nie brakowało. Miała świetną rodzinę, dobrą pracę i niewiele zmartwień. Była kimś i budziła powszechny podziw. Wysoka, szczupła, piękna i inteligentna. Kobieta z klasą. Chciałbym móc napisać, że dopełnieniem tego obrazka był wspaniały mąż, ale mąż jej się akurat nie udał. Gdy się poznaliśmy trzynaście lat temu, zapisywała się na faceta, który jest zawsze obok, pracuje w radiu, czyta książki i pisze o muzyce. A potem zdarzyło się życie i obudziła się jako żona podróżnika, którego nie ma w domu przez sześć miesięcy w roku.

To nie tak miało być.

Sama też czasem podróżowała, ale rzadko jeździliśmy razem. Za bardzo się różnimy. Dla Marianny podróż to chwila na odpoczynek. Leżak, basen, książka w ręku, czasem muzeum albo świątynia. Na śniadanie croissanty i wyciskany sok, na lunch bruschetta z bazylią, a wieczorem paella z krewetkami i kieliszek wina. Podróż to są te dwa tygodnie w roku, gdy można wyłączyć telefon i wreszcie odpocząć. Nikt niczego nie chce, nie trzeba wcześnie wstawać, ma się wreszcie czas dla siebie i można z nim robić co bądź. Niech będzie wygodnie, czysto i ciepło, i woda niech będzie błękitna.

Ja bym wolał orać pole, niż siedzieć dwa tygodnie na plaży.

Nie jestem w stanie tak wytrzymać trzech dni, przestałem próbować z dziesięć lat temu. Staramy się już razem nie jeździć, bo za każdym razem się kłócimy. Nauczyliśmy się nawet ostatnio wyjeżdżać równolegle, żeby więcej czasu spędzać razem w domu. Ja na pustynię, ona – na słoneczne chwile dla siebie. Dla mnie podróż to praca, dla Marianny – przyjemność. Wracam chudszy kilka kilo, ze skórą odłażącą z czoła płatami, z wszami we włosach i strupami po pijawkach. Śpię przez tydzień, tak jestem wykończony. Marianna wraca pachnąca olejkiem kokosowym, z oliwkową opalenizną, z naręczem przeczytanych wreszcie książek i głową pełną świeżych pomysłów.

Oboje jesteśmy szczęśliwi.

– Posłuchaj, nie o to chodzi w tej propozycji – odpowiedziałem. – Pojedziemy w dowolne miejsce, jakie wybierzesz. To j a pojadę tam, gdzie t y będziesz chciała jechać, a nie ty masz jechać tam, gdzie ja chcę. To ma być podróż dla ciebie, nie dla mnie.

– Nie musisz mi tłumaczyć, doskonale to rozumiem. Mimo wszystko nadal chcę pojechać tam, gdzie ty będziesz jechał.

– To jest za duże ryzyko – odpowiedziałem.

– Za duże dla mnie, ale nie dla ciebie?

Nie spodziewałem się takiego obrotu sprawy. Marianna wyszła poza reguły gry, które wymyśliłem, i nic na to nie mogłem poradzić.

– Mysz, to jest bardzo niedobry pomysł – spróbowałem ostatni raz. – Ja jeżdżę do pracy, to jest harówka od świtu do nocy. Nie masz na nic czasu, często nie jesz, nie śpisz. Jesteś w egzotycznym miejscu, ale go tak naprawdę nie poznajesz. Będziesz zmęczona i zła. Uwierz mi, nie będziesz zadowolona.

– Nie jestem zadowolona, gdy siedzę co wieczór sama w domu, a ciebie przez miesiąc nie ma. Gdy stale słyszę w słuchawce, że jesteś poza zasięgiem. Gdy nie wiem, co się dzieje, i żyję w nerwach, bo się nie odzywasz. Jestem też zmęczona i zła, gdy cię potrzebuję, bo jest mi smutno, a ty jesteś gdzieś na końcu świata. Jakoś się wtedy o mnie nie martwisz.

– Nie spodobają ci się miejsca, do których jeżdżę. Ty unikasz takich miejsc, nie chcesz ich oglądać.

– Trudno. Zabierz mnie gdzieś, gdzie mi się nie spodoba.

Arabia Saudyjska, siedem miesięcy później

„ZAPADŁ WYROK w głośnej sprawie »dziewczyny z Katif«, nastolatki, która padła ofiarą zbiorowego gwałtu. Sąd skazał kobietę na sześć miesięcy więzienia i dwieście batów. W trakcie napadu dziewczyna przebywała w samochodzie niespokrewnionego z nią mężczyzny, co jest złamaniem saudyjskiego prawa segregacji płci. Kara zostanie wymierzona..."

„OBYWATEL SUDANU Abdulrahman Zine Elabidine został publicznie ukarany za włamanie, gwałt i rabunek stu sześćdziesięciu pięciu tysięcy riali. Karą, wymierzoną na ogólnodostępnym placu w Rijadzie, było pozbawienie głowy mieczem i ukrzyżowanie ciała".

„BLOGER RAIF BADAWI został aresztowany za szerzenie we wpisach na swojej stronie internetowej treści godzących w islam. Oskarżono go o apostazję, odstąpienie od wiary. Został skazany na śmierć".

„CZTERDZIESTOPIĘCIOLETNIA KOBIETA uciekła z domu i szukała schronienia w jednym z pałaców rodziny królewskiej po tym, jak jej bracia po raz trzeci wydali ją za mąż dla pieniędzy. Nie dopatrzono się ich winy, jako że bracia są dla kobiety *mahram*, opiekunami płci męskiej, więc zgodnie z prawem mogą decydować o przyszłości kobiety".

– CZY TY ZWARIOWAŁEŚ DO RESZTY? – Ojciec był naprawdę wściekły. – Przecież to jest twoja żona. Jak możesz tak ryzykować?

ARABIA SAUDYJSKA. Kraj kobiet w czarnych bezkształtnych zasłonach, ropy naftowej i legionów Al-Kaidy trenujących w obozach na pustyni. Kraj niebotycznie bogatych szejków zaślubiających na kilka godzin dwunastoletnie dziewczyny, by zgodnie z wymogami islamu móc korzystać z uciech czerpanych z ich jędrnych ciał. Kraj egzekucji i batożenia, obcinanych rąk i najdroższych samochodów świata parkowanych obok wielbłądów.

Jeśli wierzyć temu, co chcą nam pokazywać media.

Arabia Saudyjska to wielka tajemnica. Niemal nie wpuszcza dziennikarzy, turystom pozwala wjechać jedynie na pielgrzymkę do Mekki. Nie uznaje organizacji pozarządowych i nie pozwala im działać na swoim terenie. Na zachód docierają strzępki informacji, głównie o szokujących incydentach, z których wynika, że Arabia Saudyjska to przeniesione w dzisiejsze czasy średniowieczne królestwo. Zamiast prawa rządzą nim bestialskie normy, jak z kodeksu Hammurabiego, narzucane przez monarchę absolutnego, króla Abdullaha bin Abdulaziza Al Sauda, pławiącego się w tryskającym spod ziemi bogactwie.

Marianna całe życie unikała takich miejsc. Niepokoiły ją. Wolała udawać, że nie istnieją, nie mierzyć się z nimi. Czytała książki, lubiła rosyjskie powieści, studiowała historię teatru. Lubiła spokojne i poukładane życie, w którym nie wybuchają bomby w samochodach pułapkach i gdzie codzienne problemy nie wykraczają poza zwyczajową normę, z którą można sobie jakoś poradzić.

Zdobycie wszystkich pozwoleń zajęło nam sześć miesięcy. W ostatniej chwili do paszportów wklejono nam wizy, pobrano odciski palców, wystawiono wszelkie potrzebne dokumenty. Możemy wjechać w granice Królestwa Arabii Saudyjskiej i obejrzeć je od środka.

Przekonamy się sami.

Rijad, Arabia Saudyjska

SZTUCZNE MIASTO na środku pustyni. Pięć milionów ludzi w równiutkich rządkach domów ułożonych na planie siatki. Miasto z betonu, gdzie z asfaltu wyrastają palmy i świetlne wieżowce poprzetykane minaretami meczetów.

Gdyby przymknąć oczy, można pomyśleć, że to zaginiony stan USA. Amerykańskie autostrady i pasy na jezdni, znaki drogowe i wielkie samochody. Co kilka przecznic centrum handlowe, a w nich sklepy wszystkich globalnych marek. Żółte szkolne autobusy, policjanci w charakterystycznych fordach z reflektorami nad lusterkiem. Przy drogach typowe amerykańskie jadłodajnie ze skórzanymi siedzeniami bokiem do okna. Kurczaki w panierce, hamburgery, nawet meksykańskie burrito. Wszystko sieciowe, znane, bezosobowe.

I puste ulice, żadnych przechodniów. Zupełnie jak w Houston, a nie w Kairze czy Bejrucie.

Patrząc po wierzchu, można dać się oszukać.

DAWNO NIE WIDZIAŁEM MARIANNY tak przejętej, czy może nawet wystraszonej, choć z mojej perspektywy nie było ku temu powodów. Przywitało ją duszne lotnisko i gigantyczny tłum Pakistańczyków pchających się do stanowisk odprawy wizowej. Skrzeczące, trochę za głośne zaśpiewy muezinów w głośnikach. Pozasłaniane kobiety, którym spod warstw czerni widać było tylko oczy.

Skręciła do łazienki, żeby włożyć abaję, regulaminowy strój kobiecy. Czarną sukmanę od szyi do kostek, ukrywającą wdzięki i figurę przed postronnymi oczami. Abaję noszą wszystkie kobiety w Arabii Saudyjskiej, te przybyłe z Zachodu również. Muszą, choć nikt im nie każe. Tak to tu działa.

Stałem w korytarzu, mocno zmęczony po długiej podróży. Czekanie przedłużało się w nieskończoność. Duchota lotniska dawała się we znaki.

Na myśl o godzinach w tym tłumie przed odprawą paszportową robiło mi się słabo. Rozpiąłem szerzej koszulę. Chodźmy stąd już.

Marianna wyszła w końcu z toalety, w abai i hidżabie przysłaniającym głowę. To niesamowite, jak strój zmienia człowieka. Kawałek czarnego materiału, wierzchnie okrycie, na dobrą sprawę jak płaszcz. A tyle uruchamia skojarzeń, tak wszystko zmienia. Moja żona stała się zupełnie inną osobą, zniknęła w tłumie identycznych kobiet, straciła wszystkie swoje cechy szczególne, zwłaszcza długie, rozpuszczone włosy, jej znak firmowy.

– Zaraz się w niej uduszę. Okropne uczucie. Czuję się taka... ograniczona.

– Wyjdźmy stąd, może na zewnątrz będzie lepiej.

TAKSÓWKARZ NAWET NIE ODPOWIEDZIAŁ na jej powitanie. Autostrada przez środek miasta szeroka na czternaście pasów, samochody pędzące bez kierunkowskazów w typowym arabskim balecie na drodze. Wraz ze zmęczeniem podróżą, dla Marianny to musiało być trochę za dużo na raz. Onieśmielał ją ten kraj, peszył. Bała się kłopotów, w które może się wpakować przez niewiedzę, nieumiejętność poruszania się po tak odmiennej kulturze. Naczytała się o więzieniach i egzekucjach, o deportacjach za próbę przewiezienia czekoladowych beczułek z likworem, o surowych zakazach i jeszcze surowszych karach za ich nieprzestrzeganie. Chyba obawiała się głównie tego, że nie o wszystkich wie i że nawet niechcący popełni jakiś błąd, który będzie ją drogo kosztował.

Witam w moim świecie.

– Uprzedzałem cię, że ci się nie spodoba. Jest słońce, ciepłe morze i czyste hotele, ale to będzie zupełnie inna bajka.

– Przecież nie narzekam. Jestem gotowa.

ZAMELDOWALIŚMY SIĘ W HOTELU pod wieżą Al Faisaliyah, w samym centrum. Cztery gwiazdki. Tańszych w mieście nie ma. A jeśli są, Marianna nie mogłaby w nich mieszkać, bo nie przyjmują kobiet. Pluszowe ręczniki, codziennie pachnąca pościel, *room service*. Przynajmniej to powinno się jej podobać.

Rijad

Mnie też. Miła odmiana po zapchlonych dziurach gdzieś na końcu świata. Pierwszy raz od dawna spakowałem się w walizkę, a nie w plecak. Musiałem ją kupić, bo nigdy wcześniej nie była mi potrzebna. Powiesiłem garnitur w szafie, rozłożyłem rzeczy na półkach. Wziąłem prysznic w gorącej wodzie, położyłem się w czystej pościeli.

A więc to tak wygląda ta druga strona podróżowania. Mógłbym się przyzwyczaić.

LATA DWUDZIESTE, TRZYDZIESTE. W Europie atmosfera gęstnieje przed drugą wojną światową. W Ameryce prohibicja i Al Capone. Albert Einstein odbiera Nobla, rosną drapacze chmur, Mahatma Gandhi staje się symbolem oporu. Pierwsze mistrzostwa świata w piłce nożnej, Wielki Kryzys, jazz, Stalin rozprawia się z przeciwnikami, ruszają pierwsze telewizje.

A tu po pustyni wieje wiatr. Beduini chowają się w swoich namiotach, przywiązują wielbłądy. Suną karawany, biedacy w sandałach podziwiają zdobne osmańskie pałace. Beduińskie klany wojują ze sobą, powstają, padają, dzielą się ogromem terytorium dzisiejszej Arabii Saudyjskiej.

A potem spod ziemi trysnęła ropa i zmieniła wszystko.

Pojawili się Amerykanie, przywieźli swoje pieniądze, samochody i styl życia. Zbudowali Arabię Saudyjską, jaką znamy dziś.

Zostały po nich budynki i drogi, ale styl życia Saudyjczycy wybrali własny.

ARABIA SAUDYJSKA to monarchia absolutna. W całym kraju nie ma ani jednej instytucji niezależnej od rządu, żadnych organizacji pozarządowych. Minister informacji powołuje redaktorów naczelnych wszystkich gazet i odwołuje ich, jeśli przeholują z krytyką. Nie ma partii politycznych ani związków zawodowych. Obywatele nie są w jakikolwiek sposób reprezentowani. Nie mają wpływu na to, jak funkcjonuje kraj, czego będą

uczone ich dzieci, o czym się mówi w telewizji. Wszystko zależy od decyzji i mądrości panującej rodziny królewskiej, od Saudów.

Drugim filarem saudyjskiego systemu jest religijny establishment, klasa brodatych imamów i uczonych koranistów, interpretujących wersety Księgi. W Arabii Saudyjskiej obowiązuje wahhabizm, najczystsza zdaniem wyznawców szkoła islamu, odrzucająca wszelkie naleciałości perskie, sufickie i tureckie. Szkoła powrotu do źródeł, jasno mówiąca, co jest dobre, a co złe, i nieuznająca odstępstw od surowych norm moralnych. Szkoła czerpiąca siłę z tradycji, opierająca się zmianom, nowoczesności.

Rząd i religia są tu sobie wzajemnie potrzebne. To delikatny system dwuwładzy, choć król może być tylko jeden.

Tego kraju nie da się opisać w zwykły sposób. To próba skazana na porażkę. To jest kraj w ruchu, dziś inny niż wczoraj i zupełnie różny od tego, jaki będzie jutro. To, co w danej chwili wydaje się prawdziwe, sprawdzone, namacalne, za chwilę przestaje takie być. Rzeczywistość przepoczwarza się na naszych oczach. Arabia Saudyjska zmienia się szybciej niż cokolwiek, co w życiu widziałem. I do tego zmienia się we wszystkich kierunkach naraz.

Jest też zbyt różnorodna, by ją opisać w kilku zdaniach. Dowolnie postawiona teza rozbije się o dziesiątki przykładów, które będą jej przeczyć. Jej odwrotność – podobnie, a kontrapunktów będzie jeszcze więcej. Można tylko notować obserwacje, opisywać oderwane urywki życia w tym kraju, mając nadzieję, że mozaika obrazków pozwoli choć w przybliżeniu uchwycić ulotny stan na dziś, na teraz.

Królestwo Arabii Saudyjskiej to również wyzwanie dla każdego podróżnika, który stara się lepiej poznać świat. Kraj funkcjonujący na zupełnie innych zasadach niż Zachód, i to na zasadach stojących w jaskrawej sprzeczności z wartościami, które nauczyliśmy się tak bardzo cenić. Wydaje się nieakceptowalny, proponuje rzeczywistość, którą odrzucamy bezdyskusyjnie jako sprzeczną z samą istotą człowieczeństwa, z tym, co traktujemy jako najgłębszy – i w naszym mniemaniu uniwersalny – sens życia każdego człowieka.

To jest właśnie to wyzwanie. Zrozumieć, że ta istota człowieczeństwa nie musi być wcale uniwersalna, że ona nam się taka w y d a j e.

Marianna

TO BYŁ SZOK DLA MARIANNY. Pierwszy raz dotknęła prawdziwego świata, a nie backpackerskich pensjonatów czy tego inkubatora dla turystów, który nam się najczęściej pokazuje na wakacjach. Nie było szyby, przez którą można patrzeć, ani dającego poczucie bezpieczeństwa ogrodzenia wokół hotelu. Byli prawdziwi ludzie i ich prawdziwe życie. Muezini śpiewający z meczetów, walenie młotów na budowie tuż za naszym oknem, opryskliwi sprzedawcy, paskudne dzielnice, gdzie nikt się nocą nie zapuszcza. Nie przyjechała, by odpoczywać. W krótkim czasie miała poznać ten kraj jak najlepiej. Miała go opisać, zrozumieć, ile się da, zebrać materiał i wysłać go do swojej redakcji w Warszawie. Ja miałem swoją pracę, ona swoją.

Przez pierwsze dni starała się być bardziej przepisowa niż to konieczne. Jakby chciała się wtopić w tłum, ukryć w nim. Oprócz obowiązkowej abai nosiła też hidżab zasłaniający szyję i głowę, a odkrywający tylko twarz.

– Wiesz, że nie musisz tego nosić? Kobiety z Zachodu nie muszą tu nawet zasłaniać włosów.

– Wiem, ale tak wolę.

– Jak chcesz.

Obcokrajowców jest w Arabii Saudyjskiej mnóstwo. Pracują na kontraktach, przyjeżdżają, wyjeżdżają. Patrzą z przekąsem na surowe saudyjskie zasady i dostosowują się do nich tylko na tyle, na ile jest to naprawdę konieczne. Na ich tle Marianna przypominała nadmiernie obowiązkowego pryszczatego studenta z pierwszej ławki, który zawsze ma wszystko przygotowane i chętnie pomoże zejść profesorowi z podestu, a z którego wszyscy się zawsze po cichu podśmiewają.

Gdy chodziliśmy ulicami, szła pół kroku za mną. Nie odzywała się do nikogo, jeśli nie musiała. W miejscach publicznych nie pozwalała mi się nawet złapać za rękę, choć i wśród Saudyjczyków jest to powszechna praktyka.

Trudno powiedzieć, skąd się to brało. Może z szacunku do obcej kultury, a może ze strachu.

MECZET

ARABIA SAUDYJSKA

Fort Masmak w Rijadzie. Trochę średniowiecza...

... i trochę nowoczesności. Rolls-royce na bulwarze Tahlia, gdzie żyje się na pokaz

Buty wiernych modlących się w meczecie

Szklane wieżowce wyrastają z pustyni

Luksusowy *ihram* na pielgrzymkę do Mekki

Gutra, tradycyjne beduińskie nakrycie głowy

Kraj kontrastów. Naraz ocieka złotem...

... i zasłania wszystkie wdzięki abają i nikabem

SĄ PEWNE RZECZY NIEZMIENNE w Arabii Saudyjskiej, nierozerwalne.

Królestwo i islam.

Rodzina królewska, monarchia absolutna, tysiące książąt i księżniczek zaludniających pałace ociekające złotem, rządzących niepodzielnie wszystkim w Królestwie.

Religia. Mekka, Medyna. Szura, najważniejszy organ doradczy króla, religijna rada duchownych opiniująca wszystko, co chce: od finansów przez edukację po odpowiednią długość kobiecego stroju. Potężna, wpływowa organizacja, choć bez samodzielnej mocy sprawczej.

W Arabii Saudyjskiej państwo to islam. To dwie nierozerwalne części Królestwa. Zawsze tak było i zawsze tak będzie. Idea rozdziału państwa od religii byłaby tu abstrakcyjna, nie do pojęcia. Bardziej nawet niż myśl o powszechnym głosowaniu, referendum, w którym społeczeństwo wyrazi wiążącą opinię. Społeczeństwo nie musi mówić, bo i tak nikt nie słucha. O woli króla Saudyjczycy dowiedzą się z dekretów, oznajmień. To król mówi, a poddani słuchają.

Są też sprawy podlegające zmianom, na przykład prawo. Prawo, które funkcjonuje, choć go nie ma. W Arabii Saudyjskiej prawo nie jest skodyfikowane. Nie ma paragrafów, artykułów mówiących jasno, czego nie wolno. Są orzeczenia sędziów, choć niekonsekwentne. Jest prawo zwyczajowe. Jest Koran, jest szariat, określający na podstawie pięciu filarów islamu, jak należy postępować. Jest w końcu idżtihad, nowe interpretacje, na podstawie których orzekają sędziowie, pozwalające lepiej stosować Koran w zmieniającym się świecie.

Ostatnie – z piętnastego wieku.

Skąd więc wiadomo, co wolno, a czego nie?

Po prostu wiadomo.

My, na Zachodzie, jesteśmy zlepkiem jednostek. Musimy mieć wszystko czarno na białym, spisane, bo przecież każdy może mieć własne zdanie. Saudyjczycy są z b i o r o w o ś c i ą i to ona, w swojej kolektywnej mądrości, określa granice dozwolonych zachowań. Dowiadujesz się o nich od ojca i matki, od obcego na ulicy, gdy ci zwróci uwagę, z telewizji,

gdy pokażą skazanego, z dyskusji na targu, gdy przyszło nowe i trzeba je jakoś ocenić.

Po prostu wiadomo.

Niektóre prawa są oczywiste. Za kradzież grozi obcięcie dłoni. Za cudzołóstwo – więzienie. Za niemoralne zachowanie – chłosta.

Jeśli jednak nie ma kodeksów, sytuacja nie jest taka oczywista, a ocena czynu następuje zawsze *post factum*, jak się uchronić przed nieświadomym występkiem i uniknąć kary? Skąd mam wiedzieć, gdy robię coś źle?

Musisz być częścią większej społeczności. Bez niej jesteś tu nikim.

MORZE CZERWONE. Biała łódź łagodnie kołysała się na falach. Na pokładzie dziesięć osób szykowało się do zejścia pod wodę. Jak zawsze przypadkowa grupa. Syczały butle tlenowe, skrzypiały płetwy. Ktoś zakładał maskę, ktoś inny przemywał rurkę w słodkiej wodzie z wiadra stojącego w rogu. Weekend jak każdy inny.

Jednocześnie obrazek, który w tym kraju się rzadko widuje. Kobiety w zwykłych piankach nurkowych, w bikini, na jednej łodzi z mężczyznami. Na plażach można je zobaczyć tylko w abajach lub w burkini,

Formalnego prawa nie ma w Arabii Saudyjskiej, a mimo to państwo funkcjonuje. Trochę średniowiecza, trochę nowoczesności.

Policja w nowiutkich radiowozach łapie piratów drogowych, wlepia im kary z oficjalnego taryfikatora. Niebezpieczna jazda? Tysiąc pięćset riali i dwadzieścia dni aresztu.

Oraz dwadzieścia batów.

Chłosta jest zasądzana jako środek karny i zaradczy jednocześnie. Publiczny wstyd, bo baty wlepia się często na miejskich placach, to sankcja sama w sobie, często dotkliwsza niż batożenie. Baty wypłaca się w ratach, co dwa tygodnie lub co miesiąc. Łącznie – od kilku tuzinów do kilkudziesięciu tysięcy. Chłosta nie powinna niby zostawiać trwałych śladów, jednak po takich kwotach każde plecy spływają krwią.

Ale za to przestępczości pospolitej nie ma prawie w ogóle. Nie ma napadów, rozbojów, pobić. Być może utrata dłoni za kradzież albo dłoni i stopy za uprowadzenie samochodu to jednak zbyt wysoka stawka.

W Arabii Saudyjskiej nie ma wprawdzie kodeksu karnego, ale aparat sprawiedliwości jest zorganizowany na miarę XXI wieku, z obroną i oskarżeniem, apelacjami, trybunałami, kasacją. Trwają prace nad kodyfikacją prawa na wzór brytyjski, czyli prawa precedensowego. W teorii wszystko jest w porządku. W praktyce – różnie. Oskarżeni często nie dostają obrońców, a obcokrajowcy tłumaczy. Zarzuty, zwłaszcza o podłożu religijnym, są często płynne, a kary surowe. Areszt przeciąga się często w nieskończoność, choć oficjalnie może trwać sześć miesięcy.

Nie ma konstytucji, ale jest ustawa zasadnicza: Podstawowe Prawo Rządzenia. Saudyjczycy uznają tylko jedną konstytucję – Koran. W 2006 roku uchwalono ustawę regulującą zasady sukcesji korony, w myśl której wybór następcy tronu wymaga zgody najważniejszych gałęzi rodziny królewskiej.

Całkiem niedaleko jest też inny kraj, w którym nie ma konstytucji, ale są sądy religijne, podobne do szariatowych, i cała olbrzymia grupa społeczna jest wyjęta spod powszechnych obowiązków edukacji czy obronności. Ten kraj to Izrael, gdzie konstytucją jest Tora.

muzułmańskich „strojach kąpielowych" zakrywających całe ciało. Raczej nie w obcisłym body podkreślającym wszystkie krągłości. Z portu wypływały w hidżabach i zakryte czernią, ale gdy tylko łódź znikała z pola widzenia straży przybrzeżnej, zrzucały abaje w łazience pod pokładem. Włożą je ponownie w drodze powrotnej.

Rafy były piękne jak zawsze. Miliony rybek mieniły się w słońcu, korale kołysały łagodnie gigantycznymi wachlarzami i wystawiały do promieni kolorowe gąbki. Spokój i cisza podwodnego świata.

Pora wracać. Uruchomili silnik, ruszyli w stronę przystani. Musimy to kiedyś powtórzyć. Koniecznie. Wymieńmy się telefonami. Znam świetną knajpę, może wyskoczymy w sobotę? Czemu nie.

Na molo czekała policja i straż przybrzeżna, której przed wyjściem w morze zostawili dokumenty. Funkcjonariusze poupychali wszystkich w radiowozach, dwóch mężczyzn skuli kajdankami, by ostudzić ich temperament.

Wszyscy zostali aresztowani za nieobyczajność. Za to, że na łodzi przebywali ze sobą mężczyźni i kobiety niebędący rodziną ani małżeństwem.

Kobiety wypuścili po kilku godzinach, ale po telefonach do ojców lub mężów i publicznym zawstydzeniu. Mężczyźni spędzili noc w areszcie.

CODZIENNOŚCIĄ ARABII SAUDYJSKIEJ rządzi jedna, najważniejsza zasada, mająca wpływ na wszystko inne. Segregacja płci. Kobiety przebywają z kobietami, mężczyźni z mężczyznami. Osobno się uczą i pracują, jedzą, modlą się i odpoczywają. Mężczyzna nie dotknie publicznie obcej kobiety, a żonę najwyżej weźmie za rękę. Żadnej czułości ponad to. Dotyczy to wszystkich, przyjezdnych również.

Mężczyźni nie zaczepiają kobiet, nie nawiązują rozmowy. Kobiety mają oddzielne kolejki do niemal każdej kasy i są obsługiwane poza kolejnością. Mają swoje sklepy, do których mężczyznom nie wolno wchodzić. W Rijadzie mają nawet swoje centra handlowe lub dni tylko dla kobiet. W dużych firmach są oddzielne piętra dla pań i panów, czasem oddzielne budynki.

Poza domem kobiety i mężczyźni mają przebywać osobno.

PODJECHAŁO MASERATI, samochód za pół miliona złotych. Za nim najnowszy mercedes i robiony na zamówienie rolls-royce. Obsługa testowała reflektory, ktoś kończył przygotowywać stoisko z balonami. Rozpoczynał się doroczny pokaz najlepszych samochodów w okolicy. W głośnikach muzyka, błyskały flesze. Beduini odbijali się w lśniących karoseriach aut o niebotycznej wartości.

Podszedł do nas młody chłopak z identyfikatorem organizatora pokazu. Patrzył tak jakoś przepraszająco.

– Nie można robić zdjęć? – spytałem, znając odpowiedź. Zawsze jest taka sama.

– Ależ nie, zdjęcia można robić. My chcemy, żeby robić zdjęcia. Proszę robić zdjęć, ile się da. Chodzi o to, że... bardzo przepraszam, ale... W Rijadzie nie dostaliśmy zgody i... to pańska żona?

– Chce pan powiedzieć, że jako kobieta nie mam prawa tu być, tak? – spytała poważnie Marianna, choć chłopak mówił do mnie, na nią nawet nie patrzył.

Rozłożył ręce zmieszany.

– Nie dostaliśmy pozwoleń, chociaż się staraliśmy...

– Już idziemy.

Marianna była bardzo rozgoryczona, jakby ktoś wymierzył jej policzek. Nie odzywała się przez pół godziny. W końcu, wieczorem, zaskoczyła mnie zupełnie.

– Sama jestem sobie winna. Założyłam jak głupia, że mam prawo wszędzie chodzić. Trzeba było się najpierw dowiedzieć, czy kobiety mogą brać udział w tej imprezie. Pokaz samochodów. Przecież mnie to nawet nie interesuje. A teraz czuję, że ze wszystkich miejsc najbardziej bym chciała zobaczyć właśnie to. Bo mi nie wolno.

Pomyślałem, że to chyba właśnie Europa w nas.

KOBIETY I MĘŻCZYŹNI mają przebywać osobno. Ale dlaczego?

To nie jest wymóg islamu, w żadnym z ościennych krajów nie ma takich zasad, a przynajmniej nie tak rygorystycznych. To nie jest nawet sztucznie narzucony nakaz. Ani męska opresja wobec kobiet, choć tak bardzo jesteśmy o tym przekonani.

Tuż przed erą ropy Arabia była we władzy imperium otomańskiego. W domach możnych Turków wydzielone były haremy – całe skrzydła rezydencji, w których mieszkały wyłącznie kobiety i ich służba. To były ich małe królestwa, do których obcy mężczyźni nie mieli wstępu. Świątynia urody i bogactwa, gdzie kobiety mogły czuć się swobodnie.

Potem przyszły wojny i zmiana panujących, a potem jeszcze ropa i Amerykanie. Miasta zaczęły się zaludniać, przyciągając prowincjuszy i niewykwalifikowanych robotników. Saudyjki patrzyły z zazdrością na otomańskie pałace, na możne kobiety noszone w lektykach, odgradzające się od plebsu i zasłaniające przed oczami obcych. Bogate, ważne, wpływowe.

I też chciały być takie.

Zaczęły wymagać od swoich mężów tych samych praw, podobnych symboli statusu. Własnych domów, służby, pomieszczeń tylko dla siebie. Nie chciały już pracować, bo pracą zajmowali się niżej urodzeni. Kobiety żądały prawa, by pracować nie musieć i nie musieć zadawać się z mężczyznami.

Saudyjczycy w części kawiarni przeznaczonej dla mężczyzn. Za ich plecami parawan oddzielający część dla kobiet

Tam, gdzie my widzimy zakazy i ograniczenia, Saudyjki widzą swoje przywileje.

Z czasem segregacja spowszedniała. Zniknął walor „arystokratyzmu" i stała się elementem szarej codzienności. Jak wiele praw w Arabii Saudyjskiej, tak i to wykształciło się w formie powszechnego zwyczaju. Kobiety chciały się odgrodzić od mężczyzn, więc ci musieli się dostosować.

Pod koniec lat siedemdziesiątych, tuż za miedzą – rewolucja. Iran skręcił bardzo ostro w stronę konserwatywnego islamu. Odrzucił amerykańskie wpływy i układy z Izraelem. Zniósł monarchię, wprowadził republikę islamską. Demonstracje, wojsko, krew na ulicach.

W Arabii Saudyjskiej w tym samym czasie pierwsze zwiastuny tego samego. Król Fajsal II został zamordowany, bo ośmielił się wprowadzić telewizję i planował kolejne zbyt postępowe reformy. Islamscy fundamentaliści zajęli Wielki Meczet w Mekce, najświętszym muzułmańskim miejscu na świecie. Sprowadzono siły specjalne z Jordanii. Dwa tygodnie walk, czterysta ofiar, strzały w świętym miejscu.

Kraj zaczął pękać na pół.

Wśród Saudyjczyków w tym czasie gwałtownie pęczniał sprzeciw wobec rozpasanej liberalnej moralności rozlewającej się w ich kraju wraz z setkami tysięcy Amerykanów. Przeciwko bikini i półnagim ciałom, pijaństwu i narkotykom, myśleniu, że każdemu wszystko wolno i nie trzeba baczyć na innych. Amerykanie w Arabii byli po prostu sobą, ale konserwatywne, beduińskie społeczeństwo nie mogło tego znieść. Czuło się zagrożone.

Te dwa czynniki – strach przed krwawą powtórką z Iranu i awersja do obyczajowego rozpasania – popchnęły Arabię Saudyjską w stronę sztywnego konserwatyzmu. To była reakcja obronna, ucieczka przed zepsuciem Zachodu, które ją zalewało.

To właśnie wtedy rodzina królewska podzieliła się władzą z brodatymi duchownymi. Po cichu uzgodniono strefy wpływów. Edukację oparto na Koranie, życie społeczne na sztywnych zasadach obyczajowych. Obcokrajowców zamknięto w ogrodzonych osiedlach, gdzie mogli nadal robić, co chcieli, ale z dala od oczu Saudyjczyków. Sformalizowano policję religijną i przyznano jej rozległe prerogatywy. Rozdzielono szkoły, chłopcy i dziewczynki właściwie nie mieli ze sobą styczności. Kobiety w Iranie, na znak sprzeciwu wobec westernizacji, zaczęły nosić czadory. W Arabii Saudyjskiej – abaje. Częściej zaczęły też zakładać nikaby, zasłony na twarz.

Saudyjczycy manifestowali, kim są i na co się zgadzać nie będą.

– NIE ZNOSZĘ TEGO – Marianna westchnęła zrezygnowana. Szarpnęła ze złością obszycie abai przy szyi. – Ciśnie mnie, jest za wąska. Do tego gorąco jak diabli. Źle się w niej czuję. Nie chcę tego nosić.

Ten rytuał powtarzał się co rano.

– Wiesz przecież, że musisz ją włożyć, jeśli chcesz wyjść z hotelu.

– Wolę już nigdzie nie iść. To jest jak więzienie. I w niej, i bez niej.

Marianna nad życie kocha swoją niezależność i swoją elegancję. Fakt, że ktoś, choć nie wiadomo kto, „każe" jej nosić konkretny strój, do tego taki, który nie odpowiada jej estetyce i poczuciu stylu, był nie do przyjęcia. Zawsze miała prawo włożyć buty na wysokich obcasach i białą ołówkową spódnicę, dobrać żakiet i torebkę, czuć się jak kobieta. Abaja sprowadzała ją do roli kartofli zawiązanych w worku. Raz niemal porwała ją na strzępy, gdy po raz kolejny przydepnęła sobie skraj, wchodząc po schodach.

Nic jej tak w tym kraju nie męczyło jak abaja.

TA SPOŁECZNA reakcja obronna z lat siedemdziesiątych i osiemdziesiątych, zwłaszcza w kwestii segregacji płci, do tego sformalizowana dekretami, puściła w ruch lawinę zmian, której Saudyjczycy nie przewidzieli.

Kobiety i mężczyźni przestali umieć ze sobą przebywać.

Abaje i nikaby, początkowo widziane jako symbol przywiązania do pewnej tradycji, dziś są traktowane jak zbroja chroniąca kobiety przed lubieżnym zainteresowaniem. Mężczyźni to wilki, mówią, a kobiety to owce, które trzeba chronić. Wilki polują zawsze. Wieloma Saudyjczykami kierują niezaspokojone popędy, spowodowane nienaturalną separacją od kobiet. Niektórzy nie potrafią ich kontrolować.

W siódmym roku życia chłopcy zostają oddzieleni od dziewcząt i potem często aż do ślubu niemal nie mają z nimi kontaktu. Później, w czasie kiedy hormony szaleją, a młody chłopak pała żądzą odkrywania kobiecych sekretów, kontaktu, dotyku i pocałunków, nie ma do nich w ogóle dostępu. Nastolatki dzieli wysoki mur rodzinnych zakazów, oddzielnych szkół i kar za złamanie zasad.

W ten sposób wyrastają kolejne pokolenia młodych ludzi całkowicie pozbawionych podstawowych umiejętności bycia razem, ogłady w kontaktach damsko-męskich. Emocjonalnych szesnastolatków w ciałach dorosłych. Kobiety prowokują spojrzeniami i uśmiechem, a potem się płoszą i uciekają z obawy o to, co mogłoby się wydarzyć. Mężczyźni są tak spragnieni jakiegokolwiek kontaktu, że gdy ten następuje, tracą głowę i wszelkie hamulce. Nie mają pojęcia, jak należy się zachowywać przy kobiecie, jak ją traktować z szacunkiem, jak adorować. Na widok kobiecego ciała wariują.

W sklepach z ubraniami w całej Arabii Saudyjskiej nie ma przymierzalni. Sama myśl, że trzy metry dalej, za parawanem, stoi półnaga kobieta, dla wielu Saudyjczyków jest nie do zniesienia. Ubrania wszyscy mierzą więc w domu.

Recepcja dla kobiet w budynku Uniwersytetu Medycznego

Gdy otwarto pierwsze koedukacyjne centra handlowe i zniesiono podział na dni dla mężczyzn i kobiet, ochrona wpatrzona w monitory kamer łapała się za głowę. Mieli za mało ludzi, by na czas interweniować we wszystkich przypadkach. Dwudziestokilkuletni mężczyźni podbiegali do kobiet i podrywali im abaje, próbując zobaczyć, co jest pod spodem. Dotykali je, łapali za rękę, próbowali całować. Sama obecność kobiet w tak niewielkiej odległości powodowała, że tracili nad sobą kontrolę.

Wiele Saudyjek nie odbiera telefonów od osób, których nie znają. Zbyt często samotni mężczyźni dzwonią pod przypadkowe numery, licząc na kobiecy głos w słuchawce, z którym będą mogli po prostu porozmawiać, udając, że to pomyłka.

W każdym mieście w weekendowe wieczory ulicami krążą chłopaki, wypatrując dziewczyn. Na pierwsze spojrzenie, choćby najmniejszą oznakę zainteresowania, rzucają pod ich stopy zwinięte karteczki z numerem telefonu. Wystawiają przez okno wymalowane tabliczki, licząc, że dziewczyna zdąży zrobić zdjęcie numeru i kiedyś się odezwie.

Abaja to więc też osłona dająca iluzoryczne poczucie bezpieczeństwa. Saudyjskie kobiety czują, że muszą się nieustannie chronić przed

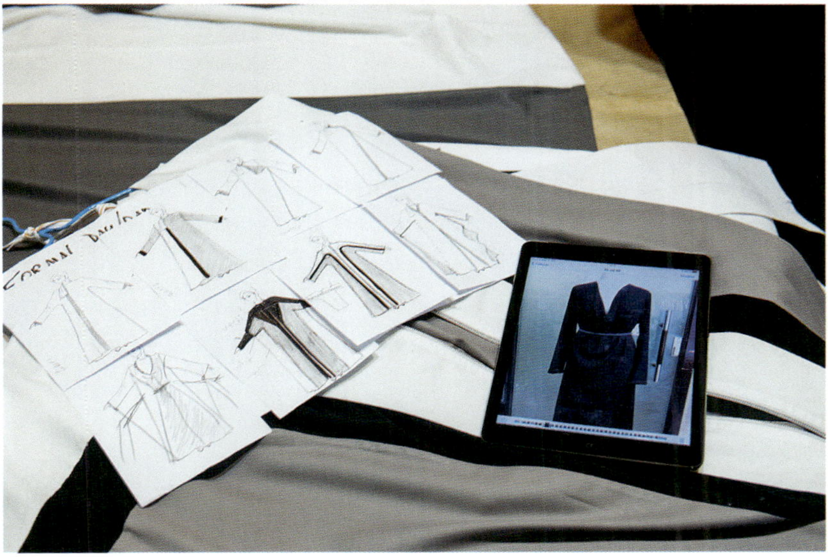

Projekty abai w pracowni jednej z luksusowych marek

napastowaniem, przed stadami wygłodniałych wilków. A za napastowanie uważają już samą próbę rozmowy, uśmiech nie na miejscu, przypadkowy dotyk w kolejce po kurczaka z panierką. Nie wszystkie, oczywiście, ale większość. Kobiecie w abai, zakrytej, niewidocznej, wydaje się, że jest bezpieczna. Abaja to parawan zasłaniający wszystko, co nie jest przeznaczone dla obcych oczu, jak nasze żywopłoty i żaluzje.

Telewizja i ideologia wmawiają nam, że to przymus, że kobiety noszą abaje, bo muszą, bo wymagają tego od nich mężczyźni, duchowni, imamowie.

Nie. Noszą, bo c h c ą.

Z daleka abaja wygląda jak czarna narzuta. Ale tylko z daleka. Z bliska widać, że abaja to strój jak żakiet, płaszcz czy wieczorowa sukienka, podlegający tym samym prawom mody, pozwalający wyrazić osobowość. Różne wzory, zdobienia, kroje, dodatki. Koronki, a zdarza się, że i półprzezroczystości, przez które widać nagie nogi i kuse szorty. Czasem odcięcia pod biustem delikatnie sygnalizują ukryte pod spodem krągłości. Wysokie obcasy. Uwodzicielskie spojrzenia spod nikabu. Doklejone rzęsy, błękitne soczewki, mocny makijaż na oliwkowej skórze. Abaja to nie jest wór pokutny. To zasłona tajemnicy, za którą mężczyzna pragnie zajrzeć. Obietnica piękna skrytego przed przypadkowym wzrokiem, kwintesencja orientalnego powabu.

W Arabii Saudyjskiej nie ma w ogóle dyskusji, czy abaja to przymus, nakaz, ograniczenie. Nawet najbardziej liberalne feministki, postulujące daleko idące reformy praw kobiet, walczące o równouprawnienie, noszą abaje i nie mają zamiaru się ich wyrzec. Każda dorastająca dziewczynka chce być jak mama. Chce się malować, nosić szpilki i kupić sobie pierwszą abaję. Abaja to tradycja, abaja to Arabia Saudyjska, symbol ukrytej kobiecości, skromności, rodziny i wierności.

To tylko my, na Zachodzie, dajemy sobie wmówić, że jest inaczej.

NA ULICACH ZNOWU PUSTO. Wszędzie jeździ się samochodem, turystów w kraju nie ma, więc przechodniów nie widać prawie w ogóle. Do tego w środku dnia wszystko się zamyka, od południa do szesnastej niemal nikt nie pracuje. Co tu robić? Miasto stoi. Chodźmy do centrum handlowego.

Zakupy. Narodowy sport Saudyjczyków. Szklane kompleksy handlowe wielkości Sochaczewa pełne ludzi. W głośnikach typowa muzyczna wata. Kobiety ubrane na czarno, w nikabach, zasłonach na twarz. Widać tylko oczy. Saudyjczycy w tradycyjnych thawbach*, białych szatach do kostek. Prosty, praktyczny strój lśniący czystością. Na głowach kraciaste kefije, fantazyjnie upięte arafatki. Prosto, tak jak Beduini z dawnych czasów. Mimo to sklepy z ciuchami wszystkich znanych zachodnich marek pełne.

Po co oni to wszystko kupują?

– Powinieneś znaleźć nowe spodnie – stały repertuar Marianny. – Nic by ci się nie stało, gdybyś raz na jakiś czas coś kupił.

– Jeszcze jeden sezon wytrzymają.

Nie mam pojęcia, o co jej chodziło. Przecież to bardzo porządne spodnie.

* To słowo czyta się prawie jak „tołb". Trudne w zapisie i wymowie. Zostanę przy transliteracji thawb. Kefija lub gutra to tradycyjne nakrycie głowy. Używam określenia „arafatka", chociaż w tym kontekście jest niepoprawne.

Sony World

Jak wszyscy ekspaci byłem ubrany tak samo jak w kraju. Dżinsy, koszula. Schludnie, ale w niewyszukany sposób. Nie będę udawał Beduina, nosząc thawb i arafatkę. Przyszliśmy tu, bo Marianna chciała kupić inną abaję. Ta kupiona w Polsce jednak nazbyt ograniczała jej ruchy, nie mogła chodzić swobodnie. Oczywiście z kupowania abai zrobiło się oglądanie wszystkiego na wieszakach. Jak zawsze. Weszła do jakiegoś sklepu, poszedłem dalej.

– Przepraszam, pan tu nie może wejść. – W drzwiach perfumerii zatrzymał mnie ochroniarz. Wskazał palcem kołyszącą się tabliczkę „Tylko dla rodzin". Czyli dla małżeństw lub kobiet. Samotnym mężczyznom wstęp wzbroniony.

– Może kupimy coś na kolację? – Marianna stanęła obok, patrząc w stronę supermarketu wielkości stadionu piłkarskiego.

– Czemu nie.

Przeszliśmy sto pięćdziesiąt metrów w kierunku wejścia. W głośnikach muzykę nagle zastąpił muezin, wzywający na modlitwę. Na początku ostrożnie, po cichu, potem na pełny regulator.

W minutę we wszystkich sklepach w całym centrum opadły żaluzje, zamknięto drzwi. Tłum ludzi ruszył do schodów prowadzących na piętro, do meczetów ukrytych między stoiskami z fast foodem. Wrócą za trzydzieści minut.

Lekko spóźniona, jako ostatnia zamknęła sklep właścicielka butiku z fikuśnymi strojami kobiecymi. Na wystawie pielęgniarka w toczku, biuściasta policjantka z pejczem, francuska pokojówka... Skóra, koronki i pierzaste boa. Pomachała do nas i chyba się uśmiechnęła, ale trudno mieć pewność. Spod nikabu widać było tylko oczy.

Staliśmy pod opuszczonymi żaluzjami supermarketu pół godziny, aż do zakończenia przerwy na modlitwę.

NA POCZĄTKU wszystko nas okrutnie irytowało. Mnie jedne rzeczy, Mariannę inne. Wstawaliśmy za późno i nie było już gdzie zjeść śniadania. W restauracjach stale wybieraliśmy złe wejścia, do sekcji dla mężczyzn, a nie rodzinnej. Gdy je obchodziliśmy dookoła, opadały żaluzje i trzaskały zamki w drzwiach. Przerwa na modlitwę, jedna z pięciu w ciągu dnia. Stale chodziłem głodny, a głodny robię się marudny.

Irytowali nas pakistańscy taksówkarze, którzy nie znali miasta ani przepisów, wożący nas bez sensu w kółko, jedną ręką wybierając numer, by od kogoś po drugiej stronie linii dowiedzieć się, co to jest plac Dira, choć na początku każdy się zarzekał, że oczywiście, przyjacielu, wszystko wiem, będziemy na miejscu za dziesięć minut.

Mariannę denerwowało, że w samochodzie musiała zawsze siadać z tyłu, gdzie najczęściej śmierdziało i nie było pasów. Irytowało ją, że kierowcy nie odpowiadają na jej pytania i każdą wymianę zdań musiała odbywać za moim pośrednictwem. I że stale ktoś jej zamyka drzwi przed nosem. Kobietom wstęp wzbroniony.

Denerwował nas nawet weekend w piątek i sobotę, i to, że w środku dnia nic nie działało, i *bukra* – później, jutro, bez nerwów, przyjacielu, kiedyś się załatwi, *inszallah*.

W czym problem?

W nas.

Przyjechaliśmy tu, przywożąc swoje przyzwyczajenia, nieświadomie oczekujemy znanych nam dobrze schematów. Gdy świat działa na innych zasadach, frustrujemy się, męczymy. Wystarczyło się dostroić, zaakceptować ten inny porządek. Okazało się, że jest logiczny i poukładany, tylko inaczej. Ale nie jest głupi, bezsensowny. Jest inny.

– *Salam alejkum* – zajrzałem przez okno pasażera do kolejnej białej taksówki. Podałem adres, uzgodniłem cenę. Marianna czekała dwa kroki dalej, aż skończy się codzienny rytuał. Otworzyła sobie drzwi, usiadła z tyłu.

– *Salam* – pozdrowiła krótko kierowcę.

– *Salam*, bracie – odpowiedział mi.

Marianna przewróciła oczami.

– Strasznie mnie to denerwuje.

– Nie powinno. Mówiłem ci, to oznaka szacunku.

– Nie odzywając się do mnie, okazuje mi szacunek?

– Właśnie tak. Trudno to zrozumieć, wiem.

Wieża Królestwa w centrum Rijadu. Kształtem przypomina twarz Beduina w turbanie

Od trzech dni trwał atak zimy. Chłód przeszywał miasto. Temperatura spadła do niewyobrażalnych dwudziestu stopni. Dzieci biegały zakatarzone, zaraz się zaczną zapalenia płuc. Taksówkarze jeździli w czapkach i szalikach. Nasz miał nawet rękawiczki. Kierowca zwolnił, zbliżając się do skrzyżowania. Na zderzaku siedział nam duży biały SUV z ciemnymi szybami. Na dachu zamontowane głośniki. Ryknął z nich skrzeczący potok słów, jak rozkaz.

– *Ma hada?* – spytałem. Co to?

Pakistańczyk wykonał ręką gest, jakby gładził brodę. Brodaci. Muttawa. Policja religijna.

Objeżdżali okolicę i wzywali do meczetów, upewniając się, że restauracje zamykają się na czas modlitwy. Kierowca splunął przez okno z niesmakiem.

Mekka, jedenaście lat wcześniej

STRAŻNIK SPRAWDZIŁ, czy kłódka na drzwiach szkoły dobrze trzyma. Zatrzaskiwał ją codziennie rano, gdy wszystkie dziewczynki udawały się na lekcje. Szczeniaki z okolicy stale próbowały podglądać je w środku, trzeba ich było ganiać. Lepiej było pozamykać bramy. Łańcucha nie otworzą.

„To będzie gorący dzień – pomyślał. – Dopiero ósma rano, a już jest duszno".

AMINA BYŁA JUŻ SPÓŹNIONA. Znowu zagadała się z koleżankami i teraz biegła po schodach na górę, żeby zdążyć na czytanie Koranu. Na zakręcie zatrzymała się w pół kroku.

STRAŻNIK USŁYSZAŁ ZA SOBĄ HAŁAS. Spojrzał w stronę budynku szkoły. Przez okna z prawej strony sączył się czarny dym.

– Co jest...

SKUPIENIE NAD KORANEM przerwał ostry dźwięk dzwonka. Dziewczynki podniosły głowy, zdezorientowane. Dzwonek nie przestawał dzwonić, nieprzyjemnie drażniąc uszy. Po sali rozeszły się szepty. Szparą pod drzwiami zaczął się wciskać ciemny, gryzący dym. Z sali obok, przez ścianę, dobiegły wrzaski. W klasie poruszenie. Pierwsza zareagowała nauczycielka.

– *Barra! Asraa!* Szybko, na zewnątrz!

DZIEWCZYNY ŁOMOTAŁY W DRZWI, próbując wyważyć je od środka. Zza drewnianych skrzydeł słychać było krzyki. Osiemset uczennic próbowało wydostać się z płonącego budynku. Wszystkie zbiegały w dół jedyną wąską klatką schodową, by na dole przekonać się, że wyjście jest zabarykadowane od zewnątrz.

Zgasło światło.

Wybuchła panika.

STRAŻNIK NIE WIEDZIAŁ, CO ROBIĆ. W końcu rzucił się biegiem do swojego pomieszczenia, po klucze do kłódki. Dziewczyny starały się wyłamać drzwi trzymające się na łańcuchu. Z szerokiej szpary między skrzydłami dochodził wrzask i dym.

Pod szkołą tłum gapiów przerażonych tym, co widzą. Pojawiła się Muttawa, policja religijna, brodaci strażnicy moralności. Kilku mężczyzn wypadło z tłumu i ruszyło w stronę zamkniętej bramy, żeby pomóc dziewczynom. Brodacze zatrzymali ich bezpardonowo, zastępując drogę. Dowódca w czarnej narzucie obszytej złotem, z imponującą brodą, z wściekłością w oczach zaczął krzyczeć o grzechu i niemoralności, i że jeśli któryś dotknie na ich oczach obcej kobiety, zgnije w więzieniu.

Strażnik tymczasem wrócił z kluczami. Jeden z religijnych policjantów wyrwał mu je i zagroził aresztowaniem. Strażnik odsunął się przestraszony. Muttawa obstawiła główną bramę, nie dopuszczając nikogo do wejścia.

Dziewczyny niemal wyłamały drzwi. Przez powiększającą się szparę zaczęły się przeciskać uczennice.

– Pomocy! *Musaada!* – wrzasnęła Amina, próbując przepchnąć się między skrzydłami.

– Nie wyjdziecie na ulicę! – ryknął na nią brodacz i wcisnął ją z powrotem do środka.

– Dlaczego?! Co wy robicie?!

Uciekające przed płomieniami dziewczyny nie miały abai i zasłoniętych włosów. Według Muttawy nie były odpowiednio ubrane, by pokazać się mężczyznom zgromadzonym przed szkołą.

W POŻARZE SZKOŁY W MEKCE zginęło wtedy piętnaście dziewcząt. Muttawa siłą zagrodziła wyjście i nie dopuściła do środka ratowników, którzy pojawili się chwilę później. Dziewczyny, którym udało się wydostać z budynku, były wciskane innymi drzwiami z powrotem do środka. Muttaweni zostali usunięci dopiero przez oddział policji, który odciągnął ich siłą.

Pożar nie był duży. Spowodował go niedopałek papierosa rzucony na podłogę przez jedną z uczennic, która po kryjomu popalała po kątach. Dziewczyny zginęły nie od ognia, a stratowane przez tłum pędzący po schodach i przyciśnięte do zamkniętych drzwi.

Podczas śledztwa mającego wyjaśnić przyczyny tragedii Muttaweni zostali oczyszczeni z zarzutów. Uznano, że ich obecność służyła wyłącznie uchronieniu dziewcząt przed „niewłaściwym traktowaniem". Oficjalnie stwierdzono ponadto, że zgodnie z relacją Muttawenów przybyli oni na miejsce, gdy wszystkie uczennice opuściły już mury szkoły, nie mogło więc być mowy o blokowaniu wyjść.

Zeznania pozostałych świadków nie zostały wzięte pod uwagę.

TU MÓGŁBYM ZAKOŃCZYĆ. Mocna puenta, żywy obraz.

Czytając o takich incydentach jak ten pożar w szkole dla dziewcząt, dajemy się oszukać. Docierają do nas takie strzępki informacji, umacniając nas w fałszywym przekonaniu, jak rzekomo wygląda świat gdzieś tam daleko. Barbarzyństwo, dzicz, upadek. Jak tak można.

Cóż, nie wygląda tak.

To był incydent, najgłośniejszy i najbardziej kontrowersyjny, ale jednostkowy. Po tym pożarze przez kraj przetoczyła się debata, co policji religijnej wolno, a czego nie. Nawet najbardziej konserwatywni Saudyjczycy potępili zachowanie Muttawy i nie słuchając oficjalnych tłumaczeń, jednogłośnie obwinili za tragedię brodatych strażników moralności.

Pożar w szkole w Mekce był początkiem końca bezkarności policji religijnej w Arabii Saudyjskiej. Zaczęły wychodzić na jaw kolejne afery. Pościgi po autostradach za niezamężnymi parami, w których ginęli ludzie. Pobicia, kobiety wyciągane z restauracji za włosy. Zaczęły się akty samoobrony przed Muttawą. Kobieta w mieście Hail strzeliła do Muttawena, który ją zaatakował, inna na przemoc odpowiedziała pięściami.

Kilka lat temu niechęć do policji religijnej osiągnęła apogeum. W efekcie Muttawa straciła oficjalnie wiele swoich uprawnień. Nie może już aresztować obywateli bez asysty zwykłej policji. Nie może wchodzić do „rodzinnych restauracji"*. Nie może już wyprowadzić kobiety ze sklepu tylko za to, że rozmawia ze sprzedawcą. Jeśli policjant Muttawy na ulicy spróbuje, jak kiedyś, siłą obciąć kobiecie długie włosy, musi się liczyć z tym, że zostanie przez przechodniów pobity. Nadal zdarza się, że Muttaweni przekraczają granice i nic na to nie można poradzić, bo policja religijna to państwo w państwie, oczko w głowie konserwatywnych duchownych. Ale zdarza się to dużo rzadziej niż kiedyś.

Muttaweni są pewni siebie i czują się bezkarni, niemniej trochę stonowali działania. Wchodzą do centrów handlowych grupami, patrzą na ludzi z góry. Zaganiają do meczetów przypadkowych przechodniów. Krzyczą na kobiety, które ich zdaniem ubrane są nieobyczajnie. Legitymują pary siedzące w restauracjach, upewniając się, że to małżeństwa lub rodzina. Arbitralnie oceniają, co można, a czego nie, co jest *haram*, zabronione jako grzech w oczach Boga.

Dla niewielkiej części społeczeństwa, może dwudziestu procent, Muttawa to wróg, bojówki konserwatywnego kleru, samozwańczy moraliści

* „Restauracja rodzinna" to taka, w której mogą przebywać kobiety.

karmiący się strachem i popłochem, z którymi trzeba walczyć. Relikt przeszłości niepasujący do dzisiejszych czasów.

Pozostali Saudyjczycy, olbrzymia większość, policji religijnej zupełnie nie zauważa. Jest dla nich naturalna jak mandaty za złe parkowanie, nie budzi żadnych emocji. W tradycji saudyjskiej społeczeństwo samo jest odpowiedzialne za podtrzymywanie swoich wartości. Muttawa to tylko jego reprezentacja. Utrzymują porządek, przeciwdziałają występkom.

A porządek musi być.

OBUDZIŁEM SIĘ W ŚRODKU NOCY. Spojrzałem na zegarek. Pierwsza piętnaście. Marianna siedziała w fotelu przy stole, oświetlona ekranem komputera. Spisywała jakąś rozmowę, do rana musiała odesłać do redakcji tekst. Mrużyła już oczy, musiała być mocno zmęczona. Pierwszy raz pracowała w terenie, po czternaście–szesnaście godzin dziennie. Też znam te noce, kiedy terminy gonią.

– Dużo ci zostało? – spytałem.

– Dużo – odpowiedziała sucho.

Włączyłem lampkę przy łóżku, usiadłem wyżej, sięgnąłem po pilota do telewizora. To klikanie klawiatury i tak nie dawało spać. Na jedynce wiadomości o zamieszkach w Egipcie, na dwóch kanałach religijnych program o nawróceniu na islam i relacja z Mekki. Na sportowym mecz.

Na dwójce leciał film, jak zawsze amerykański. Jakiś przystojniak wchodził do domu, prowadząc za rękę jasnowłosą ślicznotkę. Dwa słowa, żarcik, wypadły mu klucze, ona spojrzała mu głęboko w oczy...

Cięcie. Siedzą przy śniadaniu, rozmawiając o planach na dzień.

Dirty dancing. Patrick Swayze pewnym krokiem wchodzi do sali balowej Kellermanów. Staje przy stoliku, wyciąga rękę. „Nikt nie posadzi Baby do kąta".

Cięcie. Przypływ morza na tle zachodzącego słońca.

W saudyjskiej telewizji wycina się wszystkie sceny przemocy i seksu oraz wszystkie przekleństwa. Czasem się je wyrzuca, czasem podmienia na pejzaże lub ujęcia kwiatów na wietrze.

Następnego dnia miało lecieć *Pulp Fiction*.

Centrum Rijadu nocą

– JESTEM WYKOŃCZONA. Nie sądziłam, że ta praca jest taka męcząca.

– Mówiłem ci, że tak będzie.

– Mówiłeś, ale jednak wyobrażać sobie, a poczuć to dwie różne sprawy.

Pierwszy raz w życiu to przyznała. To nasz stały refren, rozmowa, która wraca co kilka miesięcy w różnych wydaniach. Ja mówię, dokąd lecę, ona mówi, że mi zazdrości, a ja jej tłumaczę, że nie ma czego.

Zawsze jest tak samo, z kimkolwiek bym rozmawiał. W wyobrażeniach „Malezja" czy „Małe Antyle" to wakacje. Lecę, bujam się w hamaku, zrobię dwa zdjęcia, napiszę tekst. Sama przyjemność. I nikogo nie przekonam, że jest inaczej. Trzeba tego dotknąć samemu.

Może teraz będziemy się lepiej rozumieć.

WSIEDLIŚMY W SAMOLOT DO DŻEDDY. Saudyjskie linie, nowiutka maszyna. Stewardesy z zasłoniętymi włosami, ale mocno umalowane. Wysokie, szczupłe, na obcasach.

– Witam państwa, mam na imię Fahid i jestem szefem personelu pokładowego... – rozległo się w głośnikach.

Zapiąłem pas. Przez drzwi powoli wchodzili kolejni pasażerowie. Kobiety w nikabach, za nimi kilkunastu pielgrzymów do Mekki. Każdy miał na nogach sandały, a na plecach *ihram*, taki sam bawełniany biały strój. W ten sposób biedni i bogaci podczas pielgrzymki będą w obliczu Boga jednakowi.

– ... na wysokości trzydziestu tysięcy stóp. W Dżeddzie słońce i dwadzieścia dziewięć stopni...

Zamknięto drzwi. Ostatni pasażerowie upychali bagaże w lukach nad głowami, trzaskały zamknięcia.

– ... a kamizelka znajduje się pod siedzeniem... – kontynuował steward z głośników.

– Ile trwa lot? – spytała Marianna.

– Nieco ponad godzinę – odpowiedziałem.

Zacząłem kartkować magazyn pokładowy. Zegarki wartości mieszkania, inkrustowane pióra. Jakaś firma sprzedawała luksusowe stroje *ihram*, niby takie same jak inne, ale dla ludzi ceniących dyskretne symbole statusu.

– *Allah akbar! Allah akbar!* – wrzasnęły głośniki.

Jak przed każdym lotem saudyjskich linii lotniczych pasażerowie słuchali przesłania proroka Mahometa. Nie ma Europejczyka, który słysząc ten komunikat pierwszy raz, automatycznie nie poczuje podobnego ukłucia.

Wszyscy zginiemy.

Obrazy z telewizji i zdjęcia robią swoje, to jest silniejsze od nas. Wdrukowano nam to skojarzenie wraz ze strachem i poczuciem obcości. Arab to terrorysta.

Gdy zawaliły się wieże WTC, a świat obiegła wiadomość, że spośród dziewiętnastu zamachowców piętnastu było Saudyjczykami, tutaj była tylko jedna reakcja.

Niedowierzanie.

To niemożliwe, mówiono, to nie może być prawda. Może to operacja Mosadu, może ktoś się podszył. Były teorie spiskowe i szukanie winnych. Wszędzie, tylko nie tutaj. Saudyjczykom nie mieściło się w głowie, że na ich podwórku mogła powstać organizacja tak bardzo przecząca zasadom najbardziej surowej i czystej postaci islamu, w którą wierzą.

A potem, gdy wątpliwości już nie mogło być, nie było też konsternacji. Było jednogłośne, wyraźne potępienie.

Saudyjczycy od razu rzucili się do walki z terroryzmem. Aresztowali i skazali ponad trzystu podejrzanych, wystrzelali w walkach oddziały bojówek. Uruchomili wywiad, który przeciwdziałał zamachom w Jemenie, Afganistanie i Europie. Współpracowali z Amerykanami na każdym poziomie.

Zarówno król, jak i saudyjski wielki mufti, najważniejszy muzułmański duchowny, jednym głosem, wielokrotnie i nieustępliwie podkreślali, że nikt, kto popiera Al-Kaidę, nie ma prawa nazywać się muzułmaninem. Że zamachowcy to nie męczennicy, którzy pójdą do nieba i na których czekać tam będą siedemdziesiąt dwie wiecznie młode hurysy. Że są tchórzami i mordercami i po wsze czasy będą się smażyć w piekle.

Mówili to i mówią do dziś, setki razy. Terroryzm to nie islam.

Zachodni komentatorzy lubią mówić, że to tylko słowa, że to niewiele znaczy. Może dla nas. Dla świata muzułmańskiego to znaczy bardzo wiele.

Arabia Saudyjska to miejsce urodzenia proroka Mahometa, gdzie anioł Gabriel podyktował mu Koran. Ziemia Mekki i Medyny, cel hadżdżu, pielgrzymki, którą każdy wierny musi odbyć przynajmniej raz w życiu.

Arabia Saudyjska to Ziemia Święta.

Wielki mufti Arabii Saudyjskiej to dla muzułmanów postać porównywalna tylko z osobą papieża dla katolików. A król Arabii Saudyjskiej to władca Ziemi Świętej, jej obrońca i strażnik.

Jeśli obaj mówią, że dżihad to nie kamizelki wypełnione materiałem wybuchowym i metalowymi okruchami, i samochody pułapki, ma to znaczenie dla całej społeczności muzułmańskiej świata. Ich głos jest słyszany i słuchany.

A mówią: muzułmanin to nie terrorysta.

– MAM TAKĄ OBSERWACJĘ – powiedziała Marianna. – Gdy ludzie oglądają w telewizji wiadomości o zamachach, wszystko im się zlewa w jedną całość. Może to Palestyńczycy strzelali, a może Żydzi, bomba wybuchła w Afganistanie, w Bagdadzie, a może w Damaszku. Zupełnie bezrefleksyjnie przyjmują informacje. A przecież czasem to są obrazki z Iranu, czasem z Iraku, a innym razem z Biesłanu. I w ogóle nie rejestrują, że to zupełnie różne miejsca, sytuacje, ludzie. Przecież tam może być wojna, czasem faktycznie jest zamach, ale często też wypadek. Widzą tylko ogień i ofiary, a potem człowieka w turbanie i nawet przez chwilę się nie zastanowią nad okolicznościami, o co tak naprawdę chodzi.

– My też się na to łapiemy. Może mniej, ale w jakimś stopniu na pewno. Po jedenastym września ludzie nie chcieli wpuszczać do samolotów Arabów. Czasem ktoś próbował tłumaczyć, że jest Hindusem albo Turkiem – nikogo to nie obchodziło. Miał śniadą skórę, to wystarczy, na pewno ma bombę w plecaku.

– Widzisz tę dziewczynę? Tę z zasłoniętą twarzą?

– Co z nią?

– Przed chwilą spotkałam ją w łazience. Zobaczyłam, że czegoś szuka w torbie i od razu włączyło mi się to skojarzenie. Lotnisko, zamaskowana kobieta, czarna abaja, wypchana torba. Na pewno jest niebezpieczna. To było jak odruch, nie miałam na to żadnego wpływu. A ona się do mnie pogodnie odezwała, porozmawiałyśmy chwilę, pokazała mi, jak się wiąże nikab... Bardzo wesoła i sympatyczna dziewczyna. Aż mi się wstyd zrobiło...

DŻEDDA TO INNY ŚWIAT. Nabrzeżne miasto portowe, od wieków wystawione na zamorskie wpływy. Stolica handlu i biznesu, nowoczesne, kosmopolityczne, z dala od centrali Muttawy i gabinetów Szury, religijnej rady zaglądającej Saudyjczykom do łóżek. Stąd już blisko do buzującego życiem Kairu, do Kanału Sueskiego, przez który pływała cała Europa i Azja. Miasto w centrum wydarzeń, kocioł kultur.

Dżedda to dobra alegoria całej Arabii Saudyjskiej. Centrum jest pełne szklanych wieżowców i świetlnych reklam wysokich na dwadzieścia pięter, ale szambo wywozi się ciężarówkami, bo nie ma kanalizacji ani wodociągów.

Trochę nowoczesności, trochę średniowiecza.

Sprzedawca daktyli w Dżeddzie

Rijad i Dżedda to też niezła alegoria procesów, jakie zachodzą w Królestwie. Zwykło się uważać, że Rijad to bastion obyczajowej konserwy, a Dżedda – miasto liberałów pchających kraj ku nowemu. Wielu Saudyjczyków w tej opozycji widzi kruchą równowagę, w której funkcjonuje kraj.

Tak jakby zapominali, że poza tymi dwoma miastami też jest życie, a wioski na pustyni zaludniają ludzie, którzy majątek wciąż liczą w wielbłądach, a nie w lamborghini.

– WIESZ, CO MNIE TU NAJBARDZIEJ MĘCZY? – spytała retorycznie Marianna, po czym sama sobie odpowiedziała. – Ta cisza. W tym kraju nie ma życia. Tu są puste ulice, sklepy, samochody, a ludzie żyją w domach za wysokimi murami. Brakuje mi tej warstwy kultury, którą zawsze staram się poznać, gdziekolwiek jestem. Jakiegoś tańca, teatru, muzyki. Tu nie ma nic. Pustka.

– Masz rację, faktycznie. Nie zwróciłem na to uwagi.

– Trochę szkoda, że tu nic nie można zobaczyć...

– Zawsze mnie to zastanawiało. Przecież ty tak kochasz sztukę. Zwłaszcza teatr. Dlaczego nigdy sama nie próbowałaś czegoś napisać, wyreżyserować?

– Nie wiem, czy bym potrafiła.

Marianna wychowała się w domu, w którym kultura była najważniejsza. Jej mama, która pracowała w telewizji, przed premierą wynosiła na kasetach wszystkie spektakle teatralne, a tata je recenzował. Swoje ósme urodziny Marianna zapamiętała, bo zmarł wtedy Tadeusz Kantor, a gdy się o tym dowiedziała, śpiewała właśnie Stachurę.

„Dzisiaj są moje urodziny, które obchodzę bez rodziny. Daleko, wysoko, wśród manowców. W pokoiku na wieży hangarów dla szybowców".

Inne dzieci śpiewały wtedy piosenki z *Tik-Taka*.

Gdy miała „naście" lat, jej koleżanki wieszały w pokojach plakaty chłopaków z Seattle w flanelowych koszulach. U Marianny wisiał Olbiński z Kongresu Kultury, a wieczorami słuchała Anawy. A gdy zwiedzała Kraków, ominęła Wawel i cały dzień spędziła w Cricotece.

– Tyle czasu poświęciłaś na teatr, a nigdy nie spróbowałaś niczego napisać. Choćby do szuflady, dla siebie. To jak całe życie analizować taktykę w piłce i nigdy nie wyjść na boisko. Nigdy tego nie zrozumiem.

– Mnie to wystarcza. Nie każdy musi być Franzem Kafką. Niektórym wystarcza bycie Maksem Brodem.

– Zawsze patrzysz z boku, zza szyby. W życiu trzeba czasem zaryzykować, nie możesz stale stać z tyłu. W ten sposób nigdy niczego nie przeżyjesz.

– Nie, to t y niczego nie przeżyjesz, stojąc z boku. Ja tak przeżywam więcej, niż możesz sobie wyobrazić.

JECHALIŚMY AUTOSTRADĄ KRÓLA ABDULAZIZA biegnącą z północy na południe przez środek miasta. Po prawej błyskał szklany wieżowiec z całą ścianą zamienioną w wielki ekran. Minął nas samochód policyjny, jakby żywcem przeniesiony z amerykańskich filmów. Duży biały ford z kwadratowymi zderzakami montowanymi przed maską, i z ruchomym reflektorem nad lewym lusterkiem, którym oficer może sobie oświetlać okolicę. Za ogrodzeniem pałac, jeden z wielu w tej części miasta, za skrzyżowaniem ciąg centrów handlowych.

Po lewej stronie znaki drogowe. Typowe, białe, okrągłe, z czerwoną obwódką i czarnym napisem. „Ograniczenie do 110". „Zakaz skrętu w lewo". „Allah jest Wielki".

DŻEDDA BYŁA INNA już na pierwszy rzut oka. Jakaś taka bardziej swobodna, mniej zapięta pod szyję. Nastolatki chodziły w abajach z rozcięciem do pół uda, ostentacyjne rzucając wyzwanie konwenansom. Wśród tradycyjnych czarnych strojów pojawiały się beżowe, granatowe, szaro-białe albo niby czarne, ale z olbrzymim kolorowym kwiatem wyhaftowanym na plecach.

Funkcjonowały jakieś parki rozrywki z kolejkami górskimi, którymi również niewiasty mogły jeździć, choć nie mogły piszczeć za bardzo. Na nadmorskiej promenadzie co wieczór rozkładały się rodzinne pikniki, a mężczyźni grali w karty. W libańskich restauracjach kobiety paliły

Młoda dżeddyjka. Różnica w wychowaniu widoczna gołym okiem

szeszę, w prywatnych willach opalały się w bikini, a na ulicach całkiem często można było zobaczyć dziewczyny z rozpuszczonymi włosami.

Jakby odwilż.

Błyskawicznie wpadliśmy w towarzystwo ekspatów i artystów, wesoły, kolorowy tłum, który niewiele sobie robił z surowych zakazów. W Arabii Saudyjskiej rozrywka jest zabroniona, jest *haram*, grzechem w oczach Boga. Nie ma kin ani teatrów, koncertów, klubów, warsztatów kulinarnych, nie ma tańca ani muzyki. Żadnej zabawy.

Nic ich to nie obchodziło.

Organizowali spotkania w prywatnych rezydencjach, żeby wspólnie słuchać Straussa albo Beatlesów. Ściągali z Emiratów i Egiptu pieśniarzy, razem czytali poezję, oglądali filmy. Na łodziach na morzu, na dachach i w ogrodach na uboczu organizowali imprezy, podczas których lał się alkohol i sypała kokaina, a dziewczyny świeciły nagimi piersiami.

Mogli iść za to do więzienia, ale co tam. Raz się żyje.

W tym towarzystwie było kilka młodych Saudyjek wykształconych na Zachodzie, dwie Amerykanki, Holenderka, Polka. Dziewczyny wychodziły na miasto, zarzucając niebiesko-czerwone abaje w kolorowe wzory i wrzeszczały na oficerów Muttawy, którzy próbowali im zwracać uwagę. Ostentacyjnie zagadywały taksówkarzy, wiedząc, że nie powinny z nimi rozmawiać. Pracowały w firmach, w których nie było wydzielonych pięter dla kobiet, i nosiły do pracy sukienki.

Ale żadna z nich nie mogła wyjechać sama z kraju.

W ARABII SAUDYJSKIEJ kobieta na żadnym etapie swojego życia nie jest samodzielna. W jej życiu musi być zawsze obecny *mahram*, opiekun. Do chwili wyjścia za mąż będzie nim jej ojciec, potem mąż. Bez zgody swojego opiekuna kobieta nie może prawie nic. Nie może pojawić się w urzędzie ani w sądzie, nie może się uczyć, studiować, zatrudnić do pracy. Nie może sama podróżować ani opuścić kraju, nawet przejść operacji chirurgicznej. Od dobrej woli opiekuna zależy w jej życiu wszystko.

Amerykanka czy Holenderka, nawet jeśli wyszła za mąż za Saudyjczyka na Zachodzie, po przekroczeniu granicy podlega tym samym zasadom. Na terenie Arabii Saudyjskiej jest jego żoną. I jeśli on się na to nie zgodzi, nie opuści Królestwa, chyba że wyciągnie ją stamtąd ambasada.

System *mahram* wpisuje się w większą całość, jaką jest system społeczny Arabii Saudyjskiej, w którym kobiety i mężczyźni mają ściśle wydzielone role. Kobieta ma prowadzić dom i opiekować się rodziną, a rodzina to najważniejsza wartość dla każdego Saudyjczyka. Mężczyzna ma jej z kolei dostarczyć wszystko, czego będzie potrzebować. Pieniądze, służbę, dom, samochody i wszelką pomoc.

System działa, pod warunkiem że wszyscy trzymają się swoich ról. I sto lat temu działał. Mężowie ginęli w wojnach, a zostawały po nich wdowy i sieroty, którymi trzeba się było zająć. Mężczyzna musiał mieć kilka żon, bo zbyt wiele rodzin wymarłoby z głodu. Małżeństwa były aranżowane, bo życie na pustyni było twarde i nikogo nie interesowały osobiste wybory. Małżeństwo było unią dwóch rodzin reprezentowanych przez młodych, a nie wynikiem ich wzajemnej fascynacji, afektu. To był kontrakt, z wykupnym płaconym przez męża rodzinie żony i wzajemnym zobowiązaniem. Mężczyzna był za kobietę odpowiedzialny, był nawet więcej niż jej opiekunem.

Wtedy wielu mężczyzn mówiło, że kobieta do nich n a l e ż y.

Czterdzieści lat temu też wszystko działało jak trzeba. Arabia Saudyjska stała już na ropie pozwalającej podtrzymywać system, w którym kobiety po prostu nie musiały pracować. Miały służbę, nianie i gosposie. Mogły spać do południa, chodzić na zakupy i się malować, otoczone bogactwem. To mężowie musieli na nie zarabiać, martwić się rachunkami, liczyć wydatki. Żony były ponad tym. Miały wychować dzieci i zadbać, by mąż miał do czego wracać. Były wtedy i są dziś faktycznymi głowami rodzin, władczyniami domów. Wychowują czworo, sześcioro dzieci. Bez kobiet w domach ten kraj rozpadłby się na kawałki. Pełnią zbyt ważną rolę, by pozwolić im samodzielnie decydować o być czy nie być całej rodziny. Męska opieka musiała więc zostać połączona z męską kontrolą.

Mahram. Opiekun.

Dla nas to niepojęte. Gdzie wolność, wybór, kariera? Dlaczego kobieta ma się tak poświęcać? Trudno nam to sobie uświadomić, ale to właśnie w ten sposób mówi przez nas Europa.

Bo tylko w naszym świecie najważniejsza jest wolność. W saudyjskim świecie najważniejsza jest r o d z i n a. Człowiek nie jest sam, jest częścią większej całości. I jej dobro jest ważniejsze niż zachcianki każdego z osobna. Wolność osobista nie mieści się nawet w pierwszej piątce ważnych spraw. Poświęcenie? Dla znakomitej większości saudyjskich kobiet nie ma w ogóle takiego pytania.

Ważniejsze niż wolność jest dla nich również poczucie bezpieczeństwa. Nie bierzemy tego pod uwagę. Wydaje nam się, że saudyjskie kobiety są uciskane, ciemiężone. To nieprawda. Te światowe, obyte, postępowe, które pracują i robią karierę, i tak żyją w rodzinach, w których nikt im niczego nie zabrania. W całym kraju jest ich może piętnaście, może dwadzieścia procent.

Pozostałe Saudyjki, siedząc w domu i nie musząc o niczym decydować ani o nic się martwić, są naprawdę s z c z ę ś l i w e.

Europejka udusiłaby się w tym systemie, nie mogłaby tak żyć. Saudyjka wręcz przeciwnie. My widzimy same koszty, bo nie dostrzegamy zysków. Bezpieczeństwo. Komfort. Brak codziennych kłopotów. Zawsze pełne konto, dużo wolnego czasu. Praca dla własnego rozwoju, a nie z konieczności, bo pieniądze mężczyzny należą do rodziny, a pieniądze zarobione przez kobietę należą tylko do niej. Może z nimi zrobić, co chce.

Przecież to jest fantastyczne życie.

OBIEKTYWNIE SYSTEM *mahram* jest niesprawiedliwy, bo daje pole do nadużyć. Kobieta przez całe życie ma w świetle prawa status dziecka. Połowa społeczeństwa jest *de facto* uzależniona od dobrej woli pozostałej połowy.

Mahram to narzędzie powszechnej męskiej kontroli pozwalające utrzymywać model w niezmienionym kształcie. Kuriozum. Prowadzi do sytuacji, w których sześciolatek staje się prawnym opiekunem własnej matki i decyduje, czy może ona pracować. Pozwala braciom sprzedać siostrę dla pieniędzy za mąż, a mężowi zmusić żonę, by nie wychodziła z domu.

To są jednak incydenty, podobnie jak pożar w szkole. W znakomitej większości rodzin opiekunowie nie nadużywają swoich praw, bo wraz z władzą przychodzi bardzo silne poczucie odpowiedzialności. W co bardziej postępowych rodzinach *mahram* to zresztą czysta formalność, relikt przeszłości. Kobieta robi, co chce, a mężczyzna podpisze każdą zgodę, choćby się z decyzją córki czy żony nie zgadzał. To nie jest dla Saudyjczyków palący problem. Jeśli już, to niewygoda, jak u nas konieczność zapisania dziecka do przedszkola.

Myli się też ten, kto sądzi, że kobiety powszechnie nienawidzą systemu *mahram* i z utęsknieniem czekają na dzień, w którym zostanie zniesiony. Nawet gdyby tak się stało i opiekunowie nagle przestaliby istnieć, zauważalną zmianę odczułoby może dwadzieścia procent rodzin.

Większości Saudyjek nikt do niczego nie zmusza. Im w tym systemie jest d o b r z e.

KOLEJNY HOTEL, kolejny tydzień.

– Dobry wieczór – przywitałem konsjerża w recepcji.

– Dobry wieczór – ukłoniła się Marianna.

– Dobry wieczór panu – odpowiedział, ignorując ją zupełnie.

– Mam rezerwację. Oto numer. – Podałem kartkę z wydrukiem.

– Oczywiście. Jedną chwilę. Poproszę paszporty.

– Proszę bardzo.

– Poproszę jeszcze certyfikat małżeństwa.

– Proszę.

– Dziękuję. Pokój pięćset siedem. Miłego pobytu.

W drodze do windy minęliśmy wejście na basen i siłownię. Nawet nie musiałem pytać, czy kobietom wolno z nich korzystać.

Jeśli ona nie może, to ja też nie chcę. Albo idziemy razem, albo nikt nie idzie. Wiem, że Marianna zrobiłaby tak samo. Może i saudyjski świat rządzi się innymi prawami, ale my mamy swój własny i nikt nam nie zabroni nudzić się jak mopsy w pokoju, gdy przez pół dnia na ulicach wszystko jest zamknięte. Będziemy nic nie robić na naszych warunkach, a nie ichnich. Ja będę patrzeć w sufit, a Marianna przełoży wszystkie rzeczy w szafie z półki na półkę i posegreguje je kolorystycznie.

Zastanowimy się, dokąd byśmy się przenieśli w czasie, mając kalosze szczęścia Andersena. Marianna byłaby kelnerką w Les Deux Magots, żeby zobaczyć, jak Sartre traktował Simone, i czy *Śmierć szczęśliwa* Camusa była szkicem do *Obcego*. Ja bym pofrunął do Jerozolimy w trzydziestym trzecim, żeby przekonać się, ile jest prawdy w podwalinach naszej cywilizacji, a ile dopisaliśmy sobie sami w ciągu dwóch tysięcy lat.

I będziemy tak siedzieć, aż sami postanowimy, że już wystarczy. I bawić się będziemy w tym czasie przednio.

SZLIŚMY WZDŁUŻ OGRODZENIA COMPOUNDU, zamkniętego osiedla dla obcokrajowców. Ciągnęło się niemiłosiernie, aż do ronda z samochodem na latającym dywanie. Trzymetrowy mur zakończony drutem kolczastym, kamery. Wokół terenu krążyła półciężarówka z zamontowanym działkiem automatycznym. Przy bramie wojskowi, zasieki, betonowe przegrody chroniące przed samochodem wyładowanym materiałem wybuchowym i z cegłą na gazie zamiast kierowcy. Środki ostrożności wykraczające daleko poza konieczność i zdrowy rozsądek.

– Do pani Eldaly, willa 174 – powiedziałem do środka budki strażnika.

– Poproszę dowód tożsamości, odbierze pan przy wyjściu – odpowiedział głos zza szyby. Jakieś wariactwo.

Compound składał się z rzędów identycznych kwadratowych, biało-pomarańczowych domków, stojących obok siebie jak klocki. Pomiędzy

Wjazd do compoundu Al-Hajarayn w Dżeddzie

nimi basen, plac zabaw, korty tenisowe, boiska. Równo przystrzyżone trawniki, zadbane palmy, dzieci jeżdżące na rowerach po asfaltowych alejkach. Jak na przedmieściach w Stanach Zjednoczonych.

Maja czekała na nas przed domem, trzymając córkę na rękach. Była w samych spodniach i bluzce. Widok, od którego już się odzwyczailiśmy.

– Na osiedlu nie musisz nosić abai. Na niektórych działa tu zresztą jak płachta na byka – zwróciła uwagę Mariannie.

Compoundy to inny świat. Mogą w nich mieszkać tylko obcokrajowcy z Zachodu. To takie małe enklawy liberalnej wolności w konserwatywnym Królestwie. W co drugim domu robi się wino lub pędzi bimber, dziewczyny przechadzają się po ogródkach w strojach kąpielowych, nastolatki całują po kątach. Zasieki i druty kolczaste mają w równym stopniu chronić mieszkańców przed jakimś wyimaginowanym zagrożeniem, co Saudyjczyków przed tym, co mogliby zobaczyć w środku.

Herbata, kawa, ciastko, siadajcie. Maja mieszkała już na kartonach. Za kilka dni miała się przeprowadzić z Arabii Saudyjskiej do Emiratów. Nie mogła się już doczekać. Marianna zrzuciła abaję z wyraźną ulgą. Usiadła w głębokim fotelu, wzięła do ręki kubek kawy, rozluźniła się. Napięcie musiało jej doskwierać bardziej, niż myślałem.

Dziewczyny zaczęły jakąś nieznaczącą rozmowę, co gdzie kupić, co się niedawno otworzyło, czemu na Króla Abdulaziza zamknęli skręty w lewo.

– To co, cieszysz się, że wyjeżdżasz?

– Musimy wyjechać, bo ja się tu uduszę. Nie wytrzymam tu kolejnego roku... Zuziu, odłóż talerzyk, bardzo cię proszę, to nie jest zabawka...

Jej córka miała kilkanaście miesięcy. Wiek, kiedy odkrywa się radości samodzielnego przemieszczania na nogach, brania wszystkiego do rąk i rzucania na ziemię.

– Jak długo tu mieszkacie? – spytała Marianna.

– Prawie dwa lata.

– Długo.

– Nie. To nie jest długo. Tutaj ludzie przyjeżdżają na roczny kontrakt, po czym zostają trzydzieści lat. Wszyscy nie znoszą tego miejsca, wszyscy narzekają, wszyscy chcą wyjechać, ale... Wiecie, pieniądze są za dobre. Tu za tę samą pracę zarabia się trzy–cztery razy więcej niż w Europie. Zuziu, co się dzieje? Chcesz wody, tak? Proszę.

Maja spojrzała przepraszająco.

– Dzieci... Kolejny temat. Po kilku miesiącach zbuntowałam się i postanowiłam pójść z Zuzą na spacer. Zapakowałam ją do wózka i idziemy. Żeby się dokądkolwiek dostać, najpierw trzeba było dojść do końca muru. Sami wiecie, jaki to kawał. Doszłam do przecznicy cała mokra. I co dalej? Przecież tu nie ma parków. Jest jakiś plac zabaw przy drodze, na skałach i piachu, żadnej zieleni. Próbowałam iść wzdłuż ulicy, ale oczywiście chodnika nie ma, samochody pędzą, trąbią. Potem, jak się pojawił jakiś skrawek chodnika, krawężniki miały po czterdzieści centymetrów. Musiałam wnosić wózek, stale przydeptywałam abaję, myślałam ze zemdleję, tak mi było gorąco. To był pierwszy i ostatni raz. Macie dzieci?

– Nie – odpowiedziała Marianna.

– Planujecie?

– Kiedyś na pewno... Do tej pory jakoś się nie składało, skupialiśmy się na czym innym.

– Zuziu, to nie jest zabawka. W Dubaju będzie nam łatwiej. Mam nadzieję.

Arabia Saudyjska stoi na obcokrajowcach. Jedna trzecia kraju to imigranci i ekspaci, układający się w wyraźną drabinę statusu. Na samej górze są Amerykanie, potem Brytyjczycy i Holendrzy, a potem cała reszta z Zachodu. Inżynierowie, lekarze, informatycy. Wysoko wykwalifikowani specjaliści, od których za niebotyczne pensje kupuje się wiedzę brakującą Saudyjczykom.

A potem jest wielka dziura i gdzieś o wiele niżej mrowią się miliony imigrantów z Pakistanu, Somalii czy Filipin wykonujących za grosze prace, które dla Saudyjczyków byłyby poniżające. Sprzątają, gotują, pielą ogrody, budują domy, prowadzą ciężarówki, wywożą śmieci. Przyjeżdżają legalnie, z wizami załatwianymi przez firmy ściągające tanich pracowników albo przebijają się po cichu przez pustynną granicę z Jemenem. W Arabii trudno spotkać kierowcę, który nie jest Pakistańczykiem. Przyjeżdżają bez dokumentów i bez prawa jazdy, dostają taksówkę i ruszają w miasto. Mówią słabo po arabsku, jeśli w ogóle, nie czytają, nie znają ulic.

Król powiedział: dość. W dwa miesiące jego służby wyłapały dziewięćset tysięcy nielegalnych imigrantów i deportowały ich z kraju. Dżeddyjczycy od razu zauważyli, że lepiej się jeździ po ulicach. Są mniejsze korki, a kierowcy jakby lepsi.

A potem zobaczyli, że nie ma kto wywieźć szamba i gór śmieci piętrzących się coraz wyżej przed każdym budynkiem. Brakowało wody, którą dowozi się cysternami, bo przecież wyekspediowano kierowców. Nieprzewidziane skutki szeroko zakrojonej akcji „oczyszczania miasta".

Długo to nie potrwa. Deportowani powiadają, że mają wakacje na koszt państwa, bo Arabia odesłała ich do domów samolotami krajowych linii lotniczych. Że odwiedzą rodzinę, pobędą z nią trochę, po czym wrócą tą samą drogą co zawsze, przez Jemen i granicę na pustyni.

Niemal w każdym saudyjskim domu jest służba. To już nawet nie jest symbol statusu, służbę mają wszyscy. Gosposia, niania, koniecznie kierowca rodzinny, pracujący całą dobę i siedem dni w tygodniu, wożący kobiety i dzieci, gdy mężczyźni są zajęci. Zarabiają po tysiąc riali, po dwa tysiące. Żadne pieniądze dla Saudyjczyka.

Pakistańscy imigranci, robotnicy budowlani

W wielu domach dzieci nie są wychowywane przez mamy, a przez filipińskie nianie. Nie we wszystkich rodzinach, oczywiście, ale w bardzo, bardzo wielu. Mamy śpią do południa, jeżdżą na zakupy i spotykają się z koleżankami. Ich rolą było urodzić dzieci. Zapewnić im opiekę, to już zadanie męża.

Młodzi Saudyjczycy z takich domów od dziecka traktują więc ludzi z góry, bo nikt ich nie nauczył szacunku do innych. Dorastając, odnoszą się do wszystkich dookoła tak, jak traktowali niepiśmienną nianię z azjatyckiej wioski, która siedzi na ziemi i je rękami, a za jakieś grosze robi wszystko, co jej kazać. Jeśli ośmioletni Yusuf leży na kanapie i chce szklankę wody, nie pójdzie po nią do kuchni. Krzyknie po nianię, niania przyniesie. Będzie wychowywany w poczuciu wyższości z racji lepszego urodzenia, i tak będzie potem traktował innych. Kolegów, pracowników. Żonę.

Może i dobrze, że Zuzia nie będzie dorastać w takim towarzystwie.

– W KLASIE MOJEGO SYNA jest chłopak szejka, który ma w przyszłym tygodniu urodziny. Zabiera całą klasę odrzutowcem do Dubaju. Wynajęli cały hotel, pięć gwiazdek. Nie mam pomysłu na prezent...

– MY, BOGACI? To jest chyba największe nieporozumienie, że wy, na Zachodzie, tak o nas myślicie.

– Saudyjczycy nie są bogaci, twoim zdaniem?

– Zamożni pewnie tak, ale bogaci na pewno nie.

– Czym jeździsz?

– BMW.

– Jaką powierzchnię ma twój dom?

– Który?

– ALKOHOL? Jest wszędzie. Zabroniony, ale dostępny. Tyle że drogi. Sześćset, siedemset złotych za wino, tysiąc trzysta za whisky.

– Jak on się tu w ogóle dostaje? Przecież na granicach dokładnie trzepią...

– ... mnie kiedyś chcieli cofnąć, bo miałem w walizce marcepan robiony na alkoholu...

– No więc?

– Kto dystrybuuje? Konsulaty, ambasady. Butelki przylatują w poczcie dyplomatycznej. Sporo też przyjeżdża ciężarówkami z Jemenu. W Arabii Saudyjskiej możesz dostać wszystko, co chcesz. To nie jest nawet kwestia pieniędzy, bardziej kontaktów. Bogatego szejka możesz spotkać w poczekalni u lekarza. Będzie siedział w takim samym białym thawbie jak inni, nie będzie się w ogóle wyróżniał. Zamienicie kilka zdań, zaprosi cię do siebie i tydzień później jeździsz nocą po ulicach w jego lamborghini i strzelasz z kałasznikowa dla zabawy.

MYŚLAŁEM WIĘC, że bogaci szejkowie są ponad prawem.

– Co by się stało, gdyby taki miliarder wpadł na chodnik swoim ferrari i zabił nim kilka osób? – pytałem różnych Saudyjczyków.

– Dostanie karę śmierci – odpowiadali wszyscy po kolei, bez cienia wątpliwości.

– Ale wyłga się pewnie jakoś? Ma pieniądze, kontakty, zna ważnych ludzi. Wszędzie jest przecież tak samo...

– Nie, nie wyłga się. Zetną mu głowę na placu.

– Jak to możliwe?

Cóż, szariat może i jest surowy, ale przynajmniej wszyscy są wobec niego równi. Biedni i bogaci, bez różnicy. Podobnie jak w oczach Boga wszyscy są równi podczas pielgrzymki do Mekki, na którą wyruszają w prostych strojach *ihram*. A saudyjskie więzienia nie są może najlepszym modelem nowoczesnej inkarceracji, ale przynajmniej tak samo rażą w nich prądem i biją po nerkach pakistańskiego szambiarza, jak dziedzica saudyjskiej fortuny.

A gdy kogoś złapią na jednym z najcięższych przestępstw, nie będzie litości. Będzie kara śmierci. Za morderstwo. Gwałt. Rabunek z użyciem przemocy. Porwanie.

Cudzołóstwo.

Czary.

Apostazję. Wyrzeczenie się islamu.

Najpierw areszt, niby na sześć miesięcy, ale w praktyce może i lata. Czasem będzie brakować obrońcy, czasem tłumacza. Jeśli podsądny nie zna arabskiego, trudno. Będą zeznania uzyskiwane po trzech dniach bez snu lub w hipotermii, kiedy człowiek przyzna się do wszystkiego. Ręce wykręcane powrozami pod sufitem. Pałowania, bicie.

Dla sędziego zeznanie to zeznanie, nie wdawajmy się w szczegóły.

Wyrok, apelacja, sędziowie jednogłośni.

I wtedy nie będą miały znaczenia pieniądze, kontakty, umocowanie. Choćby i książę albo syn bogatego szejka – zostanie wyprowadzony na publiczny plac, gdzie będzie czekał kat z naostrzonym mieczem. Zgonią z całej okolicy widzów, a jeśli się trafi biały, postawią go w pierwszym rzędzie, niech się dobrze przyjrzy. Zasłonią skazańcowi oczy, poczuje dźgnięcie w plecy, wyprostuje odruchowo głowę.

A potem nie będzie już czuł niczego.

Głowa potoczy się po trotuarze. Lekarz stwierdzi zgon. Zabiorą ciało i zakopią je w bezimiennym grobie. Albo przyszyją głowę i zwieszą ciało ze słupa, ku przestrodze innym.

– A królewska łaska? Na pewno może ją uzyskać, jeśli jest bogaty.

– Nie może.

Jeśli zabił, zginie. Król nie może go ułaskawić. Ale może to zrobić rodzina zabitego.

Skazany może jej zaofiarować pieniądze, wykupić się od kary. „Krwawe pieniądze", jak je nazywają. Jeśli rodzina zechce, może przyjąć zadośćuczynienie i zrezygnować z żądania śmierci.

Najczęściej nie chce.

STALIŚMY POD DUŻYM BIAŁYM MECZETEM, tuż za granicą starej dzielnicy Al-Balad. *Chop chop square*, jak mówią ekspaci. Plac siekania. Starają się go omijać. Wokół pusto, płot, zakazy fotografowania.

– To tu?

– To tu.

– W życiu bym się nie domyśliła.

– Ja też.

Przed nami stała niewielka wiata i podwyższenie ze śliskich kafelków. Żeby łatwiej schodziła krew. Wokoło zaparkowane samochody, jak przed sklepem, a nie na placu kaźni.

– To jest barbarzyństwo. Nigdy tego nie zaakceptuję – powiedziała Marianna, w myślach wyobrażając sobie sceny, które się tu rozgrywają.

– Samej kary śmierci czy metody jej zadawania?

– Chyba wszystkiego razem. Przeraża mnie to. Ten miecz, odcięta głowa. Zbyt długo już tego w Europie nie robimy. Tu są nadal czasy lochów i dybów.

– Robimy, robimy. Łotwa dopiero rok temu zniosła karę śmierci. Rosja raptem cztery. A obozy filtracyjne Putina na Kaukazie? Tortury, amputacje, przybijanie języków do blatu, piłowanie zębów... Tam się dzieją straszne rzeczy. W Stanach też przecież tracą dziesiątki ludzi rocznie. Również publicznie. Przy egzekucji są prokuratorzy i obrońcy, często rodzina ofiary, czasem media. Niewiele się to różni. Nauczyliśmy się po prostu na to nie patrzeć.

– Chcesz powiedzieć, że to jest w porządku?

– Nie. Tylko tyle, że nie jesteśmy wcale dużo lepsi.

Odeszliśmy. Nigdy nie wrócimy w to miejsce. Wiata i lśniące czystością kafelki odbijały się w błyszczącym czarnym lakierze nowiutkiej limuzyny zaparkowanej tuż obok.

WIECZOREM SZLIŚMY W STRONĘ HOTELU, mijając na nabrzeżu Dżeddy największą fontannę, jaką widziałem w życiu. Rozejrzałem się ukradkiem wokoło, i korzystając z okazji, objąłem na krótko Mariannę.

– Długą drogę razem przeszliśmy, co?

– Niebawem będzie ten dzień, kiedy dłużej się znamy, niż się nie znaliśmy.

– Aż trudno mi w to uwierzyć. Tyle czasu razem. A patrz, ile par się po drodze rozsypało. Ciekawe, w czym tkwi tajemnica.

– Może w tych twoich wyjazdach? Mamy czas zatęsknić za sobą – odpowiedziała.

Może faktycznie. Gdy mnie nie ma, to mnie nie ma, każde jest zdane na siebie, ale gdy jestem w domu, to na sto procent. Choćby się waliło i paliło, nie ma nic ważniejszego.

Czasem nasi znajomi się dziwią, że niechętnie wychodzimy, że stale tylko we dwójkę, razem, na kanapie. A my po prostu nieczęsto mamy czas dla siebie. Trudno się żyje w dwóch zupełnie różnych trybach, ale za to ile się można nauczyć o sobie i od siebie. Marianna mnie uczy wyrozumiałości, spokoju, wytrzymywania, jeśli nie wszystko idzie jak trzeba. W ogóle tego nie umiem. Czasem wracam roztrzęsiony i wtedy wystarczy, że jest, że się uśmiechnie. Powie mi zawsze coś takiego, że wszystko przestaje mieć znaczenie. Zna mnie lepiej, niż ja sam znam siebie.

Ja wnoszę, sam nie wiem, może koloryt, przygodę, nieprzewidywalność zdarzeń. Gdy jest smutna, zatańczę w kalesonach, żeby ją trochę rozweselić, albo usmażę jej placki na jedyny słuszny sposób mojego dziadka, choćby krzyczała, że ma być bez miodu i migdałów. Smakują jej za każdym razem.

Dobrze mieć w domu coś pewnego. Nawet gdy nas dzieli kawał drogi.

– Mógłbyś tylko częściej zmywać. I wyniósłbyś czasem śmieci, zanim cię o to poproszę.

OD PARU DNI Marianna czuła się zdecydowanie bardziej swobodnie. Nauczyła się tego kraju. Przestało ją tak irytować, że taksówkarze się do niej nie odzywają. Siadała z tyłu i podziwiała krajobraz, zostawiając mi sprawy negocjacji i nerwów, gdy kierowca jechał gdzieś w cholerę. Wychodziła bez portfela i pieniędzy. Za wszystko i tak przecież będę płacił ja. Zresztą w abai i tak nie było ich gdzie chować.

W restauracjach niemal automatycznie kierowała się już do właściwych drzwi i przestała się nadziewać na szorstkie zakazy. Rano zakładała abaję i hidżab zakrywający włosy. Już bez mamrotania pod nosem, który na początku towarzyszył temu za każdym razem.

– Wiesz co, przestałam jej tak nie znosić – powiedziała następnego ranka, wygładzając fałdy abai. – To jest całkiem wygodna sprawa. Nie muszę się w ogóle zastanawiać, co na siebie włożyć. Mogę mieć pod spodem nawet sam stanik i majtki, i tak nikt nie zauważy. Niektóre z tych abai są zresztą naprawdę piękne, aż bym kupiła jedną...

– Nigdy bym nie podejrzewał, że to powiesz.

– A widzisz.

– Zmieniłaś się od przyjazdu, wiesz? Na początku byłaś strasznie zahukana.

– Niepotrzebnie się naczytałam o tych wszystkich więzieniach, zakazach i batożeniu. Poza tym wszystkim to jest naprawdę normalny kraj, jak każdy inny. Działa na innych zasadach, ale to nie jest jakiś zupełny abstrakt. Można się przyzwyczaić.

– Nie boisz się już?

– Nie.

MUEZINI SIĘ ROZŚPIEWALI ze wszystkich okolicznych meczetów.

– No, nareszcie zobaczymy, jak to wygląda od środka.

Siedzieliśmy w Applebee's, typowo amerykańskiej jadłodajni. Podawali cheeseburgery z udawanym „bekonem" z wołowiny, bo przecież wieprzowina jest zakazana, bezalkoholowe piwo i kolorowe drinki z mieszanych soków. Na ścianach fototapety nocnej panoramy miasta. Dubaj zamiast Nowego Jorku. Zawsze nas zastanawiało, co się dzieje w tych zamkniętych knajpach w porze modlitwy. Czy wszyscy rzucają się na kolana i wyciągają dywaniki? Recytują szahadę? Czytają Koran?

Opadły żaluzje, zamknięto drzwi. W telewizji nadal leciał mecz, w głośnikach jakaś mdła muzyczka.

Nie zmieniło się absolutnie nic.

Goście jedli i rozmawiali jak wcześniej. Kelnerzy przyjmowali zamówienia i roznosili talerze. W kuchni trwało smażenie i krojenie, a menadżer uprzejmie pytał, czy wszystko smakuje. Jedyną różnicę widzieli nowi goście, którzy musieli czekać przed drzwiami, aż skończy się modlitewna przerwa. I tak przez trzydzieści minut, pięć razy dziennie.

Fikcja.

ZAKAZY, NAKAZY. Z telewizora grzmią brodaci duchowni, grożą pięścią. Nie wolno, nie wolno. Śmiertelnie poważne w teorii, w założeniach. W praktyce nie za bardzo, a już na pewno nie konsekwentnie. To wszystko jest raczej zabawne niż straszne.

Podczas przerw wszyscy mają się modlić, ale niewielu to robi. Większość po prostu czeka, aż się przerwa skończy. Albo coś przekąsi, albo da się zamknąć w sklepie i zrobi spokojnie zakupy.

Golizna, kobieta, odsłonięte ciało, włosy. Nie wolno. W sklepach z ubraniami wiszą plakaty, na których wszystkie kobiece twarze pociągnięto komputerową mgiełką, żeby nie kusiły. Obok na półkach stoją pudełka z biustonoszami. Takie jak wszędzie. Na froncie zdjęcie dziewczyny w staniku, który można znaleźć w środku. Ani to wyuzdane, ani pobudzające. Raczej informacja, jak to to wygląda, jakiego jest koloru. Na wszystkich pudełkach te obrazki zostały zamazane czarnym flamastrem. Jedyne, czego nie zamalowano to... uśmiechnięta twarz dziewczyny. Widocznie granica w tym wypadku wypada nieco dalej.

Sklep obok – fikuśne fatałaszki. Skórzane stroje dominy z pejczem i francuskiej pokojówki, która zapomniała majtek. Biuściaste manekiny na wystawie, w środku pełny przegląd. Żadnych niedopowiedzeń.

Co wolno, a czego nie?

Filmy. Temat rzeka. Oficjalnie – *haram*, zabronione jako grzeszne. Już praca aktora, wymagająca nieobyczajnego kontaktu z obcymi kobietami, przeczy surowym przykazaniom moralnym. Kina w Arabii nie ma ani jednego. Oburzająca jest sama myśl, że mężczyźni i kobiety mogliby

Wystawa sklepu z bielizną w konserwatywnym Rijadzie

siedzieć po ciemku w jednej sali. Można by zrobić kina segregowane, ale nie – film to rozrywka, a rozrywka też jest *haram*.

Jednocześnie kanały telewizji oglądanej przez wszystkich Saudyjczyków, po uprzednim wycięciu scen uznanych za nieodpowiednie, co wieczór grają wszystkie amerykańskie hity. A na dowolnym bazarze sprzedają każdy film, jaki można sobie tylko wymarzyć, łącznie z pornosami, i to takimi dla bardzo dorosłych.

Od początku lat dziewięćdziesiątych kobietom w Arabii Saudyjskiej nie wolno też prowadzić samochodów. Tłumaczenia – różne. Że grzech, oczywiście, ale też, że to medycznie niewskazane. Bo prowadzenie auta uszkadza macicę i jajniki, powodując w efekcie problemy z rodzeniem dzieci. Że kobiety za kółkiem spowodują spadek liczby dziewic, za to wzrost homoseksualistów. Że staną się takie jak te zgniłe moralnie ladacznice, które widuje się w filmach i teledyskach. Kobieta ma siedzieć w domu, a nie szlajać się po mieście. Albo po prostu nie, bo nie, i koniec.

Zakaz nie jest formalny, bo w Arabii nie ma przecież pisanego prawa, a w Koranie próżno szukać wersetów o mechanice pojazdów. Ale obowiązuje, bo wszyscy o tym wiedzą, a Muttawa nie odpuści kobiecie, która się z tej reguły wyłamie. Będzie areszt, konfiskata, baty, telefon do opiekuna. W żadnym mieście Saudyjka nigdy nie zaryzykuje.

W tym samym czasie, we wszystkich wioskach Beduinki dzień w dzień wsiadają do swoich półciężarówek, jadą po wodę albo na targ po ziarno, handlują z mężczyznami i jeżdżą na wielbłądach. Ich mężowie są najczęściej w wojsku lub pracują w mieście, na służbę i kierowców ich nie stać. Gdyby miały siedzieć w domu, umarłyby z głodu. Jeśli mają wyżywić dzieci, muszą prowadzić samochód.

Może to wszystko jest nielogiczne, a może po prostu tak musi wyglądać kraj, który w pięćdziesiąt lat przeskoczył tysiąc lat rozwoju. Ekonomia wybuchła wraz z tryskającym spod ziemi złotem. Ale ludzie na zmiany potrzebują czasu. Więc zmieniają się pospiesznie, bez ładu, we wszystkich kierunkach na raz. Jedni wolniej, inni szybciej. Jedni prą, inni hamują.

Dlatego tego kraju nie da się opisać. Bo on nie jest „jakiś", jest „wszelaki".

JAKIE TO JEST WSZYSTKO FASCYNUJĄCE, pomyślałem. Inna kultura, wszystko inne. Poznawać ją, starać się zrozumieć, pisać. Spełniam swoje życiowe marzenie. Biegam po pustyni, nurkuję, wspinam się na drzewa w dżungli, tropię nosorożce. Poznaję tajemne rytuały, mieszkam w starożytnych świątyniach. Ależ ja mam przygód.

Mówią mi: dorośnij. I co, mam to wszystko teraz zamienić na etat za biurkiem i pieluchy? To ma być dorosłość? To?

Czułbym się jak lew w klatce, jakby ktoś mi zabrał wszystko, co w życiu kocham. Koledzy mi mówią: „Stary, jak ci się urodzi dziecko, przestanie ci na tym wszystkim zależeć. Nie będziesz miał poczucia straty. Jedyne, co będziesz chciał robić, to przebywać ze swoim dzieckiem".

Wtedy się zastanawiam, z czego oni niby musieli zrezygnować? Z wypadów z kolegami na piwo? Z weekendowych imprez? Z filmu wieczorem i wyjścia do restauracji?

Umówmy się, że ja bym musiał porzucić jednak o wiele, wiele więcej.

Nieprędko dorosnę. Nie ma mowy.

– GDYBYŚ MIAŁA odbyć w życiu już tylko jedną podróż... Co byś wybrała? Plażę i palmy czy coś podobnego do tego wyjazdu teraz?

Marianna zastanowiła się chwilę.

– Taki jak teraz.

– Przed przyjazdem tu nigdy byś tak nie odpowiedziała.

– Myślałam, że nie będzie mi się podobać.

– Sama widzisz, ile to jest wrażeń. Wolałabyś siedzieć za biurkiem i rozrabiać kaszki? – spytałem raczej retorycznie.

– Przecież ja cię nie naciskam – Marianna między wierszami odczytała zupełnie inne pytanie.

– Nie mówię, że mnie naciskasz.

– Ale muszę ci powiedzieć, że masz dziwne podejście do tego wszystkiego. Dziecko nie oznacza, że zostaniesz zamknięty w domu, nigdy już nigdzie nie wyjedziesz i nie zrobisz nic fascynującego.

– Teraz tak mówisz.

– Przecież to jest tylko kwestia ustaleń.

– Nie tylko. Bo widzisz, ja nie chcę być ojcem, którego nigdy nie ma. Gdybym miał mieć dziecko, to na całego, sto procent zaangażowania. Dla mnie to jest wybór albo-albo.

Marianna uśmiechnęła się dziwnie, zupełnie jak nie ona. Nie wiem, co miała na myśli.

KOLEJNY DZIEŃ, kolejny wieczór. Chłód w miejsce upału, można odetchnąć.

– Jeśli mam się wyrobić na arabski, musimy jechać – Marianna stała gotowa do wyjścia.

Wybierała się na lekcję języka organizowaną przez jedną z Saudyjek z „naszego" grona.

Straszliwie mi się nie chciało wstać. Ale sama przecież nie może pojechać. Żaden taksówkarz się pewnie nie zatrzyma. Trzeba się ruszyć.

Dotarliśmy na miejsce. Mur posiadłości i brama w półcieniu, z dala od ulicy. W środku – tajemnica. Nie mogłem przestąpić progu. Pod dom podjeżdżały kolejne samochody. Z każdego wysiadała odziana na czarno kobieta, wiele z twarzami zasłoniętymi nikabem.

Marianna machnęła mi na pożegnanie i weszła do środka. Dwie godziny czekania.

Na chodniku zaparkowały samochody pań, które przywieźli kierowcy. Jedni ucinali sobie drzemkę, któryś czytał gazetę, dwóch rozmawiało.

– *Salam alejkum.*

– *Alejkum as salam*, bracie.

– Chłodna noc.

– Paskudna.

Staliśmy, jak stoją ludzie skazani na czekanie. Dwie godziny. Za mało czasu, żeby coś zrobić, za dużo, żeby nie robić nic.

– Lepiej się jeździ, od kiedy wywieźli nielegalnych – napomknął jeden z kierowców. Z twarzy – Somalijczyk.

– To prawda, prawda – odpowiedział mu drugi, pucułowaty Hindus.

Staliśmy dalej.

– Za mało zrobili nawrotek przy trasie. Sześć kilometrów musiałem nadrobić.

– Prawda, prawda.

O latarnię obijała się jakaś samotna ćma.

MARIANNA ZOSTAŁA WPROWADZONA DO ŚRODKA przez indonezyjską służącą, która odebrała od niej abaję i wskazała miejsce do siedzenia. Lekcja miała się odbyć w domku gościnnym przy basenie. Kolejne kobiety przekraczały próg bramy i zdejmowały czarne narzuty, odsłaniały twarze. Pod hidżabami kryły się ułożone fryzury, blond loki, wieczorowe makijaże. Saudyjki wchodziły w szpilkach, ubrane z klasą, modnie, w żakiety znanych projektantów i dopasowane spodnie. Z drogimi okularami i torebkami, w kolczykach, naszyjnikach. A więc jednak noszą to wszystko, co kupują. Ciężko było uwierzyć, że to są te same kobiety, które widzi się codziennie na ulicach. Tyle wysiłku włożonego w tak wspaniały wygląd, który podziwiać może jednak tak niewielu...

– ... I DZWONI O TRZECIEJ RANO. Weź teraz wstawaj i jedź, bo pani postanowiła wrócić z przyjęcia. Muszę zmienić rodzinę, niedobrze mnie traktują... – narzekał Somalijczyk.

– Współczuję, współczuję. – Hindus pokręcił czy pokiwał głową tym nieopisywalnym ruchem właściwym Hindusom.

Rany, ale nuda.

TO MIAŁA BYĆ LEKCJA ARABSKIEGO, ale był to tylko pretekst, by się zobaczyć, porozmawiać. Ryba to *samak*, ocean to *muhit*, co tam nowego, przyjaciółko, dobrze cię widzieć.

– Tak rzadko mamy okazję się spotkać – szepnęła Amerykanka. – To wyjątkowa chwila, tyle fantastycznych kobiet razem. Porozmawiaj z nimi. Każda ma niesamowitą historię.

– ILE TO JESZCZE?

– Półtorej godziny, ale rzadko kończą o czasie.

HADEEL WYSZŁA ZA MĄŻ, gdy miała szesnaście lat. Ojciec wybrał jej męża, zaprosił do domu. Spotkała go wtedy po raz pierwszy i nie powiedziała „nie". Widzieli się jeszcze potem dwa razy, parokrotnie rozmawiali krótko przez telefon. Pobrali się, podpisali kontrakt. Wyprawili wesela, jedno dla mężczyzn, jedno dla kobiet. Wyjechała na studia do Stanów, skończyła ekonomię, poznała trochę świata. Dziś ma trzydzieści cztery lata i piątkę dzieci. Pisze książki, jest terapeutą rodzinnym.

I żoną. Ma być dla swojego męża na miejscu, gdy ten wraca do domu.

Gotować mu nie musi, ma od tego służące.

– JAK TAM PANOWIE, żonaci?

– A jakże!

– Jedna żona, więcej?

– Allahu, broń! Z jedną wystarczające skaranie.

– A u waszych państwa? Też po jednej żonie?

– Też. Saudyjczycy coraz rzadziej się żenią parę razy. Droga sprawa, za dużo pracy. Jedna wystarczy.

SUSIE PRZYJECHAŁA TU Z MĘŻEM, Saudyjczykiem, po czterdziestu latach spędzonych wspólnie na Florydzie. Chciał być ze starą matką w jej jesieni życia. Gdy przyjechali, chodził w garniturach i czuł się Amerykaninem. Minęło sześć lat. Dziś nosi thawb i tradycyjne nakrycia głowy, i coraz ostrzej formułuje myśli. Nie odzywa się do obcych kobiet i nie podaje im ręki. Każe Susie zakrywać włosy, choć ta go nigdy nie słucha.

Susie nie ma pewności, czy któregoś dnia nie dowie się, że jej mąż właśnie ożenił się z inną kobietą. Powinien ją niby spytać o zdanie, ale mało to jej koleżanek dowiedziało się dopiero po fakcie?

Czterdzieści lat razem. Trochę późno na takie wątpliwości.

– ALEŻ SOBIE DZISIAJ PODUPCZĘ! – Saudyjczyk czekający na swoją żonę aż zatarł ręce na samą myśl. – Już się nie mogę doczekać. Ile to jeszcze?

– Godzina.

Saudyjczycy bardzo lubią rozmawiać o seksie, nawet z obcymi, często ze szczegółami i obrazowo. Ten przynajmniej mówił oględnie.

– MÓJ MĄŻ MA DWIE ŻONY. Sama kazałam mu ożenić się drugi raz. Przeszedł na emeryturę, siedział cały dzień w domu i narzekał. Tu brudno, tu nie taki fotel, tu dzieci się za mało uczą. Ożenił się powtórnie i nie muszę go tyle oglądać. Wpada czasem, pieniądze zostawi. Tak jest dużo lepiej.

– Znasz tę drugą żonę?

– A co ona mnie obchodzi...

– WŁAŚNIE WYDAJĘ CÓRKĘ – powiedział inny Saudyjczyk przed bramą. – Znalazłem jej świetnego chłopaka. Lekarz, z dobrego klanu, nie będą biedować. A i mnie się przyda trochę kontaktów, lepszy dostęp do gubernatora. To szwagier jego ojca.

– Spotkali się już? Jak jej się podoba?

– Nie, jeszcze nie, ale wszystko jest już dogadane. Będzie z nim szczęśliwa, na pewno. To dobry chłopak.

– HADEEL, czy ty kochasz swojego męża?

– Nauczyłam się go kochać.

– KOBIETA MA ROBIĆ, CO JEJ KAŻĘ. Posłuszeństwo wobec męża to posłuszeństwo wobec Allaha. Ja przynoszę pieniądze, ja decyduję.

W ŻYCIU KOBIETY JEST DUŻO CZEKANIA. Na męża, na kierowcę. Nie może sama prowadzić samochodu, więc gdziekolwiek chce pojechać, jest skazana na mężczyznę, który po nią przyjedzie.

– Ileż to ja tracę różnych spotkań, kolacji... Ile razy możesz prosić męża, żeby cię zawiózł na koniec miasta? Czasem już mi się nie chce, wolę zostać w domu.

– Skończysz pracę o osiemnastej, zadzwonisz po kierowcę. Akurat odwozi dzieci do domu albo pojechał na zakupy z twoją siostrą. Może się nawet nie leni, pracuje, ale ty i tak czekasz. Dwie godziny, trzy. Dzwonisz znowu, nie odbiera. Czekasz dalej. W końcu przyjedzie, jeszcze niezadowolony, nakrzyczy na ciebie. A przecież płacisz mu co miesiąc, żeby był na każde wezwanie. To jest w końcu twój pracownik. Jak on się może tak zachowywać...

– DŁUGO JESTEŚCIE RAZEM?

– Trzynaście lat – odpowiedziała Marianna.

– Macie dzieci?

– Nie.

– Dlaczego?

GDY DZIEWCZYNA JEST MŁODA, słyszy stale „będzie ci wolno, gdy wyjdziesz za mąż". Chcesz pojechać do Kairu? Gdy wyjdziesz za mąż. Mieć prywatny domek przy plaży? Gdy wyjdziesz za mąż. Kobieta nie będzie dorosła, dopóki nie stanie się czyjąś żoną. Potem – wolność, radość, swoboda. Saudyjskie nastolatki zasypiają, marząc o życiu, które je kiedyś czeka. Gdy wyjdą za mąż.

A potem przychodzi twarde zderzenie z rzeczywistością, która w niczym nie przypomina fantazji pielęgnowanej przez lata. Przekroczenie symbolicznej granicy niewiele zmieniło. Nadal nie wolno, nie należy, później, kiedyś. Tylko zabrania kto inny.

Saudyjka musi być czyjąś żoną. Samotne kobiety są piętnowane. Samotność to wybrakowanie, osoba bez rodziny. A rodzina jest w Arabii najważniejsza. Dlatego wiele kobiet woli być nawet drugą czy trzecią żoną. To o wiele lepsze.

Zresztą małżeństwo to przeznaczenie arabskiej kobiety, jej życiowa rola do odegrania. Odejście od niej stanowi anomalię, błąd funkcjonującego sprawnie systemu. Podstawowe zadanie kobiety to urodzić dzieci, syna. A jeśli coś jej nie odpowiada – być cierpliwą. Oddać całą władzę w ręce mężczyzny, nie szukać sprawiedliwości, nie dochodzić swoich praw. Wytrzymać, bo jej rola w rodzinie jest zbyt ważna.

Małżeństwa są aranżowane przez rodziny. Zresztą jak miałoby być inaczej, skoro kobiety i mężczyźni nie mogą się spotykać, umawiać. Jak mają się poznać przed ślubem? Rodzina wybierze lepiej, rodzina wie, kto będzie razem szczęśliwy.

W tych nielicznych saudyjskich rodach, które można nazwać postępowymi, aranżowanie stanowi tylko pewien rytuał, tradycję. Kobieta nie wyjdzie za mąż, jeśli nie będzie chciała. Nikt jej zmuszał nie będzie ani nawet przekonywał. Pozna w pracy interesującego mężczyznę i sama go zaproponuje ojcu.

Jednak w większości rodzin, zwłaszcza tych wciąż kultywujących klanowe tradycje, dziewczyna niewiele ma do gadania. Te, które się buntują, przynoszą rodzinie wstyd. Małżeństwo to obowiązek kobiety, a nie przywilej.

Z punktu widzenia konserwatywnych Saudyjczyków aranżowane małżeństwa to jednak nie przymus. Ojciec naprawdę szczerze wierzy, że wybiera męża dla dobra córki, że akurat ten mężczyzna da jej w życiu szczęście. Będzie więc przyrzeczona komuś od dawna albo pozna swojego

przyszłego męża w dniu ślubu. Albo ten będzie przez kilka lat czekał, aż dziewczyna dorośnie. Historie o wydawanych za mąż dwunastolatkach to dawne dzieje. Dziś sprzeciw wobec małżeństw dzieci jest zbyt duży, w całej Arabii, również tej konserwatywnej.

Saudyjka zawierająca małżeństwo przestaje być jednostką, której priorytetem jest samorozwój czy osobiste szczęście. Staje się emisariuszem rodziny i reprezentuje jej interes. Na Zachodzie szukamy w małżeństwie kogoś, kto spełni nasze potrzeby, będzie naszym uzupełnieniem w życiu. Tu szuka się kogoś, kto będzie spełniał potrzeby rodziny, będzie odpowiedni dla jej statusu, wymagań.

Jeśli spojrzeć na sprawę oczami kobiety, małżeństwo to umowa między mężczyznami zawierana ponad jej głową. Ojcem i mężem, albo sędzią, jeśli kiedyś wniesie o rozwód. Interes rodziny jest często wręcz sprzeczny z interesem kobiety. Trudno. W saudyjskim społeczeństwie kobieta jest poświęcana dla wspólnego dobra.

A jeśli nie chce, woli uciec, być sama?

Nie będzie w stanie. Bez zgody mężczyzny nie wynajmie mieszkania, prawie żadna firma jej nie zatrudni. A nawet jeśli, będzie musiała zatrudnić kierowcę, żeby jakoś dojeżdżać do pracy, i pomoc domową, żeby mieć coś na stole, gdy z pracy wróci. Co miesiąc wyda pół pensji, żeby w ogóle móc pracować. Nawet ekonomicznie jej się to nie opłaci.

Wybór jest więc tak naprawdę tylko pozorny.

W efekcie kobieta jest uzależniona od mężczyzny. Jeśli trafi na dobrego męża, będzie miała jak pączek w maśle. Będzie wiodła dość beztroskie życie, bo wszystkimi problemami ma się zająć mężczyzna. Nie będzie musiała pracować, choć może, jeśli chce. Dla siebie, własnego rozwoju i satysfakcji.

Gorzej, jeśli trafi na męża, który czuje się panem kobiety. Taki nie wypuści jej nawet do supermarketu lub na spotkanie z koleżankami. Będzie musiała siedzieć w domu, bo dom to miejsce dla kobiety.

Dla większości kobiet z Zachodu to nie jest małżeństwo, tylko więzienie. Bo przeczy wartości uniwersalnej, najważniejszej dla każdego człowieka – wolności.

Tyle że, ponownie, wolność nie musi być wcale najważniejszą, a już na pewno nie jedyną wartością w życiu.

Nie dostrzegamy tego, ale z tą naszą wolnością łączy się samotność, to nie jest wybór bez kosztów. Robimy kariery, realizujemy się, jesteśmy samodzielni i sami stawiamy czoło życiu. To trochę hazard. Jednym się udaje, innym nie. Bez względu na wynik nasze relacje z innymi są o wiele słabsze niż te arabskie. Mamy rodziny i bliskich przyjaciół, ale nadal stanowimy grupę oddzielnych bytów, przebywających razem tylko w zakresie, który im odpowiada. To nie jest zbiorowość-monolit, jak arabska rodzina, która wprawdzie wymaga i ogranicza, ale jest razem jako całość, a nie jako suma. Rodzina opiekuje się wspólnie dziećmi i dziadkami. Nikt nie odda sędziwej staruszki do domu opieki czy na „przechowanie" do szpitala. Nie ma sierot, bo dzieci mają od razu nowych rodziców. Opieka nad tymi, którzy nie mogą sobie poradzić sami, to obowiązek całej rodziny.

W Arabii Saudyjskiej nie ma też takiego pojęcia jak nepotyzm. Zatrudnienie na stanowisko dyrektora swojego kuzyna, choć było kilku lepszych kandydatów, nie jest postrzegane jako karygodne.

Jest godne naśladowania. Bo w ten sposób wzmacnia się swoją rodzinę.

A rodzina jest najważniejsza.

Małżeństwo jest negocjowane przez rodziny i podobnie jest z rozwodem. W praktyce, jeśli mąż nie chce dać żonie rozwodu, kobieta będzie w niezwykle trudnej sytuacji. Coraz częściej to właśnie kobiety żądają rozwodu, choć świadomość, że w ogóle mają takie prawo, upowszechniła się dopiero kilka lat temu.

Mężczyzna, żeby uzyskać rozwód, musi tylko złożyć odpowiednie oświadczenie. Zależnie od sytuacji albo w sądzie, albo nawet poza nim, ale przy odpowiednich świadkach i we właściwym trybie. Kobieta może odejść od męża wyłącznie za zgodą sądu, przed którym musi udowodnić swoje racje. A ponieważ rozwody biorą się najczęściej z subiektywnych przyczyn osobistych, taki proces sądowy nie jest łatwy i trwa na przykład rok lub dwa lata i może zakończyć się odmową. Sąd wtedy nakaże kobiecie żyć z mężem, od którego chce odejść.

Ponadto kobieta musi wynegocjować warunki rozwodu z obiema rodzinami. W dniu ślubu rodzina męża płaci rodzinie żony „wykupne" za dziewczynę, więc rozwód to dla niej realna finansowa strata. Żona chcąca się rozstać z mężem musi więc wynegocjować jakąś formę zadośćuczynienia, tak żeby wszyscy byli zadowoleni.

Częstym powodem rozwodu jest nierówne traktowanie żon przez męża. Islam nakazuje traktować żony tak samo, łącznie z poświęconym im czasem i pieniędzmi. Jest to bardzo trudne i kosztowne zadanie. W Arabii Saudyjskiej poligamia powoli odchodzi w zapomnienie. Dziś jest praktykowana głównie przez bogaczy i duchowieństwo.

KOBIETY Z LEKCJI ARABSKIEGO włożyły ponownie abaje i nikaby. Zaczęły po kolei wychodzić. Znów jako anonimowe czarne zawoje, a nie umalowane, dynamiczne indywidualistki. Marianna wyszła jako ostatnia.

– Nauczyłaś się czegoś?

– Arabskiego? Niewiele.

– WCZORAJ COŚ MNIE TKNĘŁO – powiedziała Marianna następnego dnia. – Co rano poświęcam sporo czasu, żeby się elegancko ubrać, umalować, żeby wyglądać najlepiej, jak mogę, gdy wyjdę do pracy. A gdy zostaję w domu, najdłużej jak się da, chodzę w piżamie, rozmemłana, bez makijażu, bez ułożonych włosów. Arabki obcym ludziom pokazują tylko czarną narzutę i zasłonę na twarz. Cały ten wysiłek, swoje piękno i styl rezerwują dla oczu męża, dla swoich najbliższych. My robimy odwrotnie. Obcym ludziom pokazuję się z najbardziej atrakcyjnej strony, a mężowi – z najmniej. Coś jest chyba nie tak...

ODEBRAŁEM TELEFON, na który czekałem od kilku dni.

– Spotka się z wami. Żadnych nazwisk, żadnych zdjęć. Powie ci tylko tyle, ile uzna za stosowne.

– W porządku.

– Bądźcie w Chopsticks o dwudziestej trzydzieści.

– Będziemy.

Dawno się tak niczym nie ekscytowałem.

– No, Marian, dzisiaj zagrasz w pierwszej lidze.

Marianna spojrzała pytająco.

– Udało się.

W Dżeddzie funkcjonowało coś, co można nazwać ruchem oporu. Młodzi, postępowi Saudyjczycy, często wykształceni na Zachodzie, nie mogli znieść nakazów segregacji i ograniczeń wolności słowa. Dusili się bez sztuki. Muzyki, teatru, dyskusji.

Raz na kilka miesięcy, w głębokiej konspiracji organizowali wydarzenie, które pozwoliłoby im się wyrazić. Co kilka tygodni odbywały się wieczory Otwartego Mikrofonu, podczas których każdy mógł wejść na scenę i przez pięć minut mówić, o czym tylko chciał. Jedni śpiewali, inni ujadali na rząd, jeszcze inni opowiadali dowcipy o Żydach i Irańczykach. Mocne, ostre, kontrowersyjne, nawet jak na europejskie standardy. Publiczność się płoniła z konsternacji, ale biła brawo. Wolność ekspresji była ważniejsza niż polityczna poprawność.

Na te imprezy przychodziło po sto osób. Kobiety, mężczyźni, dziewczyny ubrane po europejsku, ale i takie w nikabach. Nikt nikogo nie oceniał, każdy mógł być sobą. Potem rozchodzili się po cichu, tak samo jak gromadzili. Wracali do domów i nikomu o tych wieczorach nie wspominali.

Za takie imprezy szło się do więzienia.

Raz na pół roku organizowali Teatr Ciemiężonych. Ktoś przywiózł tę ideę z Brazylii, idealnie się wpasowała w saudyjską codzienność. Niewielka publiczność, kilkadziesiąt osób. Krzesła i scena, jak w teatrze, choć wszystko w prywatnej rezydencji, z dala od wścibskich oczu. Każdy wieczór organizowano pod konkretnym hasłem, zawsze ściśle związanym z jakąś formą opresji. Tym razem „kobiety".

Aktorzy wychodzą na scenę, odgrywają kilka oddzielnych scenek. Ilustracje motywu przewodniego. Bardziej drama niż teatr. Kobietę w pracy nagabuje szef. Ta cofa się, spuszcza wzrok, nie wie, jak odpowiedzieć na niewłaściwe zachowanie. W kolejce w sklepie ktoś ją łapie za biust. Zmieszana ucieka. Mąż wymierza jej policzek, gdy chce wyjechać do matki. Nie reaguje.

Żadnych braw, żadnych reakcji. Aktorzy grają, publiczność się przygląda. Scena za sceną, bez przerwy.

Na koniec jeden z aktorów zwraca się do widowni. Każdy może wejść na scenę i wybrać jedną sytuację, wcielić się w rolę kobiety, zobaczyć jak to jest, jak będzie reagować. Aktorzy się dopasują, zaimprowizują w razie potrzeby.

W takich miejscach jak Arabia Saudyjska z tego rodzaju sceny schodzi się innym człowiekiem.

Tam właśnie pojawił się Faris i tam wszystko się zaczęło.

Symbol zmian. Najwyższa na świecie fontanna – fontanna Króla Fahda w Dżeddzie. Woda tryska na trzysta metrów w górę

MIAŁ CZTERDZIEŚCI LAT, był wysoki, szczupły. Jak wszyscy nosił biały thawb, ale nie nakrywał głowy. Mówił idealnym angielskim z lekkim australijskim nalotem, spokojnie, ważąc słowa. Potrafił formułować myśli, jakby pisał dialogi. Oczytany, obyty, lubił Kunderę, Czechowa, Szekspira, wiedział, kim był Kantor. Bardzo imponował nam obojgu, choć Mariannie bardziej, bo każdy, kto rozróżnia Kantora i Grotowskiego, zyskuje u niej od razu mnóstwo punktów. Nigdy tego nie mogłem zrozumieć, tego jej uwielbienia dla teatru. Widocznie się różnimy, mówiła. Ale nie odbieraj mi tego.

Badaliśmy się z Farisem wzajemnie. Nie wiedział, czy może nam ufać, a my, czy możemy mu powiedzieć, co robimy. Uprzejma rozmowa o kulturze, w której wszystko, co ważne, czyta się między wierszami. W końcu się odsłonił, nie było już sensu niczego ukrywać.

Faris postanowił przenieść ruch oporu na poziom wyżej i wystawić sztukę teatralną. Piętnastoosobowa obsada, światła, scenografia, stroje. W Arabii – absurdalny pomysł, niemal obrazoburczy.

Wybrał *Lot nad kukułczym gniazdem*. Historię zdrowego człowieka zamkniętego w domu wariatów pełnym ludzi, którzy dobrowolnie zgadzają się w nim przebywać. O miejscu rządzonym żelazną ręką przez surową pielęgniarkę, gdzie codzienność reguluje system często irracjonalnych zakazów i nakazów. Sztuka na temat definicji normalności w nienormalnym świecie.

Faris wiedział, że wcześniej próbował tego inny reżyser, bez powodzenia. Tamten namówił uniwersytet Dar Al-Hekma w Dżeddzie, będący centrum tych drobin kontrkultury, na którą mogli sobie pozwolić Saudyjczycy, by użyczył swojego audytorium. Zgodnie z wymogami występujący w jego imieniu uniwersytet złożył u księcia stosowną aplikację. Musiał załączyć dane i fotografie członków ekipy, żeby rząd wiedział dokładnie, kto za tym wszystkim stoi. Spore ryzyko, ale przy wsparciu uniwersytetu gra warta świeczki. Reżyser odsłonił się, zgodę otrzymał, ale później została ona wycofana bez podania przyczyn. Tamta ekipa była spalona.

Faris wiedział więc, że w grę wchodzi jedynie wystawienie tej sztuki w ukryciu, pokątnie, ale nie interesowało go granie dla dwudziestu osób. To miał być symbol, rozmach, coś, co będzie miało znaczenie. Ma być pełna sala, wyprzedane bilety, coś, o czym po fakcie wszyscy będą mówić, choć przed spektaklem wszystko będzie trzymane w ścisłej tajemnicy.

Mógł przecież wystawić sztukę w jednym z konsulatów, które często bezkarnie organizowały mniejsze imprezy. Nie. Nie o to chodziło. To miał być spektakl grany przez Saudyjczyków i dla Saudyjczyków, którzy nigdy wcześniej nie mieli jakiegokolwiek kontaktu z teatrem. Manifest. *Dziady* z Holoubkiem. *Apocalypsis cum figuris* Grotowskiego.

Robimy po kryjomu.

Nigdy niczego nie reżyserował, ale jakie to miało znaczenie. Aktorów dobrał spośród najbardziej odważnych na Otwartych Mikrofonach. Potrzebny był mu jeszcze jeden. Główna rola, McMurphy. Jedyny zdrowy w domu pełnym czubków. Wiedział, kogo chce. Widział na Mikrofonach młodego chłopaka, opowiadającego dowcipy tak skandalizujące, że raziły nawet Farisa. To musiał być on. Przebojowy, niepokorny, charyzmatyczny. Facet, który ma cały świat w dupie i nie ugnie się przed niczym, bo idzie własną ścieżką i nikomu nic do tego. Idealny McMurphy.

Podszedł do niego po występie. Był przekonany, że tamten spojrzy na niego z góry, może splunie mu pod buty, spyta: „czego chcesz, staruszku?".

A gdy Faris powie, co planuje, w odpowiedzi dostanie śmiech albo i stek wyzwisk, a na końcu z pewnością szorstką odmowę. Próby, scenariusz, zobowiązania sztuki teatralnej to jednak nie to samo, co wyjść na scenę na pięć minut i powiedzieć, co człowieka boli. Ryzyko jest nieporównywalne, zwłaszcza gdy propozycję składa człowiek, którego widzi się pierwszy raz w życiu. Mimo to Faris przywitał się i bez wstępów powiedział, o co chodzi.

– Mnie? Chcesz mnie do roli McMurphy'ego? Mam grać postać Jacka Nicholsona? Naprawdę? – chłopak nie dowierzał. Po zejściu ze sceny przepoczwarzył się zupełnie. Prawie znikł w oczach. Stał się nieśmiały, nawet bojaźliwy, trudno go było rozróżnić w tłumie. Taka siła aktorska. Mistrz.

– Nikt inny go nie zagra. Bez ciebie nie wystawię tej sztuki.

– To będzie dla mnie zaszczyt.

– Jak masz na imię?

– Hassan.

– Witaj w ekipie, Hassan.

Odbył jeszcze czternaście takich rozmów. Nie odmówił mu nikt, nikt nawet nie zadawał dodatkowych pytań.

ZACZĘLI PRÓBY, po mieszkaniach, domach. Uczyli się tekstu, przymierzali do scen. Nie wiedzieli nawet, jak się robi teatr. Z Farisa był żaden reżyser, z pozostałych żadni aktorzy. Banda amatorów. Dwóch lekarzy, bankier, handlowiec, urzędnik w konsulacie. Próba za próbą. Obcy mężczyźni, obce kobiety. Niespokrewnieni, nieżonaci, niezamężne. Za każdym razem drzwi mogła wyważyć tajna policja w towarzystwie Muttawy, bo ktoś coś przyuważył, ktoś komuś szepnął słowo. Ryzyko rosło z każdym tygodniem.

Ale sztuka zaczęła nabierać kształtu. Zaczęli jakby dla próby, nie mając wielkich nadziei na końcowy sukces, ale z biegiem czasu dochodzili do momentu, w którym sprawa zaczęła się robić poważna. Trzeba było zacząć liczyć budżet, szykować scenografię, kostiumy, myśleć o świetle, muzyce. Ostatnia chwila, żeby się wycofać.

Nie wycofał się nikt.

Choć trudno było w to uwierzyć, wyglądało na to, że pomysł chyba uda się zrealizować. Bez odpowiedzi nadal pozostawało jednak najważniejsze pytanie. Gdzie wystawiamy?

Nikt się nie może dowiedzieć zawczasu. Miejsce musi być duże, będzie musiało pomieścić kilkaset osób i scenę. Trzeba będzie zwieźć sprzęt, zbudować na miejscu scenografię. Podjedzie mnóstwo samochodów, pewnie będzie wokoło słychać dźwięk, muzykę. To się nie może udać. Ale nic, szukajmy.

ZADZWONIŁ TELEFON. Faris odebrał i po pierwszych słowach aż przysiadł. Spodziewał się jakiegoś telefonu, ale nie takiego. Od miesięcy czekał na ten dzień, gdy odbierze połączenie, a w słuchawce odezwie się anonimowy głos. Usłyszy: „Wiemy, co szykujecie. W pańskim najlepszym interesie będzie zarzucić całą sprawę, panie Faris". Tajna policja, Mabahith. Ludzie, którzy się nie przedstawiają, bo nie muszą. Są wszechwładni. Ci, którymi interesują się Mabahith, znikają bez wieści, a potem rodzina po wielu latach dowiaduje się, że ich bliski zmarł w jakimś nieznanym nikomu więzieniu, ale nie można obejrzeć ciała, bo już zostało pochowane. Spodziewał się takiego telefonu, nawet dziwił się, że ten dzień jeszcze nie nadszedł.

Dziś też jeszcze nie.

W słuchawce usłyszał głos człowieka, którego nawet nigdy nie próbował poznać, bo zawsze był poza jego zasięgiem. Szara eminencja saudyjskiego ruchu oporu. Bogaty dżeddyjski biznesmen, przez lata żyjący w Wielkiej Brytanii, gdzie nauczył się kochać sztukę. W piwnicy jego domu kilkakrotnie organizowane były wieczory Otwartego Mikrofonu. Pomagał tym, których talent zrobił na nim wrażenie. Wspierał odważne inicjatywy. Uważał, że sztuka to brama do wolności i nie bał się ryzykować własną głową, by Saudyjczycy w dowolny sposób mogli wyrażać, co czują.

– Możesz wystawić swój spektakl w moim domu na obrzeżach miasta. To odpowiednia lokalizacja, z dala od niewłaściwych oczu. Powinno się udać. Zmieścicie trzysta pięćdziesiąt krzeseł, scenę postawimy w ogrodzie – usłyszał Faris w słuchawce. – Mam tylko jeden warunek: macie do dyspozycji tylko jeden wieczór, nie więcej.

Jeden wieczór. Wszystko, czego potrzebowali. Gramy i znikamy, po paru godzinach nie będzie po nas śladu. Nadal nie mógł w to uwierzyć. Mieli teatr.

SPRAWA NABRAŁA TEMPA. Przeliczyli pieniądze. Mikrofony, kostiumy, światła, wynajem sprzętu. Potrzebowali pięćdziesięciu tysięcy riali. Sporo. Faris od początku forsował założenie, że bilety mają być tanie, dostępne dla każdego. Głupota, mówili inni. Takie ryzyko, takie wydarzenie. Możemy kasować nawet cztery razy tyle, a i tak będzie pełna sala.

Nie.

Tu nie chodzi o zysk, powtarzał. Chcę, żeby tu przyszedł ojciec z żoną i dziećmi, grupa znajomych. To nie ma być impreza dla bogaczy. Kasujemy nie więcej niż sto, sto dwadzieścia riali. Sto złotych.

Podsumowali koszty, liczbę miejsc, ceny biletów. Nawet jeśli zapełnią salę, zabraknie im dziesięciu tysięcy. Jedynym wyjściem było zagrać dwa spektakle jednego wieczora, z przerwą na oddech pomiędzy. Aktorzy, którzy pierwszy raz wystąpią publicznie, w pierwszym spektaklu teatralnym w tym kraju, amatorzy, którzy nie śpią z nerwów od tygodni, mają zagrać dwa spektakle pod rząd jak zawodowi rutyniarze, i nie zejść na serce. I jeszcze ślepo wierzyć, że po pierwszym spektaklu wieść o tym, co się dzieje, nie rozejdzie się błyskawicznie i policja nie obstawi posesji, czekając na wychodzących, gdy kurtyna opadnie po raz drugi kilka godzin później.

Nikt nie oponował. Gramy.

TRZEBA ZAPEŁNIĆ WIDOWNIĘ. To jest ten moment. Musimy ustalić datę, wyjść do ludzi. Jeśli coś się ma zawalić, to zawali się teraz. Żadnych ulotek, żadnych plakatów. Tylko zaproszenia dla osób, które znamy osobiście. Wyłącznie zaufani. Spiszmy ich, zobaczmy, ile to miejsc. Trzysta. Za mało. Co robić?

Trudno, trzeba było podjąć ryzyko. Pozwólmy tym, którym sami ufamy, zaprosić, kogo uznają za stosowne. Tysiąc osiemset osób. Wystarczyło, że jedna szepnie słowo w nieodpowiednie uszy, że ktoś jest informatorem policji albo poczuje się w obowiązku powiadomić Muttawę.

Hadeel. Pod hidżabem – blond loki w stylu Veroniki Lake. Pod abają – jedwab, żaboty, naszyjnik, bransoletki i pomalowane paznokcie

WYBRALI DATĘ. Piątek. Święty dzień. Nikt nie pracuje. Sądy, urzędy zamknięte. Jeśli będzie nalot, może nie uda im się załatwić nakazu. Lokalizację wysłali w wiadomościach do zarejestrowanych gości dopiero w dniu spektaklu, rano. Jeśli coś poszło nie tak i już byli spaleni, policja będzie miała tylko kilka godzin, by urządzić obławę i zdobyć pozwolenia na wejście na prywatny teren. Może im się nie udać.

Nadszedł wieczór. Gramy.

POSESJA NAD MORZEM, na obrzeżach miasta. Jeszcze nie na pustyni, ale już prawie. Mur okalający spory teren. Piękny, duży ogród i drzewa, pomiędzy którymi ustawiono scenę. Wokół, jak w amfiteatrze, czterysta krzeseł poustawianych w równych rzędach. Oświetlenie, głośniki, cicho sącząca się muzyka. Pod bramę zajeżdżały kolejne samochody, goście po cichu przemykali między skrzydłami, pokazywali zaproszenia.

Wśród nich pojawił się dyplomata z jednego z konsulatów. Jego obecność wzbudziła lekkie poruszenie. A jeśli, a jeśli...? Faris uspokajał ekipę:

– Bardzo dobrze, że tu jest. Jeśli będzie nalot, jego obecność to najlepsze, co mogło nam się przydarzyć. Nie będą ryzykować międzynarodowego skandalu.

Pojawiali się kolejni goście. Rodziny z dziećmi, obcokrajowcy, grupy kobiet. Saudyjczycy w thawbach i w garniturach, kobiety w abajach, nikabach, ale i takie z rozpuszczonymi włosami i na szpilkach. To jest ten moment i to miejsce, kiedy mogą się ubrać jak chcą. Jeśli coś pójdzie nie tak, strój nie będzie miał zresztą znaczenia.

Muzyka ucichła, po niej widownia. Ktoś jeszcze poprawiał krzesło, ktoś przeciskał się między rzędami do swojego miejsca, przepraszając, że depcze abaje.

Za sceną Hassan był bliski omdlenia z nerwów. Gdy nadszedł czas, wziął głęboki oddech i wszedł w światło reflektora.

– *Salam alejkum*, siostro. Randle Patrick McMurphy – rzucił zawadiacko, z ostentacyjnym, pewnym siebie uśmiechem.

ZAGRALI DWA SPEKTAKLE przy niemal pełnej sali pod drzewami w ogrodzie rezydencji bogatego biznesmena. To był jedyny wieczór, gdy można było obejrzeć sztukę, do której przygotowania trwały siedem miesięcy. Każdy w ekipie marzył o tym samym – zagrać ponownie, jeszcze wiele razy. Umowa była jednak jasna. Jeden wieczór. Jeśli powtórzą ten numer, policja będzie już gotowa na pewno. Takie wydarzenia nie przechodzą bez echa.

Gdy opadła kurtyna, widownia jakby pękła na pół. Amerykanie i Europejczycy bili brawo. Elegancko, spokojnie, część pewnie nawet wręcz kurtuazyjnie, bo – umówmy się – w kategorii teatru to nie była wielka sztuka i wielkie aktorstwo.

Ale Saudyjczycy zgotowali obsadzie owację graniczącą z szaleństwem. Krzyczeli, gwizdali, piszczeli i oklaskiwali niekończące się ukłony.

Większość z nich mogła to robić pierwszy raz w życiu.

PRZEZ SIEDEM MIESIĘCY PRZYGOTOWAŃ nikt w ekipie ani razu nie zadał pytania: „Co zrobimy, jeśli nas nakryją?". Ani razu. Może dali się ponieść nastrojowi Arabskiej Wiosny, która wtedy rozlewała się po Bliskim

Wchodzie, a może czuli wagę swoich zamierzeń, ich znaczenie. To była brawura, szaleństwo. Przedsięwzięcie, które nie miało prawa się udać, ale które pochłonęło ich bez reszty.

Gdy Faris pierwszy raz przyjechał do ogrodu Biznesmena i gospodarz oprowadzał go po posesji, zastanawiali się tylko, gdzie najlepiej ustawić scenę, gdzie będzie widownia. Potem podali sobie ręce i popatrzyli bez słowa w oczy. Żaden nawet nie poruszył tematu ryzyka. Nie było takiej potrzeby. Dobrze wiedzieli, że jeśli sprawa wyjdzie na jaw, obaj trafią do więzienia. Trudno. Niech tak będzie.

– NIGDY WCZEŚNIEJ się tak nie czułem. To była euforia. Dokonaliśmy niemożliwego – powiedział Faris. – Jeśli chodzi o sztukę, tak obiektywnie, to nie było nic wielkiego. Jakim aktorem może być handlowiec, lekarz? Jakim reżyserem może być ktoś, kto tylko czytał Ibsena i Dostojewskiego? Ale to nic. Bez względu na wartość artystyczną, to co zrobiliśmy... To było coś. Osiągnięcie.

– Można na to spojrzeć też inaczej. Jesteście pierwszą i jedyną trupą teatralną w Arabii. Byliście najlepsi w historii – zażartowałem. Faris wybuchł śmiechem. – Ale tak poważnie... Pochodzimy z kraju, w którym ludzie przez dwieście lat walczyli z systemem. Rozumieją, jak wiele to znaczy. Nie musisz mi tłumaczyć.

Faris pokiwał głową. Zadziwiająco dobrze znał europejską historię. Wiedział, o czym mówię.

– Wiesz, kim jest Sarah Attar? – spytał w końcu.

– Wiem.

Sarah Attar była pierwszą Saudyjką, której pozwolono wystąpić na igrzyskach olimpijskich. Wystartowała w biegu na osiemset metrów. Peleton odsadził ją błyskawicznie i Sarah biegła jeszcze długo po tym, gdy wszystkie jej rywalki przekroczyły linię mety. Na ostatniej prostej pięćdziesiąt pięć tysięcy widzów na Stadionie Olimpijskim w Londynie wstało i zgotowało jej owację, gdy samotnie pokonywała końcowe metry.

– Nie miało znaczenia, że przybiegła ostatnia, prawda?

GDY WYSZLIŚMY ZE SPOTKANIA Z FARISEM, Marianna miała łzy w oczach.

– Rozumiesz teraz, dlaczego tak kocham teatr?

– Teraz rozumiem.

SPORO JEST W DŻEDDZIE tego nieposłuszeństwa obywatelskiego. Muttawa zaczęła niedawno ganiać kobiety bujające się na huśtawkach przy placach zabaw dla dzieci. Bo *haram*, zabronione. Mnóstwo dziewczyn od razu zaczęło się umawiać właśnie na huśtawki, na złość brodatym policjantom moralności. Sprawdzają, gdzie są granice, ile im wolno.

– Gdybym był kobietą, siedziałbym na tej huśtawce każdego dnia.

– Jestem o tym przekonana. Uwielbiasz takie prowokacje.

– Oj tam, ty też lubisz, tylko się bardziej krygujesz. Przypomnij sobie, jak wyglądał nasz ślub.

Zupełnie bez pompy i nadęcia. Marianna w prostej sukience i z bukiecikiem hortensji za trzydzieści złotych. Skromnym, wdzięcznym, a jakże ładnym. W sali urzędu z głośników leciała karaibska muzyka, a ja miałem na nogach czerwono-białe buty udające piłkarskie korki.

Przed ceremonią świadek poprosił na stronę urzędniczkę z niezwykle nieudanym tapirem na głowie. Przekazał życzenie pana młodego, żeby dopisać po jednym zdaniu do treści każdej przysięgi. Dla mnie, że nie będę jęczał, gdy zamiast horrorów będę musiał całe życie oglądać komedie romantyczne, a dla Marianny, że solennie przyrzeka wycierać nóż z majonezu, gdy robi sobie kanapki na kolację i odkłada go na blat. Zrugała go straszliwie. To jest poważna sprawa, grzmiała, a nie miejsce na wygłupy. I od siebie przeczytała na otwarcie fragment wiersza wielkiej poetki Marii Konopnickiej, by dodatkowo podkreślić wagę naszego wyboru. Patrzyliśmy na nią jak na wariatkę. Ten tapir, ta sroga mina, szara garsonka, Konstytucja, stemple. Po co to wszystko, przecież to radosny moment. Jakby była z innego świata.

Potem za każdym razem, gdy wypowiadała moje nazwisko, nie odmieniała go przez przypadki, a Marianna konsekwentnie ją poprawiała, czym zaskarbiła sobie dozgonny szacunek zaprzyjaźnionej redaktorki z dużej gazety. Myślałem, że się uduszę ze śmiechu. To był świetny dzień.

Długo nie mogłem się zebrać w sobie na oświadczyny. Dziesięć lat. Musiałem wyjechać do Azji na dwa miesiące, żeby dojrzeć do tej decyzji. Teraz mam wrażenie, że nie było się nad czym zastanawiać.

– Myślę, że wiele kobiet żyje tu w ten tradycyjny sposób, bo na razie po prostu nie mogą inaczej – stwierdziła Marianna. – Nie mają realnego wyboru. Tak coś czuję podskórnie, że gdy ta niewielka grupa wywalczy jakieś zasadnicze zmiany, tu się zacznie lawina.

– Dlaczego tak myślisz?

– Bo ja też taka jestem. Bałabym się tak ryzykować jak te dziewczyny, nie umiałabym tak otwarcie rzucić wyzwania systemowi. Ale gdyby ktoś inny otworzył drzwi, stałabym pierwsza w kolejce.

– Może i masz rację... Chociaż szybkich zmian to tu moim zdaniem nie będzie.

W DŻEDDZIE POWSTAŁA FIRMA, która postanowiła szyć tradycyjne ubrania inaczej. Zwłaszcza thawby, proste białe stroje męskie, ozdobione jedynie kołnierzem, mankietami i kieszonką z przodu. Typowy beduiński przyodziewek.

Salon firmy Lomar, obrazoburczych projektantów tradycyjnych strojów

Pierwsza innowacja – czerwony szew zamiast zwykłego białego. Reakcja – odżegnanie od czci i wiary. Ktoś zamachnął się na tradycję. Ale minęło trochę czasu i koncept okrzepł, znaleźli się nawet nabywcy. Firma poszła o krok dalej. Wszyła suwak dla ozdoby i inaczej skroiła kołnierz. Zaczęła dostawać telefony z pogróżkami. W końcu zaczęła wstawiać magnesy, zdobione mankiety, geometryczne kroje, metalowe obszycia. To też moda, mówili, nie zamykajmy się w jednym starym wzorze. Bojkot, śmiech, wyzwiska. Mężczyźni nie będą się nosić jak panienki. Mężczyzna nosi ubrania, nie kreacje.

Ta firma potrzebowała dziesięciu lat, by przyzwyczaić Saudyjczyków do tak niewielkiej zmiany, jaką jest krój mankietów. Dziś kopiują ją wszystkie inne i jest liderem branży. To, co było, jest lepsze niż to, co mogłoby być.

Ciężko rządzić krajem, w którym król może zostać zadźgany we własnym łóżku, gdy spróbuje zmienić zbyt wiele. Tradycja jest tu wartością samą w sobie. Nie można zmienić za wiele ani za szybko, nie ryzykując gwałtownej reakcji. Lepiej stopniowo, powoli. Tak, żeby nikt nie protestował, żeby wszyscy mieli czas się przyzwyczaić. Król rządzi sam, ale oponentów ma wielu. Duchowni, pretendenci, możne rodziny. Trzeba na nich uważać.

Zmiana wkrada się więc do Arabii po cichu, od dołu. Tak jest lepiej. Król jest bardzo sprytny. Zamiast reformować edyktami, samodzielnie nadawać kierunek swoim poddanym, raczej wprowadza niepozorne zmiany, które zaowocują w przyszłości. Ufundował program stypendiów zagranicznych. Kilkadziesiąt tysięcy Saudyjczyków co roku jedzie do USA, Wielkiej Brytanii, Francji, Polski. Niech jadą, nasiąkną trochę innym światem, otworzą głowę.

Jak to? Kobiety? Same? Nigdy!

Ależ nie same, niech jedzie też *mahram*, opiekun, niech też nasiąknie, to nawet lepiej.

Pojadą, wrócą, zaczną inaczej myśleć, nie będą się już na wszystko zgadzać. Więc młodzi Saudyjczycy wyjeżdżają, a potem przywożą ze sobą inne myślenie. Po powrocie chcą jednak więcej wolności, a nie bezpieczeństwa. Chcą się poznawać, rozmawiać, chcą się zakochać, zaszaleć. Kontestują system, obchodzą go. Rozmawiają w sieci, spotykają się po kątach. Dziewczyny wieszają swoje zdjęcia bez przykrycia głowy, takie, jakie są, a nie jakimi chce je widzieć rodzina. Umawiają się po cichu na randki. Ostrożnie, w towarzystwie brata, siostry, bo jednak nie na wszystko same są jeszcze gotowe.

Państwo – rząd i duchowieństwo – broni tradycji. Kopie, wierzga. Próbuje ograniczać internet, blokować aplikacje do wysyłania wiadomości, przesyłania zdjęć. Na próżno. Tego się nie da zatrzymać. Saudyjczycy coraz śmielej wyglądają za płot i chcą widzieć jeszcze więcej. Zmiany się już zaczęły, to są ostatnie lata tego społeczeństwa w dotychczasowym kształcie.

SZLIŚMY ALEJKĄ na terenie kampusu uniwersytetu medycznego. Śmialiśmy się trochę, żartowaliśmy sami z siebie. Za nami przechadzały się trzy saudyjskie studentki. Abaje, nikaby, zasłonięte twarze.

Nikab. W naszych oczach – czytelny sygnał ostrzegawczy. Nikab jest groźny, niepokojący. Nie widząc twarzy, zakładamy wrogie zamiary. Nie podchodź, nie odzywaj się, trzymaj dystans. Pewnie dziewczyna pochodzi z konserwatywnej rodziny, a może mąż ją do tego zmusza. Nikt przecież z własnej woli nie nosiłby czegoś takiego.

Jedna ze studentek, właśnie ta najbardziej zasłonięta, zagadnęła nas. Wesoła, otwarta, słyszalny amerykański akcent, ewidentnie spędziła trochę czasu w Stanach. Gdyby nie nikab, mogłaby to być typowa rozmowa na dowolnej ulicy europejskiego miasta. Skąd jesteście, co tu robicie, jak wam się podoba. A tak, studiowałam w Teksasie. Słychać?

– Mieszkałaś kilka lat w Stanach i nadal nosisz nikab?

– A jaki to ma związek?

Żadnego. Nikab na twarzy kobiety nie oznacza absolutnie nic. Niczego nie zakładaj z góry. Pod nim może się kryć wieczorowy makijaż, szefowa dużej firmy, nowoczesna kobieta, która na zakupy lata do Nowego Jorku, a na imprezy do Bahrajnu. Nikab może nosić kobieta, która rano akurat miała ochotę go włożyć. Jutro go zostawi w domu, a pojutrze

tylko lekko przysłoni włosy. To jest tylko kolejna emanacja prawa kobiety do prywatności, z którego Saudyjki powszechnie korzystają.

Jeśli Saudyjka wejdzie do restauracji i w sekcji „dla wszystkich" zobaczy mężczyzn, często odwróci się na pięcie i przejdzie za parawan, do części zarezerwowanej tylko dla kobiet. Nie dlatego, że nie ma prawa siedzieć z mężczyznami. Dlatego, że nie chce. Czy to wynika z wyimaginowanego poczucia zagrożenia przed stadem wilków, czy z wychowania, czy z chwilowego kaprysu – nigdy nie wiadomo. Ale to jej wybór i jej decyzja, podobnie jak włożenie nikabu, żeby obcy mężczyzna nie mógł oglądać jej twarzy.

A czy to właśnie nie o wolność wyboru walczą kobiety na całym świecie?

Równouprawnienie w Arabii wyglądałoby inaczej niż na Zachodzie. W europejskim wydaniu to równe prawo kobiet i mężczyzn do wyboru dowolnego stylu życia. Równe płace, możliwości, brak ograniczeń dla kogokolwiek.

Gdyby decydować miały Saudyjki, zażądałyby swoich przestrzeni zakazanych mężczyznom. Kobieta chce mieć prawo do nieprzebywania z mężczyznami, jeśli sobie tego nie życzy. Może powiedzieć szefowi,

Wydzielone, zasłonięte budki dla kobiet w restauracji Applebee's

który wyrzuca jej źle wykonaną pracę, że nie ma ochoty z nim rozmawiać. W jednej chwili włoży nikab i odwróci się plecami, a szef nic na to nie poradzi. Może oczekiwać kolejki do kasy, w której nie będzie musiała stać z mężczyznami. Saudyjki chciałyby mieć swoje miejsca, tak jak niepalący chcą przestrzeni wolnych od dymu. Niech sobie inni palą, ale nie przy mnie.

Jeśli czegoś im brakuje, to bliskości mężczyzny, którego będą kochać. Intymności, dotyku, czułości. Większość Saudyjczyków przeżywa całe życie, ani razu nie zaznawszy tego szaleństwa zakochania, gdy nie liczy się nikt i nic poza trzepotaniem serca. W aranżowanych małżeństwach czasem wzrasta jakaś forma miłości, ale spokojnej, dojrzałej, z lojalności i przyzwyczajenia. Nie fruwają motyle i nie ma fajerwerków.

– Jesteście parą? – spytała studentka zza nikabu.

– Tak.

– Pięknie razem wyglądacie... – powiedziała w jakiś taki tęskny, smutny sposób.

Złapałem Mariannę za rękę. Nie broniła się.

– CHĘTNIE BYM JUŻ WRÓCIŁ DO DOMU.

– Ja też.

– Naprawdę mam dość. Za dużo tych wyjazdów.

– Myślałam, że to jest większa przyjemność. Jestem wykończona. Od trzech dni nie miałam nawet chwili, żeby zadzwonić do rodziców...

– Pamiętaj o tym, gdy następnym razem nie będę się odzywać, dobrze?

DOSTALIŚMY ZAPROSZENIE na elegancką prywatną kolację do rezydencji majętnego Saudyjczyka. Doktor Ahmed, ekonomista, bankier, człowiek wielkiego świata. Włożyłem garnitur, krawat, wyczyściłem buty. Pod nasz hotel podjechała czarna limuzyna.

– Doktor zaprasza.

Przejechaliśmy pół miasta, aż do willowej dzielnicy z wysokimi murami. Otworzyły się wielkie skrzydła bramy, samochód wjechał przed dom, na okrągły dziedziniec z fontanną pośrodku. Doktor przywitał nas na schodach prowadzących na ganek pod kolumnami. Był ubrany w prosty szary thawb, na stopach miał sandały, ale w kieszeni na piersi pióro za tysiąc dolarów.

– Przepiękny dom, doktorze.

– Pozwólcie, że was oprowadzę.

Piętnaście tysięcy metrów kwadratowych projektu słynnego japońskiego architekta. Korty, dwa baseny, boisko do piłki nożnej. Na dziedzińcu w środku domu szklany wodospad, drzewka pomarańczowe, palmiarnia. Kilkadziesiąt sypialni i saloników, sala bankietowa dla dwustu osiemdziesięciu gości. Dwadzieścia pięć osób służby, wśród nich szoferzy, kucharze, prywatny krawiec. Garaż na kilkanaście samochodów, wyłącznie luksusowe modele. Dom tak olbrzymi, że nawet właściciel się w nim czasami gubił.

Doktorowi chyba nieźle się wiodło.

Zostaliśmy zaprowadzeni do niewielkiego salonu, gdzie spoczęliśmy na skórzanych kanapach.

– Czego się napijecie?

– Wody z limonką.

Jedna z sal balowych w domu doktora Ahmeda

– Soku z pomarańczy.

Doktor cmoknął niezadowolony.

– Na pewno? Mamy wszystko, czego moglibyście sobie zażyczyć.

– Co ma pan na myśli, doktorze?

Doktor Ahmed wskazał bar przytulony do saloniku, gdzie na szklanych półkach stały w równych rzędach butelki koniaku, whisky, brandy i innych wysokoprocentowych trunków.

– Dzięki uprzejmości korpusu dyplomatycznego...

Kolacja składała się z sześciu dań w klasycznym francuskim układzie. Rozmowę zdominowały sprawy międzynarodowe i biznes. Przysłuchiwaliśmy się uważnie, jak nad bouillabaisse załatwia się interesy za miliony i jak szybko można zdobyć wpływowych przyjaciół, jeśli zna się właściwych ludzi. Po godzinie mogliśmy rozmawiać z doktorem o wszystkim. Był żywo zainteresowany naszymi ocenami saudyjskiej codzienności. Wolność a poczucie bezpieczeństwa. Segregacja. *Mahram*. Aranżowane małżeństwa.

– Pamiętajcie, że jest olbrzymia różnica między tym, co inne, a tym, co złe – mówił.

Znał świat, zwiedził całą Europę, robił interesy na wszystkich kontynentach. Miał może z siedemdziesiąt lat i biło z niego doświadczenie, którego nam jeszcze długo będzie brakować. Rozumiał różnice w naszych systemach wartości, w postrzeganiu świata. Odnajdywał się równie dobrze w saudyjskim, co europejskim sposobie myślenia. Zadawał nam pytania, które rzucały inne światło na to, co – jak nam się wydawało – w Saudyjczykach zrozumieliśmy.

Doktor zaprosił nas na przejażdżkę po pustyni i do swojego domu w Libanie, gdybyśmy tam kiedyś trafili. Zaoferował kontakty do dziesiątki ambasadorów i ważnych ludzi. Pokazał nam skrzydło swojego domu zbudowane na wzór typowego beduińskiego namiotu na pustyni, gdzie odpoczywał, gdy przytłaczał go pęd życia. Chyba nas polubił.

– Długo jesteście razem? – spytał, gdy po kolacji ponownie zasiedliśmy na skórzanych kanapach w salonie.

– Trzynaście lat, od trzech małżeństwem.

– Kawał czasu. Jesteście szczęśliwi?

– Były wyboje. Czasem rzucało.

– Macie dzieci?

– Nie.

– Dlaczego?

Pytanie, na które w Arabii odpowiadaliśmy już dziesiątki razy i które zawsze nas stawiało w kłopotliwym położeniu.

– Skupialiśmy się do tej pory na innych sprawach... – zaczęła odpowiadać Marianna.

– Bo mnie nigdy nie ma w domu – wszedłem jej w słowo. Pierwszy raz powiedziałem to na głos, pierwszy raz przyznałem się sam przed sobą, że to moja wina, że stawiam „mnie" wyżej niż „nas". Że za bardzo kocham wolność, by się jej wyrzec i obstawić w ciemno kartę, której nie znam. Za dużo się dzieje w moim życiu. Nie, inaczej, sam je za bardzo zapełniam. Tak bardzo, że nie ma w nim już miejsca na nic innego, na wielkie plany, marzenia. Robię wszystko, szybko, na raz, bez chwili zwłoki, a czas ucieka. Czekam na dzień, w którym zapragnę mieć dzieci, jednocześnie zdając sobie sprawę, że gdy ten dzień w końcu nadejdzie, będzie już za późno.

Doktor Ahmed popatrzył na nas uważnie, spoważniał, jakby z troską.

– Chciałbym wam opowiedzieć moją historię. Posłuchajcie, i nie przerywajcie, proszę. Może coś lepiej zrozumiecie.

Miał wtedy dwadzieścia kilka lat, zażywał świata. Był porucznikiem armii saudyjskiej, stacjonował w Egipcie, jeździł na Zachód. Korzystał z życia i czas mu płynął beztrosko. Rodzina stale pytała: „Ahmed, kiedy się ożenisz? Nie jesteś coraz młodszy". Przyjdzie na to jeszcze czas, odpowiadał. Nie teraz, później.

Czas nigdy nie nadchodził.

Przyjechał do swojej wioski, do rodziców. Wieczorem brat usadził go gdzieś w kącie. Martwił się.

– Ahmed, będziesz sam na starość. Nie mogę ci na to pozwolić. W niedzielę się ożenisz, to postanowione.

– Dobrze, jeśli tego chcesz. Masz kogoś konkretnego na myśli?

– Twoją kuzynkę, Munirę. Jest piękna i mądra. Uważam, że będziecie do siebie pasować.

Munira miała wtedy szesnaście lat.

– Ona nie będzie na ciebie wiecznie czekać. W niedzielę poślubisz ją i będziecie razem do końca życia.

– Dobrze, bracie. Skoro to twoje życzenie, nie mogę się mu sprzeciwić.

W niedzielę zgodnie z tradycją przyszedł do domu rodziców Muniry, a jej bracia przyprowadzili mu narzeczoną.

Nie chciała nawet na niego spojrzeć.

Spędzili razem całą noc. Ahmed czarował wszystkimi gładkimi słówkami, jakich nauczył się w Egipcie. Opowiadał o oczach jak turkusowe jeziora i włosach jak fale morza. Zachwycał się jej pięknem i obiecywał przychylić nieba. Do świtu nie odezwała się nawet jednym słowem.

Rano matka Muniry chciała wiedzieć tylko jedno. Czy Ahmed pozbawił jej córkę dziewictwa. Czy udowodnił, że jest silnym, zdecydowanym mężczyzną, i zrobił, co należało.

Nie zrobił.

– Przyjdzie na to czas, matko. Musimy się lepiej poznać.

Skrzydło domu doktora zbudowane na wzór beduińskiego namiotu

Podczas drugiej nocy Munira zaczęła odpowiadać na pytania monosylabami. Trudno to było nazwać rozmową. Do świtu zamienili kilka słów. Przez cały kolejny dzień Ahmed unikał matki Muniry. Wiedział, jakie usłyszy pytanie, i bardzo nie chciał na nie odpowiadać.

W końcu trzeciej nocy Munira podniosła wzrok i pierwszy raz przyjrzała się swojemu nowemu mężowi. Był przystojny i silny, i miał ten błysk w oczach, który zawsze tak bardzo lubiła. Rozmawiali do rana, poznając swoje ciała i tajemnice.

Tej nocy Munira zaszła w ciążę, dając Ahmedowi pierwsze z sześciorga dzieci.

Od tamtej pory są razem do dziś, najszczęśliwsi pod słońcem. Kochają się i szanują, uczą wzajemnie od siebie. Są małżeństwem, jakiego wielu mogłoby pozazdrościć.

– Mieliście całą wolność świata. Ze wszystkich możliwych partnerów wybraliście właśnie siebie. A mimo to od trzynastu lat próbujecie się dowiedzieć, czego chcecie w życiu – powiedział doktor. – Nam wystarczyły trzy noce, mimo że mi żonę wybrała rodzina. Żonę, z którą żyję od pięćdziesięciu lat, w której każdego dnia jestem bardziej zakochany i która dała mi największe szczęście na świecie. Moje dzieci. A wy wciąż się zastanawiacie. Powiedzcie mi, czy ten wasz świat jest na pewno lepszy niż nasz?

WRÓCILIŚMY DO HOTELU RACZEJ W CISZY. Trochę nas rozbił ten wieczór. Długo już odwlekaliśmy tę rozmowę. Musiało kiedyś do niej dojść.

– Czy ty chcesz mieć dzieci? – spytała.

Chcę, nie chcę, to wszystko zmienia, całe życie musiałbym przebudować, wszystko, co robię, kim jestem. Kim będę, jeśli nie będę sobą? Co mi zostanie?

– Chciałbym chcieć.

Naprawdę. Chciałbym chcieć.

SPAKOWALIŚMY RZECZY, domknąłem walizkę. Pora wracać.

Arabia Saudyjska musi się zmienić, bo jeśli się nie zmieni i będzie się kurczowo trzymać religii i tradycji, upadnie. To jest sztuczny twór, stojący na jednej tylko nodze – ropie naftowej. Noga to gruba jak pylon mostu, ale tylko jedna i kiedyś, prędzej czy później, musi się złamać.

Gigantyczny strumień pieniędzy z ropy pozwala utrzymywać system, który bez tego zasilania by się zawalił. Dzięki niemu w Arabii Saudyjskiej nie płaci się podatków. Edukacja jest darmowa, ze studiami włącznie, podobnie opieka medyczna. Połowa społeczeństwa nie pracuje, bo kobiety zostały zamknięte w czterech ścianach przez religijnych fundamentalistów. To sprawia, że połowa kraju jest całkowicie odsunięta od sfery publicznej, stając się dla systemu obciążeniem, a nie jego pełnoprawną częścią. Kobiety w Arabii Saudyjskiej są zamknięte w złotych klatkach. Dziś większości to nie przeszkadza, ale gdy ropa przestanie płynąć, klatka zrobi się za ciasna.

Państwo i sektor publiczny są głównymi krajowymi pracodawcami. Litr benzyny kosztuje czterdzieści groszy, choć kosztowałby więcej, gdyby nie państwowe dotacje. Dzięki systemowi dopłat i programów socjalnych wielu Saudyjczyków nie musi nic robić, a i tak opływa w bogactwa. A gdy w arabskim świecie zaczyna się dymić, król kupuje sobie spokój na swojej ziemi, wypłacając wszystkim trzynaste i czternaste pensje.

W żadnym innym kraju nie byłoby to możliwe.

Całkowicie nienaturalny system segregacji również trwa dlatego, że petrodolary pozwalają go podtrzymywać. Dziś kobiety są rzadziej widywane podczas oficjalnych obiadów niż alkohol, ale to się już zmienia. Jeszcze dziesięć lat temu arabska kobieta na ekranie telewizora wywoływała szok, wręcz skandal. Teraz nie budzi już nawet zdziwienia. Połowa młodych Saudyjek studiuje, z programu stypendiów zagranicznych korzystają głównie kobiety. Od kilku lat Saudyjki mogą prowadzić firmy bez zgody opiekuna, od niedawna zezwolono również, by w sądach występowały kobiety adwokaci, choć w ograniczonym zakresie.

Symbolem zmian jest walka o prawo Saudyjek do prowadzenia samochodów. Zakaz irracjonalny, ale ułatwiający mężczyznom zamykanie kobiet w rolach żon i matek. Jeśli będą mogły prowadzić, pojadą dokąd chcą, znikną z pola widzenia, wymkną się spod kontroli. Na to zgody być nie może. Przeciwko kobietom za kierownicą protestują więc i Saudyjki, i Saudyjczycy. W ich głowach od tego wszystko zależy, to jest początek

Maserati za trzysta pięćdziesiąt tysięcy złotych. Raczej jego niż jej

końca. Ostatnia prosta do społeczeństwa bez tradycji i zasad, zgnilizny, jaką widzą w amerykańskich filmach i przed którym przestrzegają nieustannie brodaci duchowni.

Bo tak jak my Bliski Wschód oglądamy przez szybę telewizora, tak samo Arabowie widzą nas. A jeśli spojrzeć obiektywnie, to nasz świat w telewizji może być dla nich przerażający tak samo, jak dla nas wyobrażenia o kamizelkach wyładowanych trotylem. O nas z ekranu mówią głównie morderstwa, seks i przemoc. Okrutny, zepsuty świat. Oczywiście to fikcja. My to wiemy, Saudyjczycy również w jakimś stopniu są tego świadomi.

Ale skądś się to bierze, że w Bollywood tańczą i śpiewają, a w Hollywood – mordują.

I Saudyjczycy nie chcą się stać takim społeczeństwem, boją się tego, nawet jeśli jest w tym tylko ziarno prawdy.

TU NIGDY NIE BĘDZIE GWAŁTOWNYCH ZMIAN, protestów, społecznej rewolty jak w Libii czy Egipcie. Saudyjczycy są ludźmi nauczonymi akceptować rzeczywistość, nie sprzeciwiać się jej, nie protestować. Ostatnim przejawem prawdziwego buntu i rewolucji na tej ziemi był prorok Mahomet. Tysiąc czterysta lat temu.

Gdyby dziś król Abdullah postanowił, że znosi system *mahram* i wszyscy są równi, a kobiety mogą prowadzić samochody i pracować wedle życzenia, jutro w tym kraju byłaby wojna domowa. Jego poddani boją się zmian, zwłaszcza tak gwałtownych, nie lubią ich. Już raz się ich przerazili.

Jeśli chodzi o ekonomię, Saudyjczycy w kilka dekad przeskoczyli tysiąc lat, ale zmiany kulturowe i społeczne nie były w stanie za tym skokiem nadążyć. Przestraszyli się i cofnęli do tego, co znali najlepiej. Klanowej, konserwatywnej obyczajowości z pustyni, gdzie czarne jest czarne, a białe jest białe. Od tamtej pory za każdym razem, gdy w jakiejś kwestii Arabia zrobi krok w przód, gdzieś indziej zrobi dwa w tył. I dlatego każda zmiana budzi natychmiastowe protesty tych, którzy się zmian boją.

Nowoczesności się jednak nie da zatrzymać i Saudyjczycy będą się w końcu musieli z nią zmierzyć. Zmiany już się zaczęły. Będą szybkie, ale nie gwałtowne. I na pewno nie takie, jakich się spodziewa Zachód. Tu nigdy nie będzie demokracji, systemu wielopartyjnego. To byłby natychmiastowy powrót do klanowości, którą olbrzymim wysiłkiem Saudyjczycy od tylu lat starają się zmienić w państwowość. Kobiety nie zaczną masowo pracować, robić karier. Nawet jeśli będą mogły, nie będą chciały. Będą wolały żyć jak dawniej w aranżowanych małżeństwach, z mężem podejmującym wszystkie decyzje i gwarantującym wygodne życie.

Będzie postępowało odejście edukacji od religii, ale to nie znaczy, że zniknie islam. Kobiety będą coraz częściej żądać rozwodów, już teraz rozpada się ponad połowa małżeństw, ale to nie oznacza, że zmienią się gwałtownie role mężczyzny i kobiety. Młodzi ludzie będą coraz odważniej łamać zakazy segregacji, ale wcale nie przestaną nosić thawbów i abai, bo nie przestaną nagle uważać, że niewłaściwy strój to oznaka braku szacunku.

Arabia Saudyjska zmienia się bardzo szybko. Dla wielu za szybko. W tym samym momencie liberalizuje się dzięki tym, którzy wracają z Zachodu, i radykalizuje z tymi, którzy przenoszą się ze wsi do miast. Te dwie części społeczeństwa coraz bardziej się od siebie oddalają. Zmiany są dla Saudyjczyków dezorientujące. Rozsypuje się znany im model, a nikt im nie mówi, co go zastąpi. Przychodzi nowe i po raz pierwszy każdy ma na ten temat swoje zdanie. Nie wiadomo, kogo słuchać.

Witamy w naszym świecie.

MAMY W SOBIE ZAKODOWANE PRZEKONANIE, że system to coś obcego, narzuconego z góry. Cisnęli nas zaborcy, Niemcy, Sowieci, komuna. Trzeba było walczyć lub kombinować. Dlatego bezrefleksyjnie czujemy, że wszędzie jest tak samo.

W Arabii Saudyjskiej nie ma „systemu". Jest taki kraj, jacy są jego mieszkańcy. Ułożyli sobie życie tak, jak chcą na nie patrzeć. Wyrośli w tym układzie, jest dla nich tak samo naturalny jak dla nas wakacje latem i choinka na święta.

Dlatego tu się wiele nie zmieni. Bo czemu zmieniać, jeśli jest dobrze? Czy my na Zachodzie dyskutujemy na temat wartości monogamii?

My nie moglibyśmy żyć w ich świecie. Nawet jeśli się nagniemy, przyzwyczaimy, coś nas zawsze będzie uwierać. I nieświadomie przypisujemy tę niewygodę Saudyjczykom. Widzimy czarny namiot, pod którym się kryje kobieta, i odruchowo zakładamy, że to symbol ucisku, że coś musi narzucać jakaś władza, a ludzie próbują sobie jakoś radzić pod jarzmem.

Tak nie jest.

W naszych gazetach przeczytamy, że zgwałconą kobietę skazano na dwieście batów, ale informacji o tym, że później została ułaskawiona, już nie ma. Powiedzą nam, że w wieże WTC samoloty wbili Saudyjczycy, ale nie powiedzą, że od tamtej pory siły Królestwa eliminują podejrzanych o terroryzm skuteczniej niż Amerykanie.

Pokazują nam ekstrema, wyrwane fragmenty, a nie cały obrazek. To wsiąka w nas, zapamiętujemy te urywki, bo drażnią nas, niepokoją. Potem nieświadomie dajemy się oszukać własnym skojarzeniom. Obrazom, które nam wrosły w umysły i od których nie potrafimy się uwolnić. Patrzymy poprzez nie na świat.

I bardzo się mylimy.

Wielki Meczet w Rijadzie, tuż przy niesławnym placu Dira

WRÓCILIŚMY DO KRAJU. Przywitał nas chłód. Pusta lodówka, zakręcone kaloryfery, sterta rachunków do zapłacenia. Pierwszy raz wracałem do domu, w którym nikt nie czekał. Straszne jest to uczucie pustki, samotności.

Czy to mnie kiedyś czeka? Pusty dom, chociaż pełen zdjęć ze wszystkich stron świata?

Marianna wcisnęła walizkę w kąt, tak jak ja zawsze po powrocie rzucam plecak. W takich chwilach ma mi za złe, że go nie rozpakuję. Że leży czasem i kilka dni, aż nadejdzie jego czas. Cisnęła walizkę, wykąpała się i poszła spać.

Spała tego dnia czternaście godzin.

TYDZIEŃ PÓŹNIEJ WYSŁAŁA FARISOWI PRZESYŁKĘ. Egzemplarz *Ferdydurke* Gombrowicza po angielsku, z dedykacją: „Może to będzie Twoja następna sztuka". Myślała nad czymś z repertuaru Teatru Domowego, ale uznała, że milicyjna nowomowa z *Przywracania porządku* nie będzie zrozumiała. Przeszukała Mrożka, Grochowiaka, Bursę, Witkacego. Postawiła jednak na uniwersalny absurd, tylko dla nas taki oczywisty.

Odwiedziliśmy jej rodziców. Dobrze, że jesteś, kochanie. Daj się uściskać. Siadajcie, mówcie, jak było.

Marianna nie wiedziała, co ma opowiedzieć. Tak samo jak ja nigdy nie wiem.

– Powiedz, jak hotel? Wygodny? Ładne miasto?

To przecież bez znaczenia.

– Ważne, że jesteście cali i zdrowi. Bardzo się niepokoiliśmy – odetchnęła mama. – To gdzie następna podróż? Malediwy? Polinezja Francuska?

Marianna spojrzała na mnie i odpowiedziała bez chwili wahania.

– Do Iranu.

– OSIĄGNĄŁEŚ, CO ZAMIERZAŁEŚ? – spytał tata. – Tą podróżą.

– Nic nie zamierzałem osiągnąć.

– To po co to wszystko?

– Każdy sam musi sobie odpowiedzieć na to pytanie.

Tata upił łyk herbaty. Spojrzał z przekąsem na mruczącego żulanta w rogu.

– To było pewnie dla Marianny duże przeżycie. Zakładam, że wróciła trochę zmieniona. Na pewno lepiej cię będzie teraz rozumieć...

– To na pewno.

– ... ale czy ty będziesz lepiej rozumieć ją?

Nie wiedziałem, co powiedzieć.

– Synu, pora już zacząć myśleć o swojej przyszłości. Nie możesz być tym mężem, którego nigdy nie ma, bo realizuje swoje marzenia.

– Stale mi to powtarzacie. Nie chcę już tego słuchać, mówiłem wam tyle razy.

– Gdy ci to mówi jakiś obcy człowiek, jakiś arabski bankier, którego więcej nie spotkasz, uważasz, że to bardzo mądre słowa i umieścisz je w książce. Ale gdy ci to próbują powiedzieć rodzice, to się czepiamy.

– Tato, wystarczy.

– Dorośnij, bo będziesz kiedyś bardzo samotnym człowiekiem.

Śnieg prószył za oknem. Zamieszałem herbatę.

– Chcesz posłuchać dalej?

– Oczywiście, opowiadaj. Mówiłeś, że wybrałeś trzy osoby. Kto był tą trzecią?

– Ty, tato.

TATA

WYCIĄGNĄŁEM Z KIESZENI KOPERTĘ.

– Co to jest? – spytał ojciec.

– Bilety do Nowego Orleanu.

– O czym ty mówisz?

– Mówię o tym, że trzecią osobą, którą zabiorę w podróż, będziesz ty. Jedyna różnica jest taka, że nie będziesz mógł wybrać miejsca. Zdecydowałem za ciebie.

– I tak bym wybrał Nowy Orlean.

– Wiem, tato.

Mój ojciec marzył o tym miejscu całe swoje życie. Słuchał bluesa, jazzu, oglądał filmy o plantacjach bawełny nad Missisipi i ciężkim losie czarnych w czasach niewolnictwa. Gdy pojechał do Paryża, nie interesował go Luwr ani wieża Eiffla. Poszedł od razu na Montmartre, gdzie mieściły się kluby jazzowe, żeby choć w ten sposób być bliżej swojej ukochanej muzyki. Moje najsilniejsze skojarzenie z tatą to dźwięk gitarowej solówki dochodzący z jego pokoju. Miękki, ciepły, lekko przesterowany dźwięk gibsona podpiętego do piecyka Marshalla. Towarzyszył mi całe życie.

Oddaliliśmy się z tatą od siebie, od kiedy się wyprowadziłem. Był kiedyś taki krótki moment, kiedy nie byłem już dzieckiem, ale jeszcze nie stałem się dorosłym. Byliśmy wtedy kumplami. To były świetne czasy.

Potem zamknąłem za sobą drzwi i zacząłem swoje życie, i odsunęło mnie ono od rodziców. A może sam się odsunąłem, nie wiem.

Widujemy się w święta, wpadam na obiady. Prowadzimy zdawkowe rozmowy, starając się unikać zapalnych tematów, przez które tyle razy psuliśmy sobie Wigilię. Trochę markujemy to wspólne życie. Szkoda.

Pomyślałem, że to będzie przełom. Jeśli coś się nawarstwiło, jakaś obcość, pęknie w starciu z magią Nowego Orleanu i Delty Missisipi. Spełnię wielkie marzenie mojego ojca. To go będzie musiało wyrwać z kokonu roli, jaką wobec mnie gra. Na chwilę zapomni, że jest nauczycielem życia, będziemy przez moment równi sobie. Dwóch dorosłych facetów w bluesowym klubie.

MÓWIĄ, ŻE ROBERT JOHNSON potrafił tak grać, bo zaprzedał duszę diabłu. Że stanął na rozdrożach gdzieś w Delcie Missisipi i grał na gitarze tak długo, aż pojawił się Lucyfer ubrany jak dystyngowany dżentelmen, w garniturze i kapeluszu. W ręku trzymał rzeźbioną laskę, z twarzy nie schodził mu uśmiech, a jego zęby lśniły pod przystrzyżonym wąsikiem.

Wyglądał jak biały.

Z klapy wyjął złożony cyrograf, który Robert Johnson podpisał niewprawną ręką. Mówią, że za talent oddał duszę na wieczne potępienie.

Wtedy w Delcie blues był wszystkim. Był wieczorną ucieczką od bolących pleców po upalnym dniu na polu bawełny. Był butelką whisky i dziewczyną w brudnym pokoju na poddaszu czarnej knajpy. Był nienawiścią, miłością i strachem. Był płonącymi krzyżami i ławkami tylko dla białych, pałką policjanta i drobnymi w kapeluszu. Był bliznami na plecach, płaczem po nocach i ulicą, której nie wolno było przekraczać, jeśli miałeś niewłaściwy kolor skóry.

Blues był wtedy wszystkim. A nikt nie mógł się równać z Robertem Johnsonem.

ROZDROŻY SZUKAŁO WIELU, bo niejeden chciał podpisać cyrograf. Tym, którzy pytają, mówi się, że to skrzyżowanie 61. i starej 49. w Clarskdale, stolicy bluesa z Delty. Ci, którzy wiedzą lepiej, wieczorem omijają róg Martin Luther King Dr. i Tallahatchie, gdzie dawniej przy torach łączyła się międzystanowa jedynka i szutrowa droga w stronę Missisipi.

Ale są też tacy, którzy wierzą, że to skrzyżowanie na środku pola kukurydzy, kilka mil na południe od Beulah, gdzie kiedyś stało samotne drzewo, a wokoło, jak okiem sięgnąć, nie było niczego.

Rozdroża, Missisipi

PATRZYŁEM Z DALEKA, jak mój ojciec wodzi po okolicy niewidzącym wzrokiem, skupiając się na kolejnej bluesowej przygrywce. Stopą odgarniał drobne kamyczki, w bezwiednym ruchu, jakby chciał wszystkimi zmysłami, w tym dotykiem, choćby przez twardą skórę buta, chłonąć magię miejsca, które wyobrażał sobie od trzydziestu lat. Widziałem jego palce sunące po gryfie, ale stałem za daleko, by cokolwiek usłyszeć. Pewnie raczej przypadkowa solówka.

Było koszmarnie duszno i gorąco. Koszula lepiła mi się do pleców.

Przetarłem czoło rękawem, został na nim mokry ślad. Ruszyłem w stronę taty. Pod stopami chrzęściły zeschnięte liście kukurydzy, powietrze wypełniał pył i brzęczące muchy. Kiedyś nie było tu nic, teraz – prawie nic. Milę dalej drogą kilka zabudowań, pod lasem mały cmentarz. I cisza, może wiatr szeleściłby rżyskiem na polu, ale wiatru też nie było. Absolutny bezruch życia.

W oddali zobaczyłem jakiś pojazd, jakby mały samochód, ale trochę wyższy. Rozrzedzone gorącem powietrze falowało, trudno było powiedzieć, co to. Zbliżał się powoli drogą przez pola, jadąc w naszym kierunku. Ojciec nie przestawał grać.

Dźwięk silnika zaczął powoli przebijać się przez brzęk strun i w końcu zobaczyłem, że była to dziwna, mała półciężarówka farmerska do transportowania narzędzi, wielkości wózka golfowego. Zielona, z niewielką kabiną, w której na wcisk ledwo mieściły się dwie osoby. Chwilę później rozpoznałem pasażerów – wielkiego, zwalistego kierowcę w czapce z daszkiem i poplamionej koszulce, obok którego siedział szczupły ośmiolatek o włosach koloru jasnej słomy, widocznych z daleka.

Zatrzymali się bez słowa.

– To ty jesteś diabłem? – spytałem.

– A to na niego czekacie? – odparł grubas. Dzieciak wyszczerzył zęby. Brakowało mu dwójki, ale wyrównywała to nadpodaż piegów.

– Miał przyjechać, gdy ktoś zagra bluesa.

Kierowca poprawił zatłuszczoną smarem czapkę. Ręce miał brudne i sękate.

– A skąd wiesz, że przyjeżdża od razu? – oblizał spękane wargi i splunął na ziemię. – Może trzeba trochę poczekać. Robert grał dwa dni.

Spojrzał przez moje ramię na ojca, zatrzymał wzrok na gitarze.

– Musicie uważać na węże, tu aż się od nich roi – oznajmił, wskazując głową pakę.

Rzuciłem okiem na odkryty kufer półciężarówki i aż wzdrygnąłem się z wrażenia. Na rozgrzanej słońcem blasze w pośmiertnym skurczu wolno wiły się ciała kilku grzechotników pozbawionych głów.

– A ja mam grzechotki! – ręka małego łobuziaka wystrzeliła z kabiny i otworzyła się, odsłaniając małe, jakby zasuszone wężowe ogony.

– Przynoszą szczęście?

– Zależy komu – odpowiedział grubas. Dzieciak znowu wyszczerzył zęby i chichocząc, zabrał rękę.

– Tu miało być samotne drzewo. Co się z nim stało? – spytałem.

– Może jest, może uschło, a może go nigdy nie było.

– Bez niego to się tak jakby nie liczy... Drzewo musi być...

– Może tak to sobie wyobrażałeś, ale w rzeczywistości jest inaczej. Co zrobić.

Ciężarówka ruszyła powoli, podnosząc duszący pył, który jeszcze długo wisiał w powietrzu.

Nowy Orlean, dwa tygodnie wcześniej

MOTEL SWOIM WYGLĄDEM nie obiecywał zbyt wiele i słowa dotrzymywał. Typowa przydrożna buda pod estakadą autostrady przecinającej w poprzek Nowy Orlean, od zalanego Katriną Slidell po eleganckie Tremé. Za płotem klub Red Velvet wieczorami otwierał podwoje dla samotnych panów szukających wykwalifikowanego towarzystwa. Szosą pędziły wielkie transportery ciężarowe. Okolica, której raczej nikt nie wybrałby na domek marzeń.

Pokój śmierdział stęchlizną, jak zawsze.

– No to jesteśmy!

– Jesteśmy!

Uściskałem tatę najmocniej, jak potrafiłem. Odwzajemnił się tym samym. Jesteśmy. Dojechaliśmy. To jest ten moment, w którym wszystko się zaczyna.

Wiecie, to jest naprawdę niesamowite uczucie, móc sprezentować własnemu ojcu coś, o czym marzył przez całe życie. W innych domach słuchało się Maanamu albo Grechuty. Ja wyrosłem na Buddym Guyu, Otisie Rushu i Mahalii Jackson. Zamiast gitarowego rocka, słuchałem bluesa, jazzu i gospel. Ojciec edukował mnie z różnic między fenderem i gibsonem, albo jak odróżnić bluesa z Delty od tego z Chicago. Wiedziałem, że Miles Davis kiedyś uciekł przez okno hotelu, gdy nie miał czym zapłacić za nocleg, bo wszystko przepuścił na whisky i panienki, że Junior Wells to najlepsza bluesowa harmonijka świata i że przed portretem BB Kinga dobrze zdjąć buty.

Gdy miałem siedem lat, pierwszy raz zobaczyłem tatę na scenie. W jakimś zadymionym klubie w piwnicy, pełnym tych, którzy w równym stopniu szukają muzyki, co piwa i kawałka ciała do ściskania. Myślałem, że pęknę z dumy, gdy rozchwiana już lekko publika entuzjastycznie przywitała zaintonowanego przez tatę balladowego *Reconsider Baby*, zapewne bardziej ciesząc się z tempa zdatnego do przytulańca niż numeru jako

Mój Tata

takiego. Gdy miałem lat dwanaście, po raz pierwszy zgrałem z taśm ojca moje ulubione numery. W późnej podstawówce tata zabrał mnie na pierwszy koncert, do Sali Kongresowej, na Jana Garbarka. Otwierająca kompozycja trwała pięćdziesiąt dwie minuty. Dla typowego czternastolatka katorga nie do wytrzymania.

Ja się popłakałem ze wzruszenia, a po ostatnim akordzie klaskałem, jakby mi się paliły rękawy.

Bo widzicie, tata mnie nauczył, że jazz i blues to nie jest „po prostu muzyka". To muzyka, która wyrasta z cholernie trudnej historii naznaczonej linczem i wieszaniem na gałęzi. Emanacja czegoś więcej niż tylko estetyki zamkniętej w dwunastu taktach czy improwizacjach na akordach z kwintą w basie. Jazz i blues to historia naszej cywilizacji opowiadana z perspektywy tych, którym się ona najmniej przysłużyła.

A to wszystko zaczęło się właśnie tu. W Nowym Orleanie i Delcie Missisipi. Dla mojego ojca przyjazd tu to jak pielgrzymka do Mekki, do Lourdes albo na Camp Nou. To jest bilet na finał mistrzostw świata, hymn Hendriksa na Woodstock i Stonesi w Kongresowej w sześćdziesiątym siódmym. Postawienie w tym świętym miejscu nogi może zrozumieć tylko archeolog, który po latach badań odkrył wreszcie wejście do ukrytej komory w piramidzie Chufu, lub historyk sztuki, który na strychu w tatrzańskiej chacie pod starymi papierami dostrzega róg zaginionego szkicu Rembrandta. Albo kapitan reprezentacji, w 87 minucie wygrywającej z Niemcami 2:1, gdy trzy minuty później sędzia dmucha w gwizdek i okazuje się, choć wydaje się to niemożliwe, że chyba jednak udało się utrzymać wynik do końca.

Dla mojego ojca jest to najważniejsze miejsce na świecie.

A przynajmniej ja tak wtedy myślałem.

– JESZCZE KAWY, SKARBIE? – pyzata kelnerka pochyliła się nad naszym stolikiem.

– Poproszę – odpowiedział tata wyraźnie uradowany.

Naleśniki i smażone jajka. Jadłodajnia ze skórzanymi siedzeniami ustawionymi bokiem do okna. Wnętrze retro, jak z lat 50., z podłogą

Dzielnica Francuska w Nowym Orleanie. Dzień jak co dzień

WWW.DEJAVUNOLA.COM
ONE WAY
Déjavu

w czarno białe kwadraty i pastelowymi ścianami. W tle syk pary z ekspresu i skwierczenie bekonu rzucanego na rozgrzaną blachę, i The Platters, od pięćdziesięciu lat rzewnie powtarzający tę samą śpiewkę o chłopaku tęskniącym do swojej ukochanej.

– Tato, muszę cię o to spytać. Czemu ty tu nie przyjechałeś wcześniej?

– Sam nie wiem. Może przez źle rozumianą obowiązkowość? Człowiek zawsze czuje, że jak wyjedzie, to zawali jakieś sprawy, że czegoś nie dopilnuje. No i że to są wspólne pieniądze, że nie można nimi tak szastać na własne fanaberie. Odkłada się zawsze takie plany na później, na lepszy moment.

– W ten sposób nie przeżywasz kolejnych pięciu lat. Przeżywasz pięć razy ten sam rok.

Tata spojrzał tym swoim wzrokiem, mówiącym, że trudno się rozmawia z kimś, kto wie i rozumie ewidentnie mniej niż on. Mogę mieć i czterdzieści lat, ale dla taty chyba już zawsze pozostanę trzynastolatkiem, któremu dopiero trzeba otworzyć oczy na świat.

– Synu, czemu ty myślisz, że podróże to jest odpowiedź na każde pytanie? Podróże to nie jest jedyna rzecz, która się w życiu dzieje.

– A co się u ciebie działo przez ostatnie pięć lat? – zripostowałem.

Tata łyknął kawy, popatrzył przez okno.

– Powiedzmy, że trwała ciągła walka z przeciwnościami losu – odpowiedział wymijająco.

– Sam widzisz. Nic się nie działo.

NOWY ORLEAN przywitał nas słońcem lejącym się szerokimi ulicami Francuskiej Dzielnicy. Z balkonów wciąż zwisały kolorowe korale, pozostałość po Mardi Gras. Kafejki serwowały śniadaniowe beignet, w nielicznych otwartych barach na Bourbon St. aspirujący muzycy grali niemrawo do pustych parkietów, oceniani przez właścicieli knajp pod względem przydatności na porę, kiedy miasto budzi się i łypie okiem w poszukiwaniu muzyki, alkoholu i panienek. Senne o tej porze ulice zapełniały się leniwie. Na rogu Toulouse i Dauphine siedział poeta do wynajęcia, który wedle życzenia mecenasa w ciągu czterech minut za kilka dolarów

wystuka na maszynie pean na dowolny temat. Drzemał z głową podpartą ręką. Widać za wcześnie na uniesienia ducha.

Pod katedrą królowe wudu wróżyły z ręki i mieszały tajemne proszki odganiające złe duchy, zdejmujące klątwy i pomagające na niepohamowane obżarstwo. Malarze rozstawiali swoje sztalugi, samotny trębacz przebijał się ostrym dźwiękiem przez harmider miasta, proponując niezawodnego Louisa Armstronga.

Trzynasta. Miasto budziło się do życia.

– Chodź tato, pójdziemy nad Missisipi.

Miss chlupała jak zawsze. Szarobura, niezachęcająca toń, oddzielająca Vieux Carré od Algiers Point. Na schodach ktoś spał, ktoś jadł, ktoś czytał przedwczorajszą gazetę. Oparty o barierkę siedział jakiś facet z gitarą i coś sobie brzdąkał po cichu. Siedliśmy nieopodal.

– Muszę sobie kupić taki bluesowy kapelusz. – Tata wskazał go ruchem głowy.

– Poszukamy później.

Zabytkowy parowiec stojący nieopodal ryknął tak, że zafalował trotuar, budząc bezdomnego na pobliskiej ławce, który zaburczał coś pod nosem i podrapał się po tyłku. Z oddali dolatywał dźwięk skrzypiec, brzęk szklanek i stłumione basy zza ciemnych szyb terenowego auta.

– Muzyka tego miasta – odezwał się gitarzysta zza barierki. – Nie ma takiego drugiego. Co was tu sprowadza, panowie?

– Jedziemy na Rozdroża.

– Bluesmani, ha... To zagram wam bluesa skąd pochodzę, z Georgii. A Naoki wam zaśpiewa. – Mężczyzna poklepał pieszczotliwie swoją gitarę po pudle rezonansowym.

Trącił struny i zagrał kilka taktów, zanucił coś pod nosem od niechcenia. Missisipi zachlupotała.

– To nie jest blues – zawyrokował ojciec. – Bardziej jakieś krzywe country. Spytaj go, czy mogę zagrać na jego gitarze.

Gdy skończył, przetłumaczyłem prośbę.

– Jasna sprawa, bracie. Tylko bądź miły dla Naoki, bo ona jest wszystkim, co mam.

Ojciec wziął instrument do ręki i oparł się o barierkę.

– To ja gram, ty śpiewasz. *Sweet Home Chicago* w E.

Charakterystyczna zagrywka, improwizowany duet. Bezpretensjonalne granie dwóch obcych ludzi, którzy choć nie mówią tym samym językiem, do niczego go nie potrzebują.

Back to the same old place. Sweet Home Chicago.

– Jasna cholera, chłopie! Potrafisz grać bluesa! – Oczy gitarzysty po ostatnim takcie przypominały dwudziestopięciocentówki. – Skąd was tu przywiało?

– Z Polski.

– Bluesmani z Polski?! Nikt mi nie uwierzy.

Znowu miałem siedem lat i znowu pękałem z dumy.

Gdy odchodziliśmy z nabrzeża Missisipi, mój ojciec był naprawdę szczęśliwy. Nie pamiętam, kiedy go wcześniej widziałem w takim stanie.

– Grałem z czarnym gościem w Nowym Orleanie! Mogę spokojnie umierać.

Zrobił chwilę przerwy, cmoknął kątem ust, kręcąc głową.

– Ale to, co on grał, to nie był żaden blues.

PRZEZ DZIELNICĘ FRANCUSKĄ SZEDŁ KOLEJNY ŚLUB. Roztańczony korowód weselnych gości, prowadzony przez dwunastoosobowy zespół. Basowały tuby, dudniły bębny, a trąbki obwieszczały światu, że to najpiękniejszy dzień tego roku i wszyscy są zaproszeni.

We can make if we try. Just the two of us, you and I...

Pochód powiększał się z każdą chwilą. Przypadkowi przechodnie przyłączali się do roztańczonej trupy, wznosząc papierowe kubki i przytupując do rytmu. Młoda para z tradycyjnymi parasolkami wirowała na czele pochodu, obskakiwana przez kilkuletniego dzieciaka, przeżywającego właśnie przygodę lata. Z balkonów ktoś rzucał koraliki z dawno przebrzmiałego Mardi Gras, których nie zdołał wykorzystać w trakcie karnawału, by niskim kosztem naoglądać się gołych piersi i fałd na brzuchach. Kapela po chwili pauzy huknęła ze zdwojoną mocą.

↙ ŚLUB

To, do kogo należy ulica, wiele mówi o danym miejscu. W Londynie należy do pieszych. Tam ostatnio słyszano o mandacie za przejście na czerwonym pod koniec lat sześćdziesiątych, i to tylko dlatego, że policjant był przyjezdny. Podobnie w Skandynawii, gdzie samochody zatrzymują się, gdy ktoś tylko nieśmiało zbliży się do przejścia. W Amsterdamie ulica to kraina rowerów, a w dalekiej Azji asfalt należy do wszystkich i nie uznaje prawa pierwszeństwa. To centrum społecznego życia, obwoźny targ, kafejka, parking dla skuterów i świetlica dla dzieci. W Indiach ulicą rządzą krowy i rikszarze, w Rzymie – restauratorzy. W Rosji droga należy do kierowców samochodów, z pierwszeństwem dla tego, który większy i cięższy, i który ma większe pięści.

W Nowym Orleanie ulica należy do ludzi, którzy przeżywają coś ważnego i chcą być w tym momencie w towarzystwie. Z innymi, choćby przygodnymi kamratami. Tu, na ulicy się je i tańczy, i śpiewa, cieszy, pije i płacze. I umiera. Od kul zakapturzonych gangsterów, od strzałów policji albo od huraganów i powodzi. Podobno żyjemy razem, ale umieramy samotnie. Nie tu. Tu umiera się wspólnie, w najlepszym towarzystwie. Przy dźwiękach dęciaków, w powolnym pochodzie z kościoła na cmentarz, podobnym do tego weselnego, tylko w moll, a nie w dur. Do melodii przejmujących fraz granych na puzonach, ze starszymi paniami w kapeluszach z woalką i panami w lakierkach do garnituru. Czarna Ameryka.

One glad morning, when this life is o'er, I'll fly away...

Ludzie smutni, a jednak tańczą i śpiewają. To są najpiękniejsze pogrzeby, jakie widziałem w życiu.

Aż się chce umierać.

WIECZOREM SZLIŚMY PRZEZ DZIELNICĘ FRANCUSKĄ w kierunku Frenchmen St., w zagłębie muzycznych klubów, gdzie turyści rzadko się zapuszczają. Zostawiliśmy za sobą rozwrzeszczaną Bourbon St., na której kaznodzieje z krzyżem i megafonem rozpaczliwie próbowali zniechęcić przechodniów zmierzających pewnym krokiem do rozbieranych klubów i burdeli, strasząc ich piekielnym ogniem i wiecznym potępieniem. Naganiacz jednego z takich przybytków uspokajał:

– Bóg wybacza, właź spokojnie.

Wygrywał za każdym razem.

Alkohol skrzył się w świetle neonów, kapał z balkonów i rozlewał po chodnikach. Z każdych drzwi buchała muzyka, zlewając się w chaotyczną mieszankę rytmów i dźwięków. Okazjonalnie ponad harmider wznosiła się burza braw i okrzyków, śmiechy, czasem huk drzwi walących o framugę, gdy ktoś wypadał ze środka, by zaczerpnąć powietrza lub zmienić lokal. Na ulicy tłum.

↙ BOURBON ST.

Zajrzeliśmy do kilku barów, gdzie grali muzykę na żywo, posłuchaliśmy chwilę. Na scenach zawodowcy, granie najwyższej próby. Zabawa do rana.

Na ulicy też. Jakaś dziewczyna podniosła bluzkę, pokazując piersi, chłopaki na balkonie nagrodziły ją wiwatami i sznurem koralików.

– Czekaj, czekaj. Słyszę bluesa! – Tatę interesowały inne tematy. Podążyłem jego śladem do jakiejś ciasnej budy, z której faktycznie dobiegały znajome rytmy. W środku niewielka scena, na niej kwartet z gościem w lnianym garniturze i jasnym kapeluszu przy mikrofonie. Basista między palcami trzymał kostkę i papierosa. Perkusista gadał z kimś przez okno, nie przestając grać. Oczywiste dowody, że to kapela bluesowa pierwszej jakości. Tłukli jakiś standard, chyba Otisa Spanna.

Stanęliśmy z tyłu, tata zamówił piwo. Przytupywał oszczędnie do rytmu, kiwając z uznaniem głową. Pyzata pięćdziesiątka w siatkowych pończochach próbowała przy barze złowić klienta, bez sukcesu.

To jest to miejsce, pomyślałem. Spróbuję ojcu tu zorganizować koncert. Wejdzie na scenę, zagra z takim zawodowym zespołem. Pierwszy raz w życiu prawdziwego korzeniastego bluesa z ludźmi, którym on płynie w żyłach. Jeśli o czymś marzył mój ojciec, to właśnie o takiej spelunie. To będzie najważniejsza chwila w jego życiu. Będzie ją wspominał każdego dnia.

– Chciałbyś tu zagrać parę kawałków? – spytałem.

– Kto, ja?

– No przecież nie ja.

– Nie mam gitary, musiałbym iść do samochodu...

– No i?

– Nie znam repertuaru, musielibyśmy coś uzgodnić...

– Tato, ja za ciebie realizował marzeń nie będę. Idę z nimi pogadać.

– No dobra...

Przepchnąłem się pod scenę akurat w momencie, w którym kapela zrobiła sobie przerwę. Wokalista w kapeluszu stał już przy barze, obłapiając jakąś panienkę.

– Przepraszam pana najmocniej – zacząłem. Spojrzał z wyraźnym brakiem zainteresowania. – Tam na końcu stoi mój tata, przyjechaliśmy tu z Europy. On jest największym fanem bluesa, jakiego widziałem w życiu. Nic nie sprawiłoby mu takiej radości, jak możliwość zagrania z wami ze dwóch kawałków. Czy byłaby taka możliwość, żeby...

– Spierdalaj, synku.

– Przepraszam, do widzenia.

ODBILIŚMY W ST. PETER, a potem w Royal, zostawiając za plecami echo zabawy na Bourbonie. Reszta Dzielnicy Francuskiej tonęła w półmroku rzadkich latarń. Stuk obcasów odbijał się echem od wysokich fasad. Minęła nas grupa przebierańców w cyrkowych strojach, z makijażami upiorów jak na Halloween. Pod ścianą siedział czarny chłopak z dredami i brzdąkał na gitarze dobro. Przystanęliśmy posłuchać.

– Kupiłem kiedyś gitarę w Anglii, musiałem ją sprowadzić do kraju przez znajomego. Pamiętam, jak... – odezwał się tata. Przerwałem.

– Tato, czemu ty zawsze opowiadasz historie sprzed lat? „Za moich czasów", „kiedyś to było"...

– Gdy będziesz miał sześćdziesiąt lat, będziesz robił dokładnie tak samo. Lepiej się pamięta dawne sprawy. Pamięć krótkotrwała słabnie, długotrwała – nie.

– A czy to nie jest tak, że kiedyś w twoim życiu działo się więcej rzeczy, o których warto opowiadać?

– Ciekawe masz wyobrażenie o moim życiu.

– Tak? A kiedy się ostatnio poważnie bałeś? Ale tak naprawdę?

– Gdy mama wylądowała w szpitalu.

– A kiedy się ostatnio cieszyłeś, tak ekstatycznie?

– Mamy teraz dwa saksofony w zespole. Jak czasem coś nam dobrze zagra, to mi po prostu czapka spada. Nic się nie martw, twój stary ojciec nadal jest zdolny do takich uczuć.

– Niczego w życiu nie żałujesz?

– Żałuję. Kilku niewykorzystanych szans, może zbyt zachowawczych decyzji...

– ... tego, że nigdy choćby nie spróbowałeś tak pójść na całość, w tę swoją pasję? Zaryzykować, spróbować spełnić to swoje marzenie o zawodowym graniu? Stać na scenie, zbierać brawa, grać to, co kochasz, żyć z tego?

– Z dwójką dzieci? Świetny pomysł. Synu, jak będziesz starszy, to zrozumiesz. W życiu nie zawsze dostaniesz to, czego chcesz. Nie wszystko można mieć. I nie każde marzenie można spełnić. Nie każde warto.

– Nie warto? Nie warto spełniać swoich marzeń?

– A myślisz, że dla tego chłopaka granie na ulicy to spełnienie marzeń?

CHŁOPAK Z DREDAMI MIAŁ NA IMIĘ CHRIS. Był buskerem. Grał na chodnikach, jeżdżąc od miasta do miasta. Dla jednych artysta, dla innych żebrak. W futerale woził tę swoją wysłużoną gitarę i komponował na nią utwory.

W sześć lat przejechał całe Stany i kawałek Kanady, zajrzał na chwilę do Meksyku. Nie miał oszczędności, ale też nie uważał, żeby ich potrzebował.

Wszyscy mu mówili: „Musisz przyjechać do Nowego Orleanu, to jest miejsce dla ciebie!".

Więc przyjechał.

Znalazł sobie róg na Decatur St., do którego nikt nie rościł sobie pretensji, i tam co wieczór rozkładał krzesełko, grając swoje kompozycje w półmroku żółtej ulicznej latarni.

Po dwóch tygodniach podszedł do niego nieznajomy mężczyzna i wręczając mu wizytówkę, powiedział:

– Masz u mnie koncert na żywo w przyszłą środę.

Na wizytówce widniało logo WWOZ – kultowej, legendarnej, najważniejszej w Nowym Orleanie stacji radiowej. Rozgłośni, która definiuje brzmienie tego miasta.

Chris uczesał się i ubrał elegancko, spakował gitarę do futerału i poszedł do radia. Zagrał na żywo jedną piosenkę. Jedną z najpiękniejszych kompozycji, jakie słyszałem w życiu.

Od tamtej pory utrzymuje się bardziej niż godziwie z grania na prywatnych imprezach i bankiecikach. Może i chałtura, mówi, ale gra to, co kocha, i dobrze mu za to płacą.

Chris

Dziś mógłby się obijać całe dnie, przesiadywać w knajpach lub spać do południa. Stać go na to. Nadal jednak wieczorami gra na ulicy, na tym samym rogu co zawsze.

– Tak tu jest, w Nowym Orleanie. Obojętnie, jak daleko zajdziesz, nie zapominasz, skąd przyszedłeś.

– I MYŚLISZ, że wszyscy mają do opowiedzenia takie historie?

– Może ich historie nie muszą być aż tak widowiskowe?

ADRIAN

– ADRIAN, TAK?

– Cześć.

– Przypomnij mi, skąd przyjechałaś?

– Z Michigan.

Adrian miała może ze dwadzieścia lat i blond włosy splecione w cienkie warkoczyki. Nosiła zieloną spódnicę i mnóstwo szmacianych ozdób. Grała na bandżo piosenki ze Środkowego Zachodu, stare pionierskie melodie. Wyglądała na zadowoloną z życia.

Mieszkała w Marigny, nieco artystowskiej dzielnicy malutkich domków ciasno ustawionych obok siebie. Mieszkańcy nazywali je shotgunami. Dwa, trzy pokoje w amfiladzie, bez ogrzewania. Jak w dużej przyczepie kempingowej. Dzieliła mieszkanie z Veronicą, trochę kelnerką, trochę wokalistką. Dorabiała, podając gumbo i jambalayę w knajpce w Vieux Carré. Zarabiała dziewięćset dolarów miesięcznie. Przy dobrym wietrze tysiąc sto. Wystarczyło jej to na życie w miejscu, o którym zawsze marzyła.

Niczego więcej nie chciała.

– TY MYŚLISZ, że ja nie próbowałem? Próbowałem wiele razy. Ale zapewniam cię, że w tej grze więcej ludzi przegrywa, niż wygrywa. Czemu nie opowiadasz takich historii?

CHRISTOPHER, DWADZIEŚCIA JEDEN LAT, urodzony w stanie Pensylwania, ostatnie miejsce pobytu: Georgia. Do Nowego Orleanu przyjechał za pracą. Budowa i rozbiórka, i trochę muzyka. W Nowym Orleanie po

Katrinie wciąż zostało sporo budynków do wyburzenia, sporo remontów. Miało mu tu być łatwiej.

Trzeciego dnia w tym mieście czterech zakapturzonych czarnych nastolatków przyłożyło mu nóż do szyi. Na Canal St., głównej alei miasta, gdzie tramwaje wesoło pobrzękują i gdzie rosną palmy. Zabrali plecak ze wszystkimi rzeczami i portfel. Dokumenty, kartę kredytową.

Z grania zrobiło się żebranie.

Christophera można teraz spotkać w Dzielnicy Francuskiej. Stoi, trzymając kawałek tektury z napisem: „Liczę na przypadkowy akt dobroci". Nikogo nie zaczepia, nie nagabuje. Czasem ktoś da mu dolara lub dwa. Dziękuje grzecznie, ale stara się nie uśmiechać, by nie straszyć brakami w górnym uzębieniu.

Na kopie dokumentów z Pensylwanii czeka już cztery miesiące. Bez nich nie istnieje.

– WIDZISZ, I TAKICH HISTORII to ja ci mogę opowiedzieć wiele. Zmarnowane lata, rozwody, niewykorzystane szanse, życie zawsze pod kreską. To jest właśnie życie muzyka, a nie sale koncertowe, sława i światła.

Christopher

W pewnym wieku musisz podjąć trudną decyzję. Czy nadal chcesz żyć jakimiś swoimi nadziejami, czy pora dojrzeć i zabrać się do pracy, bo coraz młodszy nie będziesz i jak miniesz ten moment, to potem już nie ma do czego wracać. I ty też będziesz musiał taką decyzję podjąć, synu. Nikogo to nie omija.

– Dobrze, tato, wystarczy.

MOŻE I MUSZĘ DOROSNĄĆ, może i odkładam decyzje na później, ale nie ma mowy, nigdy nie pozwolę na to, żeby stać się jednym z tych ludzi, którzy patrzą wstecz i nie wiedzą, o czym mieliby opowiedzieć swoim wnukom, bo czas przepłynął im przez palce.

Nie wyobrażam sobie, jak można żyć, nie odkreślając nieustająco kolejnych punktów na liście „do zaliczenia". Nie potrafiłbym pracować w jakiejś firmie, robiąc coś, czego nie znoszę, tylko dlatego, że dobrze płacą, że mam kredyt, dzieci, obowiązki. Po prostu nie byłbym w stanie, udusiłbym się.

Dwa lata temu byłem w Zimbabwe. Siedziałem na skale, patrząc na zachód słońca nad afrykańskim buszem. Obok siedział mój przyjaciel, Reilly Travers, szef ochrony rezerwatu nosorożców. Przysłuchiwałem się jego rozmowie z dziewczyną, która odwiedzała park. Spytał, co studiuje. Ona, że prawo. Musisz je bardzo kochać, skonstatował. Ona na to, że nie, nie bardzo, może nawet wręcz przeciwnie.

Nie mógł zrozumieć, co do niego mówi.

Najpierw myślałem, że to bariera językowa, ale nie. Gramatycznie Reilly rozumiał wszystko bardzo dobrze. Po prostu myśl, że można poświęcić się studiom, które kogoś autentycznie nie pasjonują, nie mieściła się w jego pojmowaniu świata. W jego życiu taki wariant po prostu nie istniał. Podobnie jak w naszym tak naprawdę nie istnieje wariant przeniesienia się do Amazonii, by z Indianami Yanomami polować na małpy przy użyciu bambusowych strzałek. Albo żeby w wieku lat czterdziestu pięciu z nagła postanowić zostać mistrzem świata w jeździe figurowej na lodzie, bo „potrójny rittberger" brzmi ładnie dla ucha. Możemy sobie marzyć, możemy się nawet trochę oszukiwać, że traktujemy sprawę poważnie, ale na tym się zawsze skończy.

No więc w życiu Reilly'ego na tym się nie kończyło. Dla niego, jeśli axle i rittbergery to jedyne, co chcesz w życiu robić, inne opcje po prostu nie wchodzą w grę. Jeździsz na łyżwach, aż dostaniesz medal lub wilka. Dla nas to postawienie wszystkiego na jednego konia, do tego starego, wyliniałego i bez zębów. Dla niego naturalny wybór, nad którym się nawet nie zastanawia.

Reilly wykonuje najbardziej niebezpieczną pracę na świecie. Broni zwierzęta przed rajdami uzbrojonych, świetnie wyposażonych i wyszkolonych najemników, którzy polują na trofea. Codziennie wieczorem z kilkoma ludźmi wyjeżdża na patrol, trzymając starą flintę i kilka naboi. W poważnym starciu ich szanse są bliskie zeru.

I jednocześnie nie wyobraża sobie innego życia. Bo te słonie, zebry i nosorożce kocha najbardziej na świecie. Czy zastanawiał się kiedyś nad jakąś alternatywą?

Nigdy.

– MASZ NATURĘ HAZARDZISTY.

– Ja po prostu wolę spróbować i przegrać, niż nigdy nie próbować, tato.

– Powiedz to swojej żonie.

RUSZYLIŚMY DALEJ, w kierunku muzycznego zagłębia na Frenchmen St. Im dalej od Bourbon, tym ciemniej. Pod drzewem stał żebrzący narkoman, na światłach rowerzysta z kontrabasem w przyczepce. Kubańska knajpa serwowała zza szyb przytłumione merengue. Przez okno widać było cienie roztańczonych par. Uliczny malarz suszył w nocnym półmroku prawie gotowy obraz. Obok w cieniu krył się handlarz haszyszu i kokainy. Za rogiem młodzian w cylindrze i z fajką, dwóch dziadków przy szachach, ciasny sklep z whisky i konserwami rybnymi.

Na krótkiej ulicy mieściło się przynajmniej dziesięć klubów, w których króluje muzyka. Poetycki punk, funky, calypso. Bałkańskie klimaty, rap, blues. W Maison jazz z wyższej półki, trudny, połamany, atonalny. Grają dzieciaki po dwadzieścia parę lat, po najlepszych szkołach muzycznych

w Nowym Jorku, które przyjechały tu uczyć się muzyki z ulicy i zarabiać po kilkadziesiąt dolarów za występ w barze. W Błękitnym Nilu samotny puzonista, w Spotted Cat kwartet od nowoorleańskich standardów, pod Frenchmenem ktoś sika w bramie.

Przed klubami na chodnikach wolni słuchacze podkradający muzykę zza okna. Wejście do środka było płatne lub wymagało obowiązkowego drinka w barze, a trotuar jest za darmo. Zespół może i stoi tyłem, ale słychać nieźle. Skoczne numery zamieniały płyty chodnikowe w parkiet. Dla tych, którzy nie są gotowi na poświęcenie całego wieczoru jednemu koncertowi, gdy w okolicy jest jeszcze dwadzieścia innych.

– Czego chcesz posłuchać, tato?

– Wszystkiego po kolei.

FRENCHMEN ST.

„Wszystkiego po kolei", czyli najpierw jazzu, potem bluesa. Siedzieliśmy w zatłoczonych klubach, słuchając kolejnych kapel i wrzucając po kilka dolarów do puszki na napiwki. Do Nowego Orleanu zjeżdżali muzycy z całych Stanów. Zarówno najlepsi zawodowcy świata, jak i marzyciele z miernym talentem, którzy jeszcze nie byli gotowi się poddać.

Miasto *wannabes*. Tych, którzy „by chcieli". Marzycieli i pijaków.

Gdy skończyliśmy, była już późna noc i ulice mocno się wyludniły. Pora wracać do motelu, jutro też jest dzień.

– Tato, co ty byś zrobił, gdybyś stanął na Rozdrożach i pojawiłby się diabeł?

– Gdybym był w twoim wieku, pewnie bym się poważnie zastanowił.

– A dzisiaj?

– A dzisiaj już nie.

MINĘŁO DOPIERO KILKA DNI, a tata jakby trochę przygasł. W klubach ożywał, widać było, jak muzyka go ponosi, ale przez resztę dnia cichł. Może to klimat, duchota, zmęczenie. Był często nieobecny, sprawdzał co chwila pocztę, dowiadywał się, co w pracy, choć tak naprawdę nie musiał. Reagował szorstko, gdy próbowałem mu uświadamiać, że taka podróż trafia się raz w życiu i zamiast ją chłonąć, ciągle jest głową w swoich sprawach. Zostaw ten komputer, mówiłem. Prychał, machał ręką, wpadał w ten swój surowy tryb.

– Jak chcesz.

– ZWOLNIJ TROCHĘ, za szybko jedziesz, tu jest ograniczenie do stu dziesięciu.

Przewróciłem oczami.

– Tam zaparkuj, nie, nie, tu, tam, w cieniu.

– Co za różnica? Przecież mamy klimatyzację.

– Stań w cieniu, mówię.

POD PRESERVATION HALL jak zwykle kolejka na godzinę. Legendarny, najważniejszy klub muzyczny w Nowym Orleanie, tak stary jak sam jazz. Pamięta Louisa Armstronga i innych mistrzów, którzy nie potrafili czytać, ale umieli instrumentami opowiadać historie.

Na ścianie wisi tabliczka: „Zamówienia na piosenki – pięć dolarów. Dedykacje – dziesięć dolarów. *Święci*, najpopularniejszy nowoorleański szlagier – dwadzieścia".

Odstaliśmy swoje i dostaliśmy się w końcu do wnętrza, które na wcisk mieściło może czterdzieści osób, a muzycy upchnięci pod oknem

Maison, gdzie za grosze grywają trudny jazz nawet absolwenci prestiżowej nowojorskiej akademii muzycznej Julliard. Mówią, że tu nadal mogą się czegoś nauczyć

Muzyka i hulanki, esencja Francuskiej Dzielnicy

„Wolni słuchacze” podkradający muzykę z chodnika za oknem

Preservation Hall, najważniejsza sala koncertowa w mieście

Jak to się dzieje, że oni tak fantastycznie grają?

Sklepienie bazyliki św. Ludwika przy placu Jacksona. Przed bazyliką cały dzień słychać jazz, a królowe wudu rzucają zaklęcia. Ot, Nowy Orlean

Second Line, czyli spontaniczna parada przez dzielnicę Tremé

Podróż w czasie. Wystarczy się przespacerować

Nie ma bardziej nowoorleańskiego brzmienia niż dęciaki. Definicja tego miasta grali pół metra od pierwszego rzędu. Najważniejsza sala koncertowa w mieście.

Niesamowity koncert. Stare jazzowe klasyki z klarnetem, ragtime'y z fortepianem i wokaliści, którzy nie potrzebowali mikrofonów. Tak się tu gra. Dla ludzi, do ludzi, z nimi. Bez sceny, w tłumie, który dośpiewuje refreny.

Gdy po koncercie wyszliśmy na ulicę, tata wciąż pstrykał palcami do rytmu, który nadal brzmiał mu w głowie.

– Niesamowicie grali. Mistrzostwo. Ale powiem ci, że jestem zaskoczony, jak to wszystko tu wygląda.

– Jak?

– Większość tych knajp to naprawdę zwyczajne kluby, jak wszędzie, żadne sale koncertowe. Niczym się nie różnią od tych, w których gramy w Warszawie. Do tego stare, pewnie mogła tu śpiewać jeszcze Conchita Bautista.

– Kto?

– Nieważne, i tak nie zrozumiesz.

– Może różnią się jakością tego, co się pojawia na scenie?

W Preservation Hall

– Czy ja wiem? Spodziewałem się tu zobaczyć samych wymiataczy, a tymczasem, tak jak wszędzie – jedni grają lepiej, drudzy gorzej. Powiem ci, że raczej nie mam kompleksów z moim Blues Holding.

– Odważne stwierdzenie w stolicy czarnej muzyki...

– Taka jest prawda, nic nie poradzę.

ZABRAŁEM OJCA DO CZARNEGO KOŚCIOŁA. Marzył o tym prawie trzydzieści lat, od kiedy zobaczył *Kolor purpury*. Od sceny, gdy Shug Avery przeszła z jazzowej tancbudy do kościoła i pierwszy raz od bardzo dawna zaśpiewała hymn gospel, a potem przytuliła swojego ojca i ze łzami w oczach powiedziała mu: „Widzisz, tatusiu? Grzesznicy też mają duszę". Chciał to przeżyć sam. Usłyszeć tę nieprawdopodobną moc gospel tam, gdzie ta muzyka się narodziła. Na czarnych bagnach Luizjany i parnych plantacjach Missisipi, a nie w Sali Kongresowej.

Pojechaliśmy do biedniejszej części Bywater, gdzie na Franklin Avenue stał kościół Baptystów. Tata spodziewał się starszych pań w woalkach i panów z cienkim wąsikiem nad górną wargą, i grubego pastora, i wiernych odkrzykujących odpowiedzi na pytania retoryczne.

I wszystko wyglądało dokładnie tak, jak sobie wyobrażał.

Hymny grał zespół, który zrywał czapkę z głowy, a gdy chór wchodził w refren, drżały witraże. Pastor zapraszał do siebie po kolei wszystkich absolwentów, którzy właśnie kończyli szkoły, a cała parafia wspierała ich w dalszych wysiłkach. Ludzie śpiewali, tańczyli i klaskali, a mój tata razem z nimi.

Obok babć w woalkach siedzieli jednak też młodociani gangsterzy w opuszczonych spodniach i z tatuażami pokrywającymi ręce, którzy przez całą mszę bawili się telefonami. To już nie był drewniany kościółek na bezdrożach a murowana świątynia z przestronnym balkonem. To nic. Idea pozostała taka sama. Muzyka również.

Gdy wyszliśmy z kościoła, po raz pierwszy nie usłyszałem takiej typowo tatowej trzeźwej oceny, że perkusista przyspieszał albo wokalista nie trzymał frazy, albo że to nie był czysty gospel czy że trudno to nazwać jazzem. Mój ojciec nic nie mówił. Miał łzy w oczach.

– NAPRAWDĘ CHCESZ WYJŚĆ W TEJ KOSZULI? – spytałem, widząc poranny strój taty.

– A co z nią jest niby nie tak?

– No nie wiem, wygląda jakby najlepsze lata miała już za sobą. Dawno temu...

– Nie przesadzaj. Normalna koszula.

– Raz na jakiś czas warto coś kupić, tato.

– Wytrzyma jeszcze jeden sezon.

POJECHALIŚMY NA BAGNA niedaleko Nowego Orleanu. Ojciec nie bardzo chciał, ale go trochę zmusiłem.

– Tato, to jest kawałek mojego świata, ja bardzo lubię takie rzeczy. Chodź, wejdziemy w las, kto wie, może ci się spodoba.

– Są tam aligatory?

– No mam nadzieję! Po to tam idziemy.

– To ja bardzo dziękuję.

– Oj, nie bądź cienkusz. Kiedy ostatnio byłeś na bagnach?

– Nigdy nie byłem.

– No widzisz. Raz na jakiś czas warto zrobić coś po raz pierwszy.

– Niech ci będzie.

Spakowaliśmy się do samochodu, kupiliśmy wodę, pojechaliśmy długą autostradą biegnącą po palach przez niekończące się trzęsawiska i lasy namorzynowe. Godzinę później postawiłem samochód na parkingu, w ocienionym miejscu, i wyszliśmy w teren.

Przez mokradła prowadziła drewniana kładka, którą można było iść, nie mocząc butów. Z obu stron – gęstwina. Murszejące pnie, omszałe kamienie, paprocie wdzierające się na ścieżkę. W koronach drzew ptaki, w cieniu nieustanne bzyczenie owadów. Co jakiś czas z brzegu zsuwał się do wody aligator. Ojciec za każdym razem wzdrygał się na ten widok.

– Ty ich naprawdę nie lubisz, co?

– Nie znoszę. Ohyda.

Uśmiechnąłem się pod nosem. Niewiele jest miejsc, w których czuję się pewniej niż tata.

Szliśmy ze dwie godziny, upał wzmagał się z każdym kwadransem. Zagrzewałem ojca do marszu. Gdy opóźniał, podszczypywałem go lekko kąśliwymi uwagami, że musi się wziąć za siebie i nie dziwne, że nie ma energii, skoro żywi się głównie pasztetem sojowym własnej produkcji. Jak to w ogóle można nazwać pasztetem? Jak to w ogóle można jeść?! Nie odgryzał się, co rzadko się zdarza. Był raczej mało rozmowny. Zatrzymywał się co chwila, popijał wodę, przecierał spocone czoło.

Zatrzymałem ojca ręką w pół kroku. Kilka metrów przed nami leżał spory wąż wyciągnięty na całej szerokości ścieżki. Teksański wąż wodny, raczej niejadowity.

– Złapiemy go.

– Nie wygłupiaj się.

– Wiem, co robię.

Mojego ojca przerażały wszystkie gady. Obrzydzała go ich oślizgłość, połyskująca skóra, te rozbiegane oczy, łuski, wypustki na grzbiecie. Za nic by z własnej woli nie dotknął czegoś takiego.

Ja wręcz przeciwnie. Może mu tym zaimponuję.

– Patrz na to.

– Tak często mówią ludzie tuż przed śmiercią.

Wąż musiał być najedzony, bo leżał na ścieżce i ani myślał uciekać. Mógł mieć z półtora metra i był gruby jak rura od odkurzacza. Przyklęknąłem obok niego, nawet się nie ruszył. Szybkim ruchem sięgnąłem tuż za głowę, tak, żeby nie mógł ugryźć, gdy ścisnę. W ostatniej chwili podpełzł nieznacznie do przodu.

Błąd, błąd, błąd.

Już zaciskając palce, czułem, że chwytam za daleko. Te trzy centymetry to właśnie różnica, która drogo kosztuje. Wąż błyskawicznie odwinął łeb i spróbował mnie dziabnąć w rękę. Dał radę dosięgnąć nadgarstka. Zahaczył końcówką zęba skórę na dłoni i ześlizgnął się po niej, zostawiając kilkucentymetrowy ślad, który natychmiast wypełnił się krwią. Nie zdążył się wgryźć jak powinien, ale ząb uwiązł w miękkiej tkance między kciukiem i palcem wskazującym. Paznokciem drugiej ręki podważyłem jego górną szczękę, uwolniłem dłoń i poprawiłem chwyt. Wąż zaczął się wić, próbując się wyrwać.

Ojciec stał oniemiały.

– Wszystko w porządku? – spytał, autentycznie przejęty na widok kropli krwi ściekającej mi po nadgarstku.

– To tylko draśnięcie, nic mi nie jest.

– Tomek, z tym nie ma żartów. Czy on jest niebezpieczny?

– Nie. Zresztą nawet nie ugryzł, tylko zahaczył lekko. Spokojnie, nie ma powodu do obaw.

– Jesteś pewny?

No właśnie. Czy na pewno jestem?

Przecież tak naprawdę żaden ze mnie ekspert. To mógł być równie dobrze jakiś mokasyn, jadowity jak jasna cholera. Nie ugryzł, ale kto go tam wie, może i coś wstrzelił tą końcówką. Skąd ja mogę o tym wiedzieć? Ciśnienie podskoczyło mi gwałtownie, zaszumiało w uszach. Ręka zaczęła drżeć, rana swędzieć. Pewnie z nerwów, ale może i od jadu, sam już nie wiem. Głupi jesteś, po coś go w ogóle łapał. Co teraz?

Odrzuciłem węża w pobliskie krzaki i upewniłem się, że pełznie dalej. Obejrzałem dłoń, na razie czysto. Niżej serca trzymać, wyżej, sam już nie wiem, wszystko mi się myli.

– Spokojnie tato, wszystko gra – odpowiedziałem najpogodniej, jak potrafiłem, i ruszyliśmy dalej.

Kolejne kilometry, kolejne kwadranse. Upał lał się z nieba. Pod koronami drzew duszno. Sprawdzałem co jakiś czas rękę, ale nic nie zwiastowało, żeby miały się pojawić problemy. Chyba miałem fuksa. Tata zostawał coraz bardziej z tyłu, nic nie mówił. W końcu bez słowa usiadł na dużym wystającym korzeniu. Ledwo łapał oddech.

– Muszę odpocząć.

Nigdy się nie poddawał. Nigdy. Choćby nie wiem, co się w jego życiu działo, nie uznawał porażki. Szedł zawsze do końca, aż wygra lub nie będzie mógł iść dalej. Nikomu nie pozwalał sobie mówić, co ma robić. Wiedział lepiej. Poradzi sobie sam. Zawsze czułem, że to jakaś chora ambicja, nie mogłem tego znieść.

Jestem taki sam.

Teraz ojciec siedział na korzeniu na środku bagna, którego nie znosił, i dyszał ciężko. Dlaczego? Czemu nie powiedział wcześniej, że nie daje sobie rady? Komu chciał coś udowodnić? Co? A czemu mi nie przyszło do głowy, że ten marsz, upał i duchota to może być za dużo dla mężczyzny w jego wieku, jeśli nawet ja oddychałem z trudem?

Przestaliśmy umieć ze sobą rozmawiać.

Każdy z nas ciągnie w swoją stronę, gdy powinniśmy ciągnąć razem. Ciągniemy, aż któryś się podda. Ktoś musi zawsze ustąpić.

A jeśli tata teraz zasłabnie, jeśli go zakłuje w sercu? Co ja powiem mamie? Tata nie wrócił. Zostałaś sama.

Dlaczego?

A jeśli to ja kiedyś nie wrócę, bo łapałem węże na bagnach i tym razem nie miałem tyle szczęścia? I to Marianna zostanie sama, zmarnuje na mnie całą swoją młodość. Trzynaście lat. Bo co, bo ja nie mogę żyć bez skoków adrenaliny?

Może to nie chodzi o dorosłość. Może chodzi o odpowiedzialność.

KLIMATYZACJA POZWALAŁA WRESZCIE ODPOCZĄĆ, choć na zewnątrz nadal panował gęsty od wilgoci upał.

– Jak się nazywa ten plac koło katedry? Tam, gdzie stoją królowe wudu?

– Plac generała Jacksona.

– To ten, który odkupił od Francuzów Luizjanę?

– Możliwe, nie pamiętam.

– Domyślam się, jak to musiało wyglądać. Podjechał pewnie, mając za sobą cztery regimenty kawalerii. Przywitał się i mówi: „Chłopaki, albo nam sprzedacie Luizjanę, albo was wyrżniemy. Jak oceniacie propozycję dwudziestu dolarów?".

Wracaliśmy do Nowego Orleanu.

WIECZOREM USIEDLIŚMY W D.B.A. posłuchać jazzu. Trio z saksofonem sympatycznie wypełniało salę. Nie za głośno, akurat tak, że można porozmawiać.

– Skąd ty znasz te wszystkie kluby? – Ojciec nie mógł się nadziwić, że stale go gdzieś prowadzę bez mapy i zawsze trafiamy na miejsce.

– Byłem tu już wcześniej, znam to miasto, tato.

– Czy tobie sprawia frajdę wracanie w te same miejsca?

– Pewnie, zawsze coś nowego znajdę.

Rue St. Philippe
St. Philip
HR

Tym razem tak nie będzie. Teraz tu przyjechałem wyłącznie dla niego. Żadnej pracy, żadnego odkrywania na własną rękę. Jestem tu z tatą, to on ma poczuć to miejsce. Ale przecież nie mogę mu tego powiedzieć.

– Wiesz, czasem się odkrywa coś zupełnie przypadkiem. Tak jak te kanapki z wieprzowiną barbeque. To jest najlepsze, co jadłem w życiu! Już choćby po to warto było tu przyjechać.

– Skoro tak twierdzisz... – Tata wybijał dłonią rytm na udzie. Mam to po nim. Nie umiem nie stukać, pstrykać, gibać się, gdy słyszę muzykę.

– Wiesz, jak odkryli Johnny'ego Wintera? – spytał.

– Jak?

– Spytali kiedyś B.B. Kinga w jakimś wywiadzie, kto jest najlepszym gitarzystą bluesowym świata. Powiedział, że przejeżdżał ostatnio przez jakąś wiochę w Teksasie i tam w barze grał młody chłopak, za piwo i jedzenie. Spał na podłodze u kolegi, a czasem za barem w tej knajpie, i klepał straszną biedę. I że on jest najlepszym bluesowym gitarzystą świata. Dziennikarze pojechali do tego miasteczka i go odszukali, posłuchali jak gra i w ciągu roku stał się światową gwiazdą.

– Ładna historia.

Tata oderwał wzrok od sceny i spojrzał na mnie.

– Może to nie jest dla ciebie podróż życia, ale przypadkiem można też odkryć coś bardzo ważnego, niekoniecznie kanapki z wieprzowiną.

SKOŃCZMY JUŻ Z TYM JAZZEM, chodźmy posłuchać bluesa.

Wyjechaliśmy z Nowego Orleanu na północ. Tam, gdzie bagna i trzęsawiska pełne aligatorów ustępują miejsca spękanej od upału ziemi i plantacjom bawełny. Missisipi, Alabama, Georgia. Czarne stany niewolników i białych właścicieli ziemskich, gdzie trzaskały bicze i lała się krew, a nocami płonęły domy i krzyże. Miejsca, które pamiętają pijackie lincze i czarnych biedaków traktowanych gorzej niż zwierzęta. Krany z wodą tylko dla białych i ulice, których kolorowi nie mogli przekraczać.

To tu urodził się blues.

SZOSA BIEGNIE PROSTO PRZEZ KOLEJNE MILE. Mijaliśmy miejsca bez nazw, biedne skupiska małych domów, gdzie na podwórku wyliniały pies był przywiązany do budy sznurem, a obok rdzewiały stare przyczepy kempingowe. Miejsca, gdzie można się zapaść pod ziemię.

Kiedyś uciekali stąd niewolnicy, czasem z podrabianymi papierami dającymi im wolność, czasem licząc na łut szczęścia, biegiem przez lasy i brzeg Missisipi. Na południe, do Nowego Orleanu, gdzie łatwiej się było ukryć w tłumie. Większość wracała na powrozach panów, którzy potem okrwawiali im plecy.

Dziś też uciekają. Do Atlanty, Memphis, do dużych miast. Byle dalej stąd, bo tu się nie dzieje nic.

Po horyzont ciągnęły się plantacje bawełny i kukurydzy. To się nie zmieniło. Podobnie jak duchota i piekący skwar. Ciężkie czasy. Były i są.

NA PARKING PRZED STACJĄ BENZYNOWĄ zajechał samochód o kołach, które sięgały do połowy naszej szyby. Chromowane zderzaki, ciemne okna, opony wstawiane na zamówienie. Potwór palący dwadzieścia litrów na setkę. Ze środka dudniły basy, aż drżały szyby. Ktoś otworzył drzwi i dźwięk ciężkiego rapowego numeru huknął natychmiast na zewnątrz. Od strony kierowcy wysiadł młody chłopak w odprasowanych szerokich dżinsach, opuszczonych zdecydowanie za nisko, obszernej śnieżnobiałej koszulce i bandance tego samego koloru na głowie. Ruszył w stronę budynku stacji, jakby kulał na jedną nogę, wystudiowanym, luzackim krokiem. Tata przyglądał mu się zamyślony.

– A więc tak dziś wygląda Południe...

Ruszyliśmy dalej. W naszych głośnikach śpiewał Otis Rush.

GDY BYŁEM TU OSTATNI RAZ, usłyszałem o budzie na środku pola kukurydzy, gdzie wieczorami schodzą się pracownicy plantacji i balują do rana. Juke joint. Bluesowa knajpa, gdzie chleje się whisky i obłapia dziewczyny. Mówili mi wtedy, że to nie jest miejsce dla białych chłoptasiów. Idealnie. Ojciec wreszcie poczuje, że znalazł to, po co tu przyjechał. Będzie to jego Missisipi jak z lat czterdziestych.

Missisipi

Podzwoniłem, popytałem, namierzyłem miejsce. Wsiedliśmy do samochodu. Z radia leciały bluesowe numery. Tata komentował każdy po kolei.

– Bessie Smith... Umarła, bo karetka odmówiła zabrania czarnej... O, Little Walter. Zadźgał gościa, który się za niego podawał. To były czasy... Muddy Waters. Wiesz, że Stonesi przyjechali do Stanów, żeby go poznać? Taki miał na nich wpływ. Cały rock stoi na korzeniach bluesa.

– Tato, słyszałem te historie sto razy. Zabrałeś gitarę? – spytałem.

– Jest w bagażniku. A co?

– Nic, tak pytam. Może tu byś zagrał. Trudno o lepsze miejsce.

Skręciliśmy w nieutwardzoną drogę biegnącą między polami. Koła chrzęściły po żwirze. Słońce powoli zachodziło, oblewając wszystko pomarańczową poświatą. Buda faktycznie stała między rzędami kukurydzy. Stara chata sklecona z desek, z dziurawym dachem i krzywymi oknami. Na schodach stał mężczyzna ubrany w wysłużoną szarą marynarkę i fikuśny kapelusz. Bardziej może przebrany niż ubrany. Opuściłem szybę.

– Pan Willie Seaberry, jak mniemam?

– We własnej osobie. Chodźcie do środka, napijcie się! – przywitał nas energicznie, niemal nerwowo. – Mój didżej będzie lada chwila.

Didżej?

Wdrapaliśmy się po schodkach na górę. Oczy musiały się przyzwyczaić do półmroku panującego w środku. Wnętrze było ciasne i zawalone rupieciami. Z niskiego sufitu zwisały jakieś brudne pluszowe zabawki, rozpadające się stoły pokryto dziurawymi ceratami przybitymi zardzewiałymi pinezkami. Na ścianach wisiały porwane plakaty reklamujące piwo i lampki choinkowe, w rogu szumiał zepsuty telewizor. Z głośników leciało radio serwujące najnowsze przeboje.

– Dzień dobry – powiedziałem niepewnie.

– Uszanowanie – odpowiedział grubszy facet w czapce bejsbolowej, który siedział z kilkoma osobami przy stole w rogu i sączył budweisera z puszki.

Poruszając się w środku, obaj musieliśmy pochylać głowy. Wzrost mam po ojcu. W całej ruderze na wysokości uszu biegły poprzeczne belki podtrzymujące dach, obite wszelkiego sortu śmieciem mającym udawać

Po' Monkey's Lounge. Juke joint na polu kukurydzy

ozdoby. Dotarliśmy jakoś do stolika pod ultrafioletową lampą. Tata usiadł, odkleił rękę od ceraty i popatrzył z niesmakiem.

Szef przybytku, legendarny Willie Seaberry, obskakiwał gości i raczył ich historyjkami. Trochę za pospiesznie, za nerwowo. Nie wprowadzało to ciepłej, domowej atmosfery, wręcz przeciwnie. Opowiadał właśnie o tym, jak Julio Iglesias odwiedził Missisipi. Słuchało go dwoje japońskich turystów, oniemiałych z zachwytu. Raz po raz robili mu zdjęcie kompaktowym aparatem. Obok siedziała starsza pani w bawełnianym dresie i jej mąż, oboje zapewne z Kentucky, oraz gruby w czapce, który wszystkich tu pewnie przywiózł. Ludzie szukający historii, której od dawna już tu nie ma. Willie był jedynym czarnym w knajpie.

Chyba to jednak nie będzie spełnienie marzeń ojca.

Próbowaliśmy rozmawiać, ale jakoś się nie kleiło, tak jak nie kleją się rozmowy, gdy wszyscy obecni chcieliby natychmiast opuścić lokal, ale nikt jakoś nie ma śmiałości, by dać nogę dwie minuty po przyjściu. W końcu przerwałem:

– Dobra, tato, to nie ma sensu, zwijamy się. To jest jakiś skansen, szkoda naszego czasu.

Nie protestował za bardzo. Wstał czym prędzej i przecisnął się przez stół w kierunku wyjścia. W połowie drogi przydzwonił jeszcze głową w poprzeczną belkę. Znam ten ból. Futryny, nadproża, stalowe rurki na uchwyty w autobusach...

Coś się chyba musiało stać. Tata pochylił się gwałtownie i chwycił obiema dłońmi za głowę, a spod palców chlusnęła krew.

– Chodź, tato, musimy się stąd szybko wydostać.

– Nic nie widzę.

– Wyprowadzę cię.

Podprowadziłem go do wyjścia, otworzyłem drzwi. Na zewnątrz było jaśniej niż w środku, chociaż słońce ewidentnie już kończyło dzień.

– Pokaż, obejrzę.

Ojciec odsunął ręce. Na czubku głowy miał głęboką ranę, aż było widać jasne mięso pod skórą.

– Musiał być jakiś gwóźdź, cholera, czy coś. Co za gówniane miejsce – zaklął.

– Tato, musimy jechać z tym do szpitala. Źle to wygląda.

Wsiedliśmy do samochodu. Koszula ojca i spodnie były zaplamione krwią, a on sam przyciskał kawałek gazy do czubka głowy. Jechałem najszybciej, jak mogłem.

W pustej izbie przyjęć za szybą siedziała czarna Amerykanka w średnim wieku, która podała mi do wypełnienia formularz na twardej podkładce z klipsem. Kilka minut później przez drzwi prowadzące do zabiegowych weszła pielęgniarka.

– Pan Andrew Mich... Mik...

– To my – przerwałem, wiedząc, że to i tak się nie uda.

– Zapraszam za mną.

Weszliśmy do małego pokoju, gdzie siostra obejrzała ranę, zmierzyła tacie ciśnienie, poświeciła w oczy.

– Trzeba będzie szyć. Zawołam doktora. Siądźcie panowie tutaj.

Pielęgniarka wskazała tacie miejsce na szpitalnym łóżku stojącym za parawanem w korytarzu. Usiadłem na krześle obok.

– Tu jest pańska karta. Może to chwilę potrwać – uprzedziła i wróciła do swoich spraw.

Siedzieliśmy w milczeniu w pustym korytarzu szpitala. Tata się nie odzywał, musiało go bardzo boleć. Dawno nie widziałem go tak bezbronnego. Ulotniła się gdzieś ta jego siła, twardość. Miałem przed sobą starszego mężczyznę, który cierpi. Jest sam, w obcym kraju, zmęczony i zdezorientowany, a ludzie wokół mówią w języku, którego nie rozumie.

– Oho, siostra niesie wziernik, trzeba będzie szyć od środka... – spróbowałem rozluźnić atmosferę. Tata uśmiechnął się blado. – No powiedz, czy ten szpital nie wygląda dokładnie jak w filmach?

– To prawda.

– Boli...?

– Jak cholera.

Mijały kolejne minuty. Świetlówka nad nami akompaniowała jednostajnym buczeniem.

– Co się stało? – inna, postawna i uśmiechnięta pielęgniarka z długimi włosami i silnym południowym akcentem odstawiła stalową tacę z narzędziami i włożyła rękawiczki.

– Gwóźdź z belki w Po' Monkey.

– Ach, ta buda... Mój syn chciał tam zorganizować imprezę maturalną. Powiedziałam, że nie ma mowy. Fatalne miejsce. Proszę pana – zwróciła się do taty, oglądając ranę – będę musiała ogolić panu kawałek głowy. Dobrze?

Ojciec kiwnął potakująco.

– Nie byłoby łatwiej po prostu zdjąć tupecik? – rzuciłem po polsku, chcąc dodać tacie otuchy. Uśmiechnął się pod wąsem.

Gdy pielęgniarka skończyła, pojawił się przy nas lekarz. Czarny gość z dredami do pasa. Tata był zdumiony, ale pozytywnie. Doktor bez zbędnych ceregieli wraził ojcu w głowę serię metalowych zszywek zamiast szwów.

– Zdjęcie za dziesięć dni – rzucił na odchodnym.

Nawet po wyjściu ze szpitala tata był jakiś przygaszony. Ten wypadek musiał w nim coś poruszyć, coś, o czym nie wiedziałem. Nie pytałem, i tak mi nie powie.

Podjechaliśmy do Wendy's. W *drive-thru* zamówiłem kawał kanapki ze wszystkim co mieli, a dla taty lody i mleczny napój. Siedzieliśmy na parkingu i szamaliśmy swoje porcje.

– Jak możesz jeść takiego wielkiego hamburgera na noc? – odezwał się w końcu tata. – Przecież nie zaśniesz po tym.

– Zasnę, spokojnie. Zresztą to nie jest hamburger. To jest ćwierćfunciak z serem.

– Co?

– Nieważne, nic istotnego.

Dokończyliśmy kolację. Zmiąłem w rękach papier po kanapce, przysłoniłem pięścią usta, bo odbiło mi się sztucznym serem.

– To co, podjedziemy na jakiś koncert gdzieś w okolicy?

– Wolałbym już wracać.

– Wracać? Tato, nie daj się złamać takiej dupereli. Cała noc przed nami. Wyśpisz się w domu.

– Wracajmy, chciałbym już się położyć.

NASTĘPNEGO DNIA PODJECHALIŚMY DO INDIANOLI, miasteczka B.B. Kinga, najsłynniejszego bluesmana świata. Małe miasteczko jak każde inne w Missisipi. Równe rzędy niskich domków, tory odgradzające lepszą dzielnicę od gorszej, wokół pola bawełny. Tata przystanął na rogu, gdzie w trotuarze były odciśnięte dłonie jego idola, a na ścianie wisiał olbrzymi portret B.B. Kinga z gitarą.

– Wiesz, czemu grał na tym rogu? Bo policja nie pozwalała mu przejść na drugą stronę ulicy. Jeśli zrozumiesz to miejsce, zrozumiesz, dlaczego tak kocham bluesa.

POŁOWA LAT SZEŚĆDZIESIĄTYCH. B.B. King był już wtedy wielką gwiazdą. Objeżdżał swoim własnym autokarem całe Stany, zapełniając wielkie sale dla czarnej publiczności. Podjechał nocą na stację benzynową. Wyskoczył biały właściciel w ogrodniczkach i czapce z daszkiem.

– Panie King, witamy. Co za zaszczyt... Czy mogę prosić o autograf?

– Oczywiście.

Tata na rogu B.B. Kinga w Indianoli

– Tankujemy do pełna?

– Tak jest, proszę pana. Sto sześćdziesiąt galonów. Siedemset litrów.

Właścicielowi zaświeciły się oczy. Z wypiekami na twarzy włożył rękawiczki, zdjął z dystrybutora pistolet i włożył go do wlewu.

– Chciałbym też skorzystać z pańskiej toalety – oznajmił B.B. King.

Menadżer stacji wyraźnie się zmieszał.

– Obawiam się, że jest nieczynna...

– Nieczynna, tak?

– Zepsuł się rezerwuar, czekamy na hydraulika.

– Proszę więcej nie lać benzyny. Ile wyszło? Sześć litrów? Reszty nie trzeba.

Na wszystkich stacjach benzynowych w stanach wciąż kultywujących segregację rasową były wtedy dwie toalety. „Dla białych mężczyzn" i „dla białych kobiet". Gdy podjeżdżał czarny, zawsze obie były nieczynne.

PODCZAS TRAS KONCERTOWYCH B.B. KINGA cała ekipa musiała często spać w autokarze, bo w białych miasteczkach nie było moteli, które obsługiwałyby czarnych. Wozili też ze sobą zapas konserw w puszkach i paczkowany chleb. Restauracje nie chciały wpuszczać ich grupy, choć byli dobrze ubrani i zamożni.

W tysiąc dziewięćset sześćdziesiątym ósmym agent B.B. Kinga zakontraktował występ w hali Fillmore West w San Francisco. Przejechali całe Stany, z Tennessee aż do Kalifornii. B.B. King wszedł za kulisy i zobaczył plakat swojego koncertu. Jego nazwisko było wypisane olbrzymią czcionką, taką samą jak nazwy Cream i Grateful Dead, białych supergwiazd, które właśnie osiągnęły szczyty popularności. Wyjrzał dyskretnie przez kurtynę i zobaczył pełną salę. Tysiące ludzi. Długie włosy, paciorki, kwiaty we włosach.

Wszyscy byli biali.

Myślał, że to pomyłka, nawet się nieco przestraszył. Wezwał swojego agenta i zaczął wypytywać, o co chodzi, co to ma znaczyć. Jego publiczność stanowili czarni robotnicy, między którymi raz na jakiś czas pojawiał się biały dzieciak, chcący zamanifestować swoje poparcie dla walki z segregacją. Ale to było co innego.

Nie było mowy o pomyłce. Data się zgadzała, plakaty jasno obwieszczały, kto wystąpi tego wieczora.

– B.B., oni przyszli cię posłuchać – odpowiedział mu agent, rozkładając ręce.

Królowi bluesa z nerwów trzęsły się dłonie. Zbyt długo żył w kraju, w którym czarnym odmawiano jakichkolwiek praw. Bito ich, szykanowano, pluto im w twarz. Palono im domy, nie pozwalano siadać na ławkach dla białych, nie wpuszczano do kościołów i wsadzano do więzień z powodu samych podejrzeń. Często za gwałty, których nie popełnili, choć tak zeznała biała nastolatka, chroniąca w ten sposób swojego równie białego chłopaka. Biali mieli wtedy dla czarnych szpiczaste kaptury i płonące krzyże, obrzydzenie i pogardę.

Coś było poważnie nie tak.

Gdy wyszedł na scenę, przywitał go szum, a potem nieśmiałe brawa, które rosły i rosły, aż zmieniły się w huk niewiarygodnej owacji. Wszyscy wstali z miejsc, krzyczeli i gwizdali, a B.B. King stał samotnie na środku sceny i płakał z przejęcia.

Po raz pierwszy w życiu widział białych w takiej masie oklaskujących czarnego.

Owacje trwały i trwały, a B.B. King stał cały roztrzęsiony i nie mógł się opanować. Nie wiedział, jak ma się zachować. W końcu doszedł do wniosku, że może zrobić tylko jedno. Zagrać i zaśpiewać najlepiej, jak potrafi.

Tego dnia zagrał najważniejszy koncert w swoim życiu.

– POWINNIŚMY W TAKIM RAZIE PODJECHAĆ w jeszcze jedno miejsce.

Nad rozległymi bawełnianymi polami Missisipi górują neoklasycystyczne rezydencje dawnych właścicieli ziemskich, dziś zamienione głównie na luksusowe hotele, czarujące gości nimbem dawnej historii. W niektórych z nich zachowano kwatery niewolników, by opowiedzieć historię również słowami tych, którzy nie mogli ich nigdy spisać. Takie miejsca robią wstrząsające wrażenie. Od frontu pańskie dwory, a w nich kolumnady, sale jadalne i rodowe srebra. Fotele do szydełkowania kołyszące się na werandach, przystrzyżone ogrody wciąż pamiętające lekkie kroki dam w białych sukniach chroniących się przed słońcem pod ażurowymi parasolkami. Cylindry i bryczesy, konne polowania, wieczorne cygara i brandy w kieliszkach z grubego szkła. Czasy wytwornych dżentelmenów i czarujących dam. Elegancja i kultura, i anglikańskie msze ku chwale chrześcijańskiego miłosierdzia.

A za rezydencją krzywe budy z dziurawych desek, gdzie zimowymi nocami wciskał się mróz. To tu zarządcy przyprowadzali w kajdanach każdego nowo zakupionego niewolnika. Musi popracować pięć lat, dopiero wtedy się zwróci. Przez pięć lat trzeba go więc utrzymać przy życiu, ale niewiele więcej. Dostanie miskę kaszy wieczorem i trochę gumbo albo kilka kromek chleba z wodą. Będzie pracował od świtu do zmierzchu, a zarządcy będą go chłostać po wygiętych w pałąk plecach, gdy tylko spróbuje odpocząć. Inni będą zaganiać bydło, dbać o posiadłość, zwozić z miasta towary. Ci najwierniejsi może trafią do domu państwa, gdzie będą im służyć, szykując posiłki czy podając do stołu.

Mieli byś silni, ale wystraszeni. Trzeba ich było złamać. Nieposłuszeństwo karano chłostą lub wypaleniem na piersi znaku rozgrzanym żelazem.

Ci, którzy podnieśli rękę na zarządcę, byli wieszani na gałęzi lub paleni żywcem. Kupi się następnych, a strach zostanie. Będą spali na ziemi lub na prowizorycznych pryczach, ubrani w łachmany i dziurawe buty. Zimą będą szczękać zębami, tuląc się wokół paleniska. Byle przetrwali noc, bo rano mają wrócić na pole.

Gdy zapadał zmrok, w tych budach z tyłu rezydencji tlił się ogień, a wokół niego wszystko, co przynosiło jakąś ulgę na kolejny dzień. Były opowieści przywiezione przez przodków z Afryki i mroczne wierzenia w moce wudu, klątwy, uroki i czary. Były pieśni, które na polu pozwalały utrzymać równy rytm pracy, a po niej zapomnieć o zmęczeniu. Prowizoryczne instrumenty z dłubanych pni i starych strun. Muzyka, która opowiadała życie.

Dlatego właśnie blues jest taki przejmujący. Nawet gdy opowiada pogodne historie, między nutami nadal słychać ból.

Podjechaliśmy pod jedną z takich plantacji. Melrose pod miastem Natchez. Mówili, że najlepiej zachowana, robi największe wrażenie. Rezydencja, kolumnada, rząd starych rozłożystych dębów, przystrzyżona trawa. Już z daleka było widać, że z kwaterami niewolników coś jest nie tak. Zadbane, eleganckie, pomalowane na biało, z ceglanym kominem wystającym ponad równe rzędy dachówek. Do tych małych domków prowadziły czerwone drzwi, a oszklone okna przysłaniały zielone okiennice. Coś to nie tak chyba było...

W środku wnętrze, w którym mogłaby siedzieć na swoim bujanym fotelu panna Marple. Kominek, drewniany stół, eleganckie krzesła, dywanik, wazon z kwiatami. Przy drzwiach tabliczka, jak w muzeum. Przeczytałem:

– „Tu niewolnicy mogli spożyć wspólnie posiłek, wypalić fajkę i patrzeć, jak dzieci bawią się szklanym kulkami, podczas gdy rodzicie cieszyli się swoim towarzystwem..."

– Co to za brednie? – tata warknął poirytowany.

– „Nie ma zgody w kwestii tego, jak niewolnicy byli traktowani przez swoich panów – czytałem dalej – gdyż zeznania zebrane z ust samych niewolników trudno uznać za obiektywne..."

– Dość, nie będę tego słuchać. Chodźmy stąd.

Faktycznie, przeszłość w tym miejscu została najlepiej zachowana.

– WIESZ TATO, ta podróż nie może się skończyć tym, że tak sobie jeździmy z miejsca na miejsce. Musi być jakiś mocny akcent na finał.

– Ale mi się bardzo podoba, że tak sobie jeździmy.

– Obiecałem ci, że dostaniesz prawdziwą bluesową budę i dostaniesz ją. Pojedziemy do Clarksdale. Tam się wszystko zaczęło i tam się dla nas skończy.

– Ale ja widzę, że tu już nikt nie gra bluesa. Więcej go jest w Polsce niż tu.

– Jeśli gdzieś jeszcze grają, to właśnie w Clarksdale. Pojedziemy tam, wejdziesz na scenę i zagrasz z prawdziwą czarną kapelą. To będzie nasz akord końcowy. Zobaczysz, padniesz na plecy.

– Dobra, w porządku. Czemu nie.

– CZEMU SIĘ ZATRZYMAŁEŚ?

Postawiłem samochód na poboczu drogi, choć na pierwszy rzut oka w okolicy nie było się przy czym zatrzymywać. Pola kukurydzy, las, ubite dróżki biegnące nie wiadomo dokąd. Skwar i brzęczące muchy.

– Bo to pierwszy z naszych dwóch przystanków. Łap wiosło.

– Ale co to za miejsce?

– Rozdroża.

PRZEKROCZYLIŚMY ZARDZEWIAŁE TORY biegnące wzdłuż drogi i ruszyliśmy traktem między polami. Minęliśmy mały cmentarz, gdzie groby znaczyły nieregularne kamienie zapisane czarną farbą, i bagnistą sadzawkę. Droga ciągnęła się kilka kilometrów. Szliśmy w upale, wdychając pył unoszący się w powietrzu. Gdzieś tam pod lasem jest skrzyżowanie, na którym zjawi się Lucyfer, gdy ktoś zagra bluesa. Tata zagaił:

– Spytałeś mnie wcześniej, co bym zrobił, gdyby na Rozdrożach pojawił się diabeł. A ty się zastanawiałeś, co zrobisz, jeśli się jednak pojawi?

– Wiesz, tato... Ja chyba sam nie wiem, czego chcę. Nie byłbym w stanie mu powiedzieć, czego chcę w zamian za moją duszę.

– Mimo tych wszystkich podróży?

– Może właśnie przez nie.

– Sam widzisz... Jaki ma sens uciekanie w świat od własnego życia?

– Jeśli uda ci się znaleźć coś innego, to ma sens – odpowiedziałem.

– Synu, wszystko, od czego uciekasz i czego szukasz, i tak zabierasz ze sobą.

Żwir chrzęścił pod naszymi stopami. Szliśmy dalej wzdłuż pól zeschniętej kukurydzy.

– Wiesz co? – powiedział po chwili tata. – Ja myślę, że gdyby przyszło co do czego, umiałbyś odpowiedzieć na to pytanie. Gdyby faktycznie na Rozdrożach pojawił się diabeł, powiedziałbyś, czego chcesz, i postawiłbyś wszystko na jedną kartę.

– Dlaczego tak myślisz?

– Bo ja byłem kiedyś taki sam.

Przed nami dostrzegłem skrzyżowanie polnych dróg. To chyba już to.

GRALIŚMY NA ROZDROŻACH. Diabeł może się pojawił, a może nie. Mógł to być grubas w uwalanej smarem czapce albo dzieciak bez zębów, za to z wężowymi grzechotkami w dłoni, robotnik plantacji, a może nawet pastor z pobliskiego kościółka. Drzewa, które tam miało stać, już nie było. Wszystko powoli odchodzi w przeszłość, zastępowane przez nasze wyobrażenia, jak tam niby powinno być.

Wróciliśmy na drogę przez pola. Potem kolejne mile szosą, która się nie kończy. Skręt w lewo na Clarksdale.

Małe amerykańskie miasteczka cechuje charakterystyczna atmosfera. Jak niedzielne popołudnie trwające cały tydzień. Pustawe ulice, nieliczne samochody, kot przebiegający drogę i czarna staruszka na ganku.

Clarksdale. Stolica bluesa z Delty.

Ulice Johna Lee Hookera, Buena Vista i Yazoo. Legendarna stacja autobusów Greyhounda, którymi przyjeżdżali tu Muddy Waters i Albert King. Stare kino Paramount, któremu z szyldu powypadały litery. Miejsce urodzenia Sama Cooke'a, Ike'a Turnera i Williego Browna. Hotel Riverside, w którym koncertował Duke Ellington, a Robert Johnson i Sam Cooke grali, pili i dupczyli. W zmiennych proporcjach i z różnym skutkiem.

Miejsce, do którego prędzej czy później trafiali wszyscy ci, którzy szukali diabła na rozdrożach.

DO CLARKSDALE nie można przyjechać tak sobie, bez zaproszenia, i wejść na scenę, żeby pobrzdąkać na gitarze. Żeby tu zagrać, musisz być najlepszy, bo bluesa w okolicy grają nawet pięciolatki. A jak już ci pozwolą zagrać i zagrasz tak sobie, to z lepszych lokali cię wyproszą przy akompaniamencie gwizdów, a w pozostałych pofruną butelki i zarobisz w ucho.

W tym mieście było dwóch ludzi, do których należy skierować kroki, gdy wysiadło się z autobusu z gitarą na plecach. Pierwszym był Gary W. Miller, właściciel antykwariatu muzycznego, w którym ilość kurzu pokrywającego płyty przyrastała wprost proporcjonalnie do wiedzy i znajomości Gary'ego. Kurzu było tyle, że nie dało się oddychać. Gary zmarł dwa lata temu na atak serca, a jego sklep stoi pusty i czeka na nowe wcielenie.

Drugim człowiekiem, którego w tym mieście trzeba znać, jest Ronnie Drew. Wysoki, szczupły mężczyzna o włosach białych jak papier, który w niewielkim sklepie na Delta Avenue sprzedaje używane gitary. Trzyma

26
46 059

HAROLD + CORA
WHITE

w nich majątek, którego nikt by się nie spodziewał, patrząc na obdrapany dom, wciśnięty między dwa ceglane budynki, i wymalowany ręcznie szyld.

– A więc to jest twój tata – Ronnie stwierdził raczej, niż spytał.

– To on.

– Chodźmy na zaplecze.

Sklep Ronniego na pierwszy rzut oka był malutki. Kilkumetrowa kanciapa z ladą. Prawdziwe królestwo otwierało się w dwóch pokojach z tyłu, gdzie trzymał najciekawsze instrumenty. Mógł o nich opowiadać godzinami. Znał historię każdej gitary i każdego piecyka. Na ścianach miał plakaty podpisane przez słynnych muzyków i ich wizytówki, wspólne zdjęcia, koszulki i inne bibeloty.

– To jest cudo – powiedział, wskazując starego gibsona. – Sześćdziesiąty pierwszy. Ta obok, sześćdziesiąty trzeci, uratowali ją z pożaru jakiegoś hotelu. Ale to jest prawdziwy rarytas... Ćwierćpudło z początku lat siedemdziesiątych. Autentyczne przystawki, oryginalne klucze. Wspaniały instrument.

– Ile kosztuje?

– Nie jest na sprzedaż.

– A ta?

– Piętnaście tysięcy dolarów.

Mój ojciec z uwagą oglądał jakiś piecyk, kiwając z aprobatą głową. Tak było od kiedy pamiętam. Nieustająco szukał właściwego brzmienia. Nie „najlepszego", a właściwego. Potrafił sprowadzić wzmacniacz z Anglii, bo tamten grał jak trzeba, a te w Polsce nie. Gdy prowadził sklep muzyczny, który znali wszyscy w Warszawie, zdarzało się, że kupił od własnego klienta najbrzydszą gitarę świata, bo akurat szerokość podstrunnicy była taka jak trzeba. Może to fascynacja, może obsesja – trudno ocenić. Tego się nie da zrozumieć, jeśli samemu nie jest się muzykiem, znana prawda. Dla postronnych gitara to gitara, a trąbka to trąbka, nie ma co wydziwiać. Ale nie dla takich ludzi jak mój ojciec.

Tata podłączył jakiś instrument, wzmacniacz zatrzeszczał. Usiadł na stołku i przeciągnął palcami po strunach. Ronnie przyglądał się z kamienną twarzą. Zbyt wielu już takich tu widział. Rozmawialiśmy dłuższą chwilę o wyższości gitary Les Paul nad gitarą Lucille i o tym, gdzie w mieście podają najlepsze hamburgery. A potem powiedział:

– Wróć za godzinę.

W takich sytuacjach nie zadaje się zbędnych pytań.

– NO I JAK ci się tu podoba?

– No fajnie...

– Tego się spodziewałeś?

– No wiesz, miasteczko jak miasteczko, nie jest jakieś niezwykłe.

– Spodziewałeś się, że na rogu będzie grał B.B. King albo że przez okno na pierwszym piętrze wyskoczy Miles Davis, jak w tej jego biografii?

– No a jak!

– Poczekaj do wieczora, może tancbuda cię przekona.

– Bez przesady, mnie nie trzeba przekonywać. Bardzo fajnie tu jest. Sympatycznie.

DZWONEK PRZY DRZWIACH SKLEPU RONNIEGO brzdęknął od niechcenia, gdy otworzyłem drzwi. Siedział za kontuarem i czytał gazetę. Podniósł oczy i rzucił bezbarwnie:

– Przyjdźcie dziś wieczorem do Reda. Będzie grała niezła kapela. Na gitarze mają piętnastolatka, mówią na niego Kingfish. Nigdy nie słyszałeś czegoś takiego. Dzwoniłem do niego. Powiedziałem mu, żeby zaprosił twojego ojca na parę numerów. Sporo tu ludzi przychodzi, ale twój stary potrafi grać, naprawdę. Może przyjdę posłuchać.

– Dzięki, Ronnie. Do zobaczenia.

– Co powiedział? – tata się zainteresował.

– Masz dziś koncert w najlepszej, najbardziej syfiastej tancbudzie w mieście.

– Żartujesz.

– Nie żartuję.

– Takiej jak w *Kolorze purpury*?

– Coś w tym stylu. Lepiej nie trafisz, to jest legendarny lokal.

– No dobrze, zobaczymy...

– MUSZĘ SOBIE KUPIĆ BLUESOWY KAPELUSZ, zanim wyjedziemy.

– Tu za rogiem jest sklep ze starymi ciuchami. Coś znajdziesz na pewno.

Dzwonek, szum wiatraka, szelest gazety sprzedawcy i spojrzenie znad okularów.

– Proszę, cała szafa do wyboru.

– O, taki jak miał Johnny Winter. Jak wyglądam?

– Szczerze? Jak flisak znad Dunajca.

– A w tym? Taki nosił John Lee Hooker.

– Na moje oko, jak prowansalski farmer.

– A w tym?

– Jak iluzjonista, brakuje ci tylko peleryny.

– Masz rację, cholera... Nic już z tego nie rozumiem.

– Tato, wydaje mi się, że każdy kapelusz będzie bluesowy, jeśli go wsadzisz na czarną głowę. To nie jest kwestia kapelusza, to jest kwestia właściciela.

Tata westchnął ciężko, odkładając kolejne nakrycie głowy na miejsce.

WIECZOREM ZOSTAWILIŚMY SAMOCHÓD przy nieczynnym parkometrze na placu przy torach. Minęliśmy jakiś roztańczony lokal, z którego dobiegało skoczne country, i przeszliśmy na drugą stronę torów, gdzie w latarniach dzieciaki powybijały żarówki. Ulice były ciemnawe, oświetlone pojedynczymi, żółtymi lampami. Przy chodniku stał tylko jeden zepsuty, uziemiony samochód. Na poboczu leżała mała hałda kamieni na kolejowe podkłady. Trudno było to miejsce nazwać najlepszą częścią miasta.

Stanęliśmy pod budą Reda. Ze środka już grzmiał bluesowy, bujający rytm. Ktoś szył solówkę na gitarze, zapewne anonsowany przez Ronniego Kingfish. Ojciec przed wyjściem wczuł się w rolę. Włożył dżinsy i mocne skórzane buty, a w ręku trzymał futerał z gitarą. Brakowało mu tylko kapelusza, ale podobno bluesa się w sobie ma albo nie ma, a kapelusz założyć może każdy. Odnosiłem wrażenie, że tata jest trochę spięty, nie wiedząc, co go czeka w prawdziwym juke joincie. Tyle zagrał w życiu koncertów, ale jednak widocznie to nie to samo.

Knajpa U Reda mieściła się w starym ceglanym budynku, w którym kiedyś był sklep muzyczny LaVene, gdzie Ike Turner kupował instrumenty. Ślad po starym szyldzie wciąż widniał na ścianie budynku, nad markizą z pogiętej blachy opadającą z jednej strony. Przed wejściem stał rozpalony grill, który dymił na całą okolicę. Stał przy nim śmiertelnie poważny czarny gość i przewracał steki przeznaczone dla tych, którzy wytoczą się na zewnątrz, by zaczerpnąć powietrza. Przed budą – rupieciarnia. Stary zdezelowany fotel fryzjerski, pokrzywione ławy z nieheblowanych desek i wielka płachta brudnego brezentu, wciśnięta w kąt. Otworzyłem drzwi.

– Dingo! – poznałem bramkarza, który już kiedyś mnie tu wpuszczał.

– Pięć dolarów – odpowiedział.

Weszliśmy do ciemnego wnętrza, w którym jedyne źródło światła stanowiły słabe czerwone lampy. Tuż przy drzwiach, bez żadnej sceny, na podłodze przy barze stała czteroosobowa kapela i piłowała soczystego bluesa. Przed nią bujało się kilka par, między którymi przemykali ci, którzy spragnieni byli bardziej piwa i whisky niż tańca. Przepchnęliśmy się na koniec pomieszczenia, gdzie w telewizorze leciał mecz koszykówki i stało kilka stolików zapełnionych szklankami.

– I co, klimat chyba jak trzeba?

– Pierwszorzędny! Ale jest kilku białych...

– Tato, to już nie są lata pięćdziesiąte... Nie ma już oddzielnych knajp dla białych i czarnych. Zresztą, jak myślisz, do której z nich mógłbyś wejść?

Na ciasnym parkiecie zabawa na całego. Gruba wokalistka w kowbojskim kapeluszu ozdobionym lampkami choinkowymi wchodziła właśnie w refren *Never Trust a Man* Koko Taylor. Potężne miała głosisko. Za nią stał jeszcze większy młody chłopak w szerokich spodniach i czapce z daszkiem założonej tył na przód. Na wielkim brzuchu trzymał gitarę, po której przebierał palcami jak serdelki. Jeśli miał piętnaście lat, to faktycznie w życiu nie słyszałem niczego takiego. Grał, jakby się urodził z gitarą w rękach. Piekielnie szybkie solówki, przejmująco smutne molowe kawałki, swingujące parkietowce, klasyczne standardy. Był kapitalny. Publiczność go kochała. Bawił się z nią, tarzając się po zaplamionym piwskiem parkiecie. Wrzucał frazy ze znanych przebojów i zmieniał tempo, drażniąc się z tańczącymi dla zabawy. Może i dzieciak, ale zawodowiec.

– Skoczę po coś do picia – powiedziałem, zostawiając tatę na samym końcu baru, w rogu przy wejściu na zaplecze.

Gdy wróciłem, jakaś zażywna czterdziestka próbowała wyciągnąć go na parkiet, zachęcając do większego luzu. Nie bardzo jej się to udało. Tata truptał raczej sztywno, klaszcząc do rytmu, ale nic ponadto. Zniechęcona odwróciła się na pięcie i tym typowym czarnym krokiem dumnej Amerykanki z Południa wróciła do zabawy.

– Ja mam tu zagrać? – spytał ojciec.

– A jak! Kapitalne miejsce, co?

– No to muszę się nastroić, przygotować!

– Spokojnie, będzie na to kupa czasu. Na razie cieszmy się tym klimatem. Nieziemski! – próbowałem przekrzyczeć wzmagającą się kakofonię dźwięków, ale zagłuszyła ostatnie słowa. Rozłożyłem w rezygnacji ręce i pomknąłem na parkiet. Grali *Gimme Some Lovin'*.

Parę minut później kapela zrobiła sobie przerwę. Wróciłem do ojca, który stroił gitarę, siedząc pod neonem wyjścia do toalety. Obok namiętnie całowała się jakaś parka. Bramkarz wyprowadzał za kołnierz faceta, który przesadził z woltażem i dobierał się do dziewczyn na parkiecie.

– I co, kiedy mam wyjść? Co będą grali?

– Tato, uspokój się. To ma być przyjemność! Po co te nerwy!

– *Is there mister Andrew in the house?* – rozległo się w głośnikach. Czy na sali jest niejaki pan Andrzej?

Kilka osób, które już wiedziały, co się święci, zaczęło klaskać, wskazywać ojca i coś odkrzykiwać, dodając mu otuchy. Tata chwycił gitarę i ruszył przez tłum tam, gdzie stała kapela. Wymienił z Kingfishem uścisk dłoni i podpiął się do piecyka chłopaka. Perkusista zaczął nabijać rytm i wrzucił szybki taneczny numer.

Ojciec od razu wskoczył w solówkę, ale jakąś taką za nerwową, szarpaną. Niedobrze to brzmiało. Gubił frazy, nie mógł się coś spasować z sekcją, chciał chyba za dużo i za szybko na raz, jakby stawał w szranki z Kingfishem w jego ulubionej konkurencji popisów granych z prędkością światła. Publiczność trochę przysiadła, parkiet opustoszał. Tata nie rejestrował nawet, co się wokół niego dzieje. Próbował nadążyć za rozkręcającym się tempem i skupiony wpatrywał się we własne palce. Nie wiem, czy kiedykolwiek widziałem go w takim napięciu.

Publika rzucała sobie znaczące spojrzenia, ktoś coś komentował po cichu tym protekcjonalnym, ale pełnym zrozumienia tonem. No tak, w końcu biały, do tego z Polski...

– Dawaj tato, przecież stać cię na więcej... Pokaż im, co umiesz. Grasz to od czterdziestu lat – szepnąłem do siebie.

Mocny końcowy akord, huk talerzy i kotłów, wątłe kurtuazyjne brawa. Kingfish poderwał się z miejsca, chcąc przez mikrofon podziękować za gościnny występ, ale tata zatrzymał go w pół drogi i coś mu powiedział po cichu. Chłopak usiadł, ojciec zmienił położenie kilku potencjometrów we wzmacniaczu, odwrócił się i zagrał kilka nut. Przedtakt wolnego, nastrojowego bluesa dla namiętnej parki w rogu. Sekcja podchwyciła i knajpę U Reda wypełniła muzyka, jakiej się tu zwykło słuchać. To był ten dźwięk, który towarzyszył mi całe życie, gdy jako czterolatek biegałem w rajstopkach po dużym pokoju, i gdy uczyłem się do matury, i gdy wpadałem do rodziców na obiad. Miękki, ciepły dźwięk ojcowej gitary dochodzący zza

ściany. Charakterystyczna skala, zagrywki, które słyszałem tysiące razy. To jest mój dom.

Znowu znaczące spojrzenia, ale już inne. Ktoś kiwał głową z aprobatą, ktoś podniósł szklankę w toaście dla kapeli. Kingfish podszedł do mikrofonu i zaimprowizował jakąś zwrotkę. Bębniarz akcentował co trzeba, tata wpadał frazami dokładnie tam, gdzie należało. Muzyka, którą kochał, która brzmiała dokładnie tak, jak powinna brzmieć w miejscu, z którego dawno temu przypłynęła do niego za ocean.

Myślałem, że pęknę z dumy, oczy mnie piekły od łez. Znowu miałem siedem lat i siedziałem w zadymionym klubie, patrząc na mojego ojca na scenie. Teraz jestem dorosły i oto mogłem spełnić jego wielkie życiowe marzenie. Niech ta chwila się nie kończy.

TATA

Gdy zagrali ostatni akord, rozległy się typowe knajpiane brawa, ale w moich uszach to była owacja. Ktoś krzyknął „potrafisz grać bluesa, synu!", ktoś inny „dajesz, panie Polska!" a trzeci „weź mi dwa piwa!", do kumpla przy barze. Tata odpiął gitarę i ukłonił się, jakby stał na scenie, po czym wrócił do swojego rogu pod neonem wejścia do kibla. Rzuciłem mu się na szyję.

– Tato, rewelacja! Co za moment! Nie zapomnę tego do końca życia! Jak się czujesz?

Ojciec odłożył gitarę do futerału.

– Basista strasznie przyspieszał. Nie dało się z nim grać – odpowiedział.

GDY WRACALIŚMY DO DOMU, nie odzywałem się prawie w ogóle. Prowadziłem samochód, zaciskając ręce na kierownicy, aż mi bielały kłykcie. Atmosfera gęstniała i w końcu musiała wybuchnąć. Posypały się wyrzuty zbierane przez lata, sporo bolesnych słów, kilka przekleństw. Na koniec zdawkowe przeprosiny z obu stron, musimy przecież jakoś dotrwać do końca. W samolocie poszedłem spać najszybciej, jak się dało. Na lotnisku pożegnaliśmy się krótko i każdy wrócił do swojego domu.

Nic się nie zmienił. Zawsze taki był i zawsze taki będzie. Tyle pracy, planowania, tyle pieniędzy, tyle miłości i dobrej woli, żeby zabrać go w podróż życia. Wszystko nieważne, bo basista przyspieszał. Mieliśmy się zakumplować podczas tej podróży. Nie wyszło. Mój ojciec ma swój świat, w którym panuje niepodzielnie. Jest otwarty na wszystkie kultury świata, ale przestaje słuchać, gdy ktoś ma odmienne zdanie. Mówi, że jest konkretny, choć inni by raczej powiedzieli, że szorstki i apodyktyczny. Uważa, że są obszary, na których się po prostu zna, ale ja widzę, że od lat nie ma odwagi wyjść poza nie. Jeśli Nowy Orlean i Delta, podróż przez bawełniane stany, dotknięcie świata, o którym słuchał całe życie, nie wyrwało go z tego skostnienia, nie wyrwie go nic.

A ja już więcej nie będę próbować. Nigdy. Niech każdy idzie swoją drogą.

MINĘŁY CZTERY MIESIĄCE wypełnione uporczywym milczeniem i urywanymi kontaktami, gdy nie dało się ich uniknąć. Był czas przemyśleć sprawę, spojrzeć z innej perspektywy.

– Czego się spodziewałeś? – spytał ojciec. – Że będę się cieszył jak dziecko, bo zagrałem na gitarze z przypadkowymi facetami w ciemnej budzie? Miałem skakać z radości?

– Myślałem, że to będzie dla ciebie ważny moment, że się jakoś wzruszysz, ucieszysz, jakoś zareagujesz. Ja w to włożyłem kupę pracy, tato. Chciałem, żeby to była chwila, której nigdy nie zapomnisz...

– Jesteś rozczarowany, że nie reagowałem tak, jak to sobie zaplanowałeś. Ale to nie jest moja wina. To rzeczywistość nie dorównała twoim wyobrażeniom. – Ojciec mówił jak zawsze konkretnie i zasadniczo do bólu. – Synu, ja nie jestem bohaterem twojej książki, ja jestem żywym człowiekiem. Przez cały wyjazd czułem taką presję z twojej strony, jakby był jakiś scenariusz, który mam do odegrania. Przykro mi, ale to nie jest dla mnie podróż marzeń. Podróż marzeń to taka, gdy mogę robić to, co chcę. Jeśli się czujesz zawiedziony, nic na to nie mogę poradzić.

– Nie myślałem o tym w ten sposób...

Swoją drogą

ZA OKNEM WIROWAŁY PŁATKI ŚNIEGU. Pierwsze w tym roku. Trzeba będzie założyć czapkę. Mama stale każe mi ją nosić.

Dla rodziców ich dzieci zawsze mają dziesięć lat. Załóż szalik, uczesz się, odżywiaj się lepiej, dbaj o siebie. Możemy mieć żony, mężów, swoje dzieci, możemy już łysieć i zapuszczać brzuszek. To nieważne. W oczach naszych rodziców zawsze będziemy wymagać troskliwej opieki. Znana prawda.

Ale może jest też tak, że ja w kontaktach z rodzicami zawsze będę nastolatkiem. Ich każda uwaga irytuje mnie bardziej, niż powinna. Tak jak kiedyś, gdy kazali mi wracać wcześnie do domu albo wypytywali, gdzie byłem i z kim. To była ingerencja w moją wolność, w moją dorozumianą dorosłość pryszczatego wyrostka, więc gryzłem i wierzgałem. I gdy dziś rodzice mi mówią, że znów mam nieuprasowaną koszulę albo że powinienem coś zmienić w swoim życiu, strzelam oczami, dostaję piany.

Czemu nie reaguję tak samo na podobne komentarze moich znajomych, mojego brata? Czemu traktuję je jak dobre rady? Przecież to są mądre słowa, obojętne, kto je wygłasza.

Chyba faktycznie powinienem w końcu dorosnąć. Spróbuję.

NA TRAKCIE KRÓLEWSKIM zawiesili bombki, te same co zeszłym razem. Marszałkowska znowu przyprószona śniegiem. Przede mną kolejny rok.

Często słyszę pytanie, co zrobić, żeby wyjechać w wielką podróż. Skąd brać pieniądze, jak znaleźć czas. Wszystko zaczyna się od decyzji, mówię wtedy. Nie możesz czekać na właściwy moment, bo on nigdy nie nadejdzie. Za bardzo zapełniamy swoje życie, za szybko wszystko pędzi.

Codzienność w biegu zagłusza nam to, co naprawdę ważne. Trzeba podjąć decyzję, zrobić pierwszy krok. Reszta sama się jakoś ułoży.

Niby to wszystko wiem. Wiem, co powinienem zrobić, co już pora zostawić, co mnie czeka, jeśli tego nie zrobię. Nie umiem.

Na moim biurku stos biletów. Indonezja, Malediwy, Gujana, Uganda. Wrócę do domu w kwietniu.

Idę jednak dalej. Swoją drogą.

Chciałbym bardzo podziękować moim Partnerom,
bez których nie byłbym w stanie zrealizować
tego szalonego pomysłu

allegro

KLM
Royal Dutch Airlines

SKYTEAM

Tomek Michniewicz

Na marginesie

LAOS

[s. 25] **Szwindel w Luang Prabang.** Co najmniej dwie osoby zostały w tym samym czasie oszukane w podobny sposób przez policję w Luang Prabang jesienią 2010 roku. Widocznie kapitan miał wtedy przypływ weny.

ETIOPIA

[s. 31] **Czy Key Afar to mała wioska?** Czy Jinka to małe miasteczko? Nie mam pewności, dawno tam nie byłem. Ten fragment (i tylko ten!) opisuje wydarzenia sprzed ośmiu lat, tak jak je dziś pamiętam. Czas zaciera detale, inaczej rozkłada akcenty, mogłem coś pokręcić, coś się mogło w ciągu tych lat zmienić. Proszę o wyrozumiałość.

KAMERUN

[s. 47] **Piłka nożna.** O znaczeniu futbolu w Kamerunie niech świadczy obiegowa historia, jak to reprezentacja kraju przegrała na wyjeździe towarzyski mecz z Tunezją. Publika w kraju była tak wściekła na słabą postawę piłkarzy, że kibice znaleźli pod Jaunde rodziców dwóch z nich i spuścili im manto. Innym razem piłkarz Pierre Nlend Womé nie strzelił karnego. Tego samego dnia z dymem poszedł jego dom.

[s. 47] **BIR.** Służby specjalne cieszą się bardzo złą sławą. Jedna z najgłośniejszych historii, opowiadana z ust do ust, dotyczy tego, jak BIR rozprawił się z bandyterką pod miastem Tcholliré na północy kraju. BIR wytropił gang, pozabijał wszystkich i zabronił zakopać ciała, żeby wszyscy widzieli, czym się kończą zbrojne rabunki. Wtedy ludzie w całej prowincji przestali jeść wieprzowinę, bo ciała leżące przy drodze pożarły świnie.

[s. 48] **Pangola.** Po naszemu pangolin albo łuskowiec. Stwór nie do opisania, trzeba zobaczyć.

[s. 56] **Ile osób mieści się w toyocie corolli.** Standardem na południu Kamerunu jest siedem osób, choć równie często spotyka się wersję „siedmiu pasażerów", czyli osób osiem, wliczając kierowcę. Słyszałem też wielokrotnie opowieści o liczbie dwanaście, czemu jestem również skłonny dać wiarę.

[s. 63] **Groby przy domach.** Spotkałem się z dwoma interpretacjami zwyczaju, według którego zmarłych chowa się tuż przy domu. Pierwsza – by zawsze byli blisko. Druga – żeby nikt nie okradł grobu.

[s. 65] **Ostatnie plemię dżungli.** Można dyskutować, czy Baka są ostatnią leśną społecznością w Afryce. Można wskazać jeszcze Aka, Efe, Twa, Bongo i kilka innych grup etnicznych. W większości przypadków żyją one już przede wszystkim przy drogach lub we wsiach, prowadząc osiadły tryb życia. W mojej ocenie Baka są ostatnią grupą, która w przeważającej większości prowadzi zbieracko-łowiecki, nomadyczny tryb życia. Większość Baka wciąż spędza w lesie znaczącą część czasu, kultywuje tradycje związane z dżunglą, rytuały inicjacyjne i magiczne, i wciąż aktywnie korzysta z wielopokoleniowej wiedzy tropicielskiej i zielarskiej.

[s. 66] **Pigmeje.** Niektóre grupy etniczne nazywane Pigmejami uważają ten termin za pejoratywny i nie chcą być nim określane. Również z naukowego punktu widzenia jest to termin niepoprawny. Niemniej żaden ze znanych mi Baka nigdy nie oponował przed jego użyciem, a wręcz Baka sami wielokrotnie z niego korzystali, więc czuję się uprawniony do użycia go również w tej książce.

[s. 66] **Wódz.** Nie ma jednej poprawnej odpowiedzi na pytanie, jak nazywać najważniejszą osobę w afrykańskiej wiosce. Wódz, szef, naczelnik czy jeszcze jakoś inaczej? Struktura klanowa i zróżnicowanie grup etnicznych jest tak zawiłe, że każdy z tych terminów może być poprawny i niepoprawny w zależności od kontekstu. Używam określenia „wódz" wyłącznie dla wygody.

[s. 66] **Gilbert.** Nazwisko Gilberta oficjalnie zapisuje się Mbwapeh, ale wymawia Mbampe, więc na pohybel Francuzom zapisujemy po swojemu.

[s. 66] **Jak znaleźć lianę wodną.** Nie jest to prosta sprawa, trzeba umieć ją rozpoznać. Będzie gruba na dwa-trzy palce, raczej sztywna, pokryta zdrewniałą, chropowatą korą. Pierwsze cięcie wykonuje się najwyżej, jak to możliwe, potem drugie – jak najniżej. Odciętą lianę należy podzielić na mniejsze kawałki i wykorzystać wodę, która natychmiast popłynie z odcięć. Liany szybko się zasklepiają. Wtedy wystarczy przyciąć końcówkę – woda popłynie ponownie. Uwaga! Jeśli z nacięć płynie mleczny sok – jest trujący. Nie pijcie. Wybraliście złą lianę.

[s. 82] **Czary Baka.** Do dziś bardzo powszechne jest przekonanie, że Baka nocą potrafią zmieniać się w zwierzęta. Co więcej, do niedawna równie powszechne wśród plemion Bantu było przekonanie, że Baka po prostu są zwierzętami. Zresztą nie tylko wśród Bantu. W 1906 roku Pigmej Ota Benga został wystawiony w zoo w Nowym Jorku.

[s. 87] **Typy dżungli.** „Jasna", przestrzenna forma lasu deszczowego to tak zwana dżungla pierwotna. „Ciemna", zarośnięta formacja to dżungla wtórna.

[s. 91] **Kot-tygrys.** *Tigré* z akcentem na końcu oznacza też „pręgowany", jednak w tym wypadku zdecydowanie chodziło o znaczenie „tygrys".

Nadrzewny drapieżnik upolowany przez Baka to jakaś żeneta. Mimo usilnych starań nie udało mi się zidentyfikować konkretnego gatunku. Zawsze jakiś detal nie pasował. Albo długość ogona, albo umaszczenie, albo smak, gdy się posypie solą.

[s. 91] Ile zarabiają Baka. „Minimum socjalne" w Kamerunie to 28 tys. franków, czyli niecałe 200 zł. Baka w ciągu miesiąca czasami zarabiają połowę, czasem dwie trzecie tej sumy. Częściej jednak za pracę są wynagradzani w naturze – dostają jedzenie z pola, które uprawiają, stare ubrania lub buty albo – bardzo często – *arki*, toksyczny, uzależniający bimber bananowy.

[s. 94] Upolowany słoń. W innych rejonach Afryki, na przykład we wschodnim Kongo, gdy myśliwi Baka upolują słonia, w to miejsce przenosi się cała wioska i zostaje tam, aż skończy się mięso. W południowo-wschodnim Kamerunie do terenów, na których żyją słonie, idzie się jednak często tydzień, więc taka metoda aprowizacji jest niemożliwa.

[s. 97] Czemu dzieci umierają? A dorośli nie uczą się na swoich błędach. Jeśli potrafimy na chwilę oderwać się od naszej europejskości, będziemy może mogli odpowiedzieć na to pytanie. Jak będzie brzmiała odpowiedź, jeśli założymy, że wśród Baka (i innych grup etnicznych również) śmierć jest naturalnym elementem życia, a nie czymś, od czego trzeba uciekać za wszelką cenę?

[s. 106] Co i jak leczyć. Wielu podróżników staje przed dylematem, w jakim zakresie stosować zachodnią medycynę w kontakcie z odizolowanymi społecznościami żyjącymi tradycyjnie bez dostępu do opieki medycznej. Ja osobiście wyznaję zasadę, że w takiej sytuacji bezpiecznie można stosować wyłącznie środki do użytku zewnętrznego. Opatruję rany, skaleczenia i oparzenia, usztywniam zwichnięcia. Nie ordynuję żadnych leków.

Alfonsa bolały plecy. Mógłbym dać mu środki przeciwbólowe, na które może być uczulony. A może nawet nie jest i zadziałają świetnie, plecy natychmiast przestaną go boleć, więc zacznie dźwigać ciężary i pracować maczetą, co jeszcze bardziej pogorszy jego stan. Środki medyczne muszą być podawane przez kogoś, kto dokładnie wie, co robi i rozumie konsekwencje, jakie ich zastosowanie powoduje zarówno w organizmie, jak i w samej społeczności.

[s. 107] **Jedzenie kopca termitów.** Baka mogli żartować, ale na południu Afryki, między innymi na terenie RPA, Zimbabwe, Namibii lokalni mieszkańcy naprawdę jedzą kopce termitów. Składają się one z piasku sklejonego „śliną" insektów, bogatą w wartości odżywcze i białko. Ciężarne kobiety plemienia Szona specjalnie szukają kopców do jedzenia, bo piasek i tak wydalą niestrawiony, a minerały z wydzieliny termitów zostaną w organizmie.

[s. 121] **Króliki z kopytami.** Wyobraźcie sobie moje zdziwienie, gdy okazało się, że te zwierzęta rzeczywiście wyglądają jak króliki, ale mają kopyta. Mówi się tu na nie *lièvres*, czyli zające. Mimo godzin poszukiwań nie udało mi się ustalić nazwy gatunkowej.

[s. 123] **Lepiej być nikim niż kimś.** W naszym modelu też funkcjonuje ta zasada, zwłaszcza w odniesieniu do progresywnego podatku dochodowego. Ze wszech miar lepiej się mieścić w najniższym progu.

[s. 138] **Binda Punde.** Właściwy zapis to Bi Nda Punde, co w dosłownym tłumaczeniu z języka makaa oznacza „nie uciekajcie". W liczbie pojedynczej Wo Nda Punde, ale nie wdawajmy się może w aż takie szczegóły.

[s. 144] **Magia a świat rzeczywisty.** Naprawdę niewielkie znaczenie ma to, czy czary rzeczywiście działają, czy nie. Wiara w nie wystarczy, by działały. W 1960 roku Brytyjczycy, analizując największy konflikt w dziejach swoich kolonii, powstanie Mau Mau w Kenii, wskazali jako jego źródła „pseudoreligię i diabelskie formy czarnej magii". Walki trwały trzy lata.

W wielu krajach afrykańskich drużyny piłkarskie (również reprezentacje narodowe!) oficjalnie zatrudniają *marabu*, którzy za pieniądze podatników odprawiają czary przed ważnymi meczami.

W Kamerunie na porządku dziennym są procesy sądowe o zabójstwo na polowaniu. Najczęstszą linią obrony jest stwierdzenie, że ofiara mistycznie zmieniła się w małpę i zabójca był przekonany, że strzela do zwierzęcia, a dopiero po wszystkim zabity człowiek wrócił do swojej postaci. Często wystarczy to do uniewinnienia.

Paradoksalnie i z przymrużeniem oka można powiedzieć, że afrykański sposób myślenia jest bardziej „racjonalny" niż nasz. U nas jest sporo miejsca na przypadek i znaki zapytania bez odpowiedzi. W Afryce powody (a więc „logiczne uzasadnienia") są zawsze. Oczywiście dla nas będą nieracjonalne, ale kim jesteśmy, by to oceniać?

[s. 150] **Dzieci-czarownicy.** W tradycji środkowoafrykańskiej od bardzo dawna funkcjonowało przekonanie, że dziecko może mieć w sobie *ngbati*, uśpioną moc. W ostatnich latach to określenie odżyło i stało się wygodnym narzędziem oskarżania dzieci o czarownictwo.

[s. 153] **Czary w brzuchu.** Noworodkowi czary można przekazać przez pępek, zanim się zabliźni, albo przez usta, w pokarmie, wodzie. Dlatego właśnie małe dzieci są tak bardzo chronione i nie dopuszcza się do nich nikogo spoza rodziny. Bo polują na nie *ndjimbulu*.

Wystarczy prześledzić afrykańskie języki, by się przekonać, jak dużo jest związków między magią i jedzeniem. Koncept, że magiczna moc mieści się w brzuchu, jest bezpośrednio powiązany z pojęciem „jedzenia" kogoś, czyli odbierania mu właśnie mocy, energii. W języku baka zarówno brzuch, jak i czary to to samo słowo: *bubo*.

[s. 161] **Ksiądz czy marabu.** Przez swoich wiernych ksiądz Mirek Bujak jest traktowany dwojako. Czasem jako ksiądz, przewodnik duchowy, a czasem jak *marabu*, dobry szaman. Gdy postawił w wiosce studnię i zbudował do niej elektroniczny system sprawiedliwego wydzielania wody, taki z numerem identyfikacyjnym i PIN-em oraz klawiaturą z małym ekranem, nikt nie chciał z niego korzystać. Mieszkańcy obchodzili dom Mirka łukiem, bojąc się magii, która powoduje, że woda tryska ze ściany.

Przekonało ich dopiero mozolne, spokojne tłumaczenie, dużo czasu, i specjalne promocje dla pierwszych klientów.

Gdy wierni przychodzą do Mirka z problemami, które zrzucają na karb czarów (a na czary zrzuca się prawie wszystko), mówi im, że jego zdaniem są chrześcijanami, ale tylko do osiemnastej trzydzieści, gdy zachodzi słońce. Potem już nie są, bo nocą żyją w świecie magii i czarów. Dla Afrykanów nie stanowi to sprzeczności.

Po tym, jak kot Mirka zniknął, czyli zapewne został zjedzony, ksiądz przygarnął kolejną kotkę, czarną Chaussette. Na mszy śmiertelnie poważnie ogłosił, że jeśli ktoś zje jego kota, przez tydzień będzie go męczyło koszmarne rozwolnienie.

Chaussette do dziś ma się dobrze. Binda Punde jest zbyt potężnym czarownikiem, by z nim zadzierać.

[s. 161] **Zła czarownica.** W odpowiedzi na pytanie: „czemu czarownicy są źli?", opowiadają dziesiątki legend i historii, przede wszystkim z Afryki Zachodniej. Jednym z najładniejszych przykładów typowo afrykańskiej narracji, którą jako Europejczycy jesteśmy w stanie zrozumieć, jest film animowany *Kirikou i czarownica* w reżyserii Michela Ocelota z 1998 roku, opierający się na kilku afrykańskich podaniach dla dzieci i podnoszący ten problem.

ARABIA SAUDYJSKA

[s. 190] **Komu na rękę jest segregacja?** Niedawno w badaniach spytano Saudyjki, czy byłyby gotowe pracować z mężczyznami w tych samych pomieszczeniach. „Tak" odpowiedziało dziesięć procent.

[s. 194] **Zakaz wstępu.** To, że kobieta nie może wejść do kawiarni, w której nie ma sekcji „rodzinnej", a jeśli wejdzie, zostanie wyproszona, nie jest efektem męskiej zmowy i opresji, tylko wynikiem systemu, który zarówno Saudyjki, jak i Saudyjczycy dobrowolnie współtworzą. Zakazy dotyczą kobiet tak samo jak mężczyzn. Oni też są bardzo ograniczeni – nie mogą wchodzić sami między innymi do perfumerii i sklepów, w których sprzedaje się bieliznę.

Niemniej, jeśli trzeba wybierać, wybiera się raczej swobodę mężczyzn. Narastające dyskusje na temat tego, jak ma wyglądać segregacja w miejscach pracy, robią się dla władzy tak uciążliwe, że niektórzy radykalni duchowni, aby uniknąć tego problemu, postulują zakaz pracy kobiet w ogóle.

[s. 196] **Oddzielne szkoły.** Jedynym wyjątkiem jest Politechnika Króla Abdullaha (KAUST), gdzie wprowadzono koedukację. To też dobry przykład, jak w monarchii absolutnej wprowadza się zmiany. Gdy król ogłosił powstanie tej szkoły i jeden z duchownych Szury, religijnej rady doradczej, zaczął głośno krytykować ten pomysł, zarzucając niemoralność i pleniący się grzech, król wyrzucił go z rady i odtąd wszelkie protesty ustały. Uniwersytet funkcjonuje i jak dotąd nie słyszano, by stada wilków na kampusie atakowały biedne owieczki.

[s. 197] **Wilki i owce.** Co ciekawe, poza granicami kraju Saudyjki i Saudyjczycy spotykają się i przyjaźnią, jak gdyby w ich kraju nigdy nie było systemu segregacji. Dotyczy to zarówno studentów, jak i rodzin na wakacjach czy kobiet podczas wyjazdów służbowych. Tym bardziej zastanawia, skąd przekonanie tych samych ludzi, że w granicach kraju grozi im więcej niż poza nimi. Jeśli się dobrze zastanowić, system segregacji to emanacja braku zaufania do siebie samych, swoich synów i córek.

[s. 197] **Przymierzalnie.** Są tylko w sklepach przeznaczonych wyłącznie dla kobiet, gdzie pracują również same kobiety, i do których dostępu mężczyznom bronią przynajmniej dwie bariery w rodzaju bramek czy drzwi strzeżone przez ochronę.

[s. 202] **Przerwa na modlitwę.** W centrach handlowych przed modlitwą emitowane są komunikaty informujące, że sklepy zostaną zamknięte za piętnaście... dziesięć... pięć minut. Można wtedy zaobserwować zdecydowaną nerwowość – kto żyw rzuca się do kas, żeby kupić co trzeba przed zamknięciem, a strefy z daniami na ciepło przeżywają prawdziwe oblężenie. Wiele osób chce się „zabezpieczyć" jedzeniowo przed przerwą, jakby miała trwać pół roku, a nie pół godziny.

[s. 203] **Szacunek.** Dlaczego mężczyzna nieodzywający się do kobiety okazuje jej w ten sposób szacunek? Jest to bardzo zawiła koncepcja, której nie można nigdy jednoznacznie zinterpretować, bo wszystko zależy od kontekstu. Obcy mężczyzna będzie ignorował kobietę tylko w sytuacji, gdy przebywa ona w towarzystwie swojego męża. Jeśli będzie sama lub z koleżankami, ale bez męskiego opiekuna, ten kontakt może być zupełnie inny.

Odwrócenie wzroku od kobiety to tak naprawdę „nieprzyglądanie się" jej. To bardzo grzeczny gest, oznacza szacunek dla jej osoby. Podobnie niepodanie ręki, czyli „niezbeszczeszczenie" jej dotykiem obcego mężczyzny.

[s. 205] **Muttawa.** Pełna nazwa instytucji religijnej to Komisja ds. Szerzenia Cnoty i Zapobiegania Występkowi. Arbitralne działania Muttawy, której funkcjonariusze na bieżąco orzekają, co jest odpowiednie w przestrzeni publicznej, a co nie, czasem prowadzą do kuriozalnych sytuacji. W maju 2010 roku Muttawa aresztowała dziesięć dziewczyn ubranych wprawdzie jak należy, na czarno, ale w stylu przypominającym lekko zachodnie „emo". W zeszłym roku funkcjonariusze zamknęli z kolei dwóch męskich fanów pisarki Halimy Muzfar, po tym jak ci na targach książki w Rijadzie poprosili autorkę o autografy.

[s. 209] **Telewizja.** Saudyjska telewizja publiczna to dwa kanały religijne, nadające całą dobę relację z Mekki, gdzie pielgrzymi okrążają Kaabę, oraz programy o interpretacjach islamu lub wywiady o konwersji na islam i szczęściu, które to przynosi. Filmy fabularne lecą na kanałach nadawanych z Emiratów lub Libanu, chociaż – jeśli chodzi o własność – jest to telewizja saudyjska.

[s. 209] **Sceny wycinane z filmów.** Niedawno telewizja z Emiratów nadawała *Wilka z Wall Street* Martina Scorsese. Usunięto z niego wszystkie sceny seksu i przemocy oraz wszystkie przekleństwa. Film trwa w pełnej wersji trzy godziny. W wersji emirackiej – półtorej.

[s. 212] **Dżedda czy Dżudda.** Z jakiegoś niezrozumiałego dla mnie powodu polska transliteracja nazwy tego miasta to Dżudda, choć po arabsku brzmi „Dżedda", a po angielsku również zapisuje się „Jeddah" i o tym „u" nikt tam nigdy nie słyszał. Piszę „Dżedda", bo od poprawnej wersji bolą mnie uszy.

[s. 212] **Samolot.** Saudyjskie linie to chyba jedyne linie na świecie, w których zmienia się miejsca już po wejściu do samolotu. Ze względu na prawo segregacji prawie nikt nie może (lub nie chce) siedzieć na miejscu, które zostało mu przydzielone. Zaczynają się roszady koordynowane przez specjalnie do tego wyznaczoną stewardesę, które trwają często nawet pół godziny.

[s. 215] **Trochę nowoczesności, trochę średniowiecza.** W miastach w Arabii Saudyjskiej nie ma adresów. Główne ulice mają nazwy, ale lokalizacje podaje się w formie „przy rondzie z muszlą na środku, za tym starym budynkiem, gdzie kiedyś była poczta". Ale za to nad miastem krążą samoloty rozpylające chemikalia, które eliminują chmury, aby uchronić miasto od deszczu, bo przy braku kanalizacji po trzech godzinach opadów Dżedda tonie i giną dziesiątki ludzi.

[s. 216] **Wielbłądy.** W Arabii Saudyjskiej do dziś są bardzo cenne. To było i jest społeczeństwo pustynne. Rodzinne stada po kilkaset sztuk nadal nie należą do rzadkości. Regularnie odbywają się wyścigi wielbłądów (zwłaszcza na przełomie lutego i marca, podczas festiwalu Jenadriyah, gdzie ściga się dwa tysiące zwierząt), jak również pokazy piękności dromaderów. Jeden z największych targów wielbłądów odbywa się raptem 30 km od stolicy (bliżej niż lotnisko!), na drodze do Dammam.

[s. 218] **Grzeszne kino.** Oficjalne pokazy filmów należą w Arabii do rzadkości. Wyjątek zrobiono w 2009 roku dla niegroźnej, wydawałoby się, komedii *Menahi*. Były protesty, próby torpedowania, przerwania pokazu. Na kilka godzin przed premierą Fayez Al-Malki, aktor grający główną rolę, zaczął odbierać SMS-y i telefony z pogróżkami. Wśród nieszczęść, które niechybnie miały go dosięgnąć za zagranie w filmie, był gniew Boży i złośliwy nowotwór.

[s. 221] **Pieniądze.** Koncepcja pieniądza w świecie islamu jest zupełnie odmienna od zachodniej. Jest to wyłącznie środek ułatwiający wymianę towarów, który sam w sobie nie ma wartości. Zmienia to bardzo wiele. Nie ma na przykład oprocentowania lokat ani kredytów, ponieważ wartość pieniądza nie może przyrastać z czasem. Nie można również pomnożyć pieniędzy tylko przez obracanie nimi, na przykład grając na giełdzie opcjami pochodnymi czy kontraktami terminowymi i nie wytwarzając tym samym żadnej realnej wartości. Nie można również kupić ani sprzedać niczego, co nie istnieje fizycznie w momencie sprzedaży, na przykład pakietów niespłaconych jeszcze kredytów hipotecznych, co było przyczyną globalnego kryzysu finansowego zapoczątkowanego w Stanach. Pieniądze też mogą być *halal* i – cokolwiek o tym sądzić – gdyby te zasady dotyczyły całego światowego rynku finansjery, żylibyśmy wszyscy o wiele spokojniej.

[s. 221] **Pieniądze kobiety.** Pieniądze zarobione przez kobietę są do jej wyłącznej dyspozycji, a pieniądze zarobione przez mężczyznę są własnością całej rodziny. Z tego też powodu kobiety dziedziczą w spadku zdecydowanie mniej niż mężczyźni. Syn po śmierci ojca otrzyma zdecydowanie więcej niż jego matka, bo ma obowiązek utrzymania kobiet w swojej rodzinie.

[s. 221] **Mahram.** System *mahram* zmienia się bardzo, bardzo powoli. Więcej jest na razie deklaracji na ten temat niż faktycznych zmian. Zapowiedziany w 2009 roku istotny przełom sprowadził się w końcu do tego, że kobiety mogą samodzielnie wynajmować pokoje w niektórych hotelach. Jedyna realna zmiana to dekret z 2004 roku, dzięki któremu Saudyjki mogą otwierać swoje firmy bez zgody opiekuna.

[s. 221] **Kobieta w przestrzeni publicznej.** Na wysokim szczeblu system segregacji prowadzi do kuriozalnych sytuacji. Wiceminister edukacji Norah al Faiz na co dzień musi przebywać w oddzielnych pokojach i bierze udział w ministerialnych naradach przez telekonferencję, mimo że siedzi w pokoju obok.

[s. 223] Compoundy. „Zachodni" tryb życia w compoundach nie jest tak naprawdę legalny, ale ponieważ odbywa się za zasłoną muru, władze przymykają na to oczy, bo wolą mieć cudzoziemców pod kontrolą, zgromadzonych w jednym miejscu.

Najlepsze compoundy to małe luksusowe miasteczka. W Dżeddzie *numero uno* jest compund Sierra, w którym oprócz standardowych kortów, basenów i placów zabaw są dodatkowo salony piękności, parki, fontanny i dziesiątki warsztatów dla mieszkańców. Panie mogą więc zostawić dzieci z nianiami, a same udać się na zajęcia, na przykład z garncarstwa, z francuskiego, na aerobik, zumbę, lekcję tańca czy gotowania.

Compound to najdroższa forma mieszkania w Arabii Saudyjskiej. W średniej jakości osiedlu za domek płaci się około 10 tys. zł miesięcznie. Oczywiście za mieszkania pracowników płacą firmy, podobnie jak za ich samochody służbowe. Gdy ściąga się na kontrakty specjalistów z Zachodu, trzeba ich czymś skusić.

[s. 224] Abaja. Co ciekawe, Saudyjki, tak mocno przywiązane do swojej abai, zrzucają je, gdy tylko opuszczą granice Królestwa. Wszystkie Saudyjki w Europie czy nawet w innych krajach Bliskiego Wschodu nie noszą abai, zasłaniają tylko włosy. Abaja to tradycja i wymóg, ale tylko w Arabii Saudyjskiej.

[s. 226] Ile kosztuje służba? Dla Saudyjczyka – grosze. Gospodyni zarabia 1000–2000 riali miesięcznie (800–1600 zł). Niania to koszt 1600 riali (1400 zł) lub 200-300 mniej, jeśli dopiero przyjechała z Filipin czy Indonezji. Pensja kierowcy to 1500–2000 riali, choć znam takich, którzy zarabiają i 2500 (1900 zł). Za pracę całą dobę, siedem dni w tygodniu, na każde wezwanie.

Jeśli rodzina kobiety nie jest zamożna i nie stać jej na służbę, Saudyjka niewiele może robić. Będzie głównie siedzieć w domu, gotować i sprzątać. Nie będzie miała ani potrzeby, ani możliwości, by prowadzić życie poza czterema ścianami.

[s. 233] **Przerwa na modlitwę.** Skoro o ideologii mowa... W kulturze islamu zarówno złe, jak i dobre uczynki robione pod przymusem nie liczą się do ogólnego bilansu życia. Te ustawowe przerwy, kontrole Muttawy i zaganianie do meczetów to nic innego jak wymuszenie praktyk religijnych. Przeczy założeniom.

[s. 240] **Poligamia.** Według islamu mężczyzna może mieć nawet cztery żony. Przed poślubieniem kolejnej powinien uzyskać zgodę swoich obecnych żon, ale w praktyce nie zawsze tak się dzieje. Saudyjczycy twierdzą, że jeśli mężczyzna dostaje od kobiety wszystko, czego mu trzeba, nie poślubi innej. Więc jeśli się na to decyduje, w jego pierwszym małżeństwie najwyraźniej nie dzieje się najlepiej. Wiele kobiet dowiaduje się o tym dopiero po fakcie, a czasem nawet po kilkunastu latach, że gdzieś tam, w Maroku albo Jordanii, jej mąż ma jeszcze inną żonę.

Takie załatwienie sprawy jest w pewien sposób sprzeczne z religią islamu, w której małżeństwo musi być powszechnie ogłoszone i celebrowane.

[s. 255] **Nalot na przedstawienie.** Co by się konkretnie wydarzyło, gdyby policja zrobiła nalot na rezydencję Biznesmena? Prawdopodobny scenariusz wyglądałby tak: podjeżdżają samochody, wysypują się funkcjonariusze tajnej policji oraz mundurowi. Obstawiają bramy. Biznesmen wita ich w progu. On będzie pierwszą linią obrony. Ma pozycję, kontakty i pieniądze. Wymaga szacunku. Sprawdziłby dokładnie papiery, zwłaszcza nakaz rewizji. Jeśli by go brakowało lub znalazłby jakieś uchybienia formalne, odmówiłby wpuszczenia policji na swój teren. Nie mogliby nic na to poradzić.

Jeśli papiery byłyby jednak w porządku, policja wchodzi na posesję i nakrywa trzysta osób w mieszanym towarzystwie, w tym dyplomatów i ekspatów. Te dwie grupy zostałyby natychmiast puszczone do domu. Prawdopodobnie Saudyjczycy z widowni również zostaliby tylko upomniani i poproszeni o opuszczenie tego miejsca. Ewentualnie samotne kobiety musiałyby zostać odebrane przez swoich opiekunów i zrobiono by z tego aferę. Wszyscy na widowni zasłanialiby się niewiedzą, tym, że myśleli, iż wszystko jest legalne. To w końcu taka duża impreza.

Faris wziąłby winę na siebie, kryjąc ekipę, i to zapewne skutecznie. Jego pomysł, jego realizacja i jego przywództwo. Do więzienia trafiłyby dwie osoby: Faris i Biznesmen.

A może ktoś by postanowił nagłośnić sprawę i przykładnie ukarać. Posypałyby się nakazy aresztowania, zaczęła się łapanka. Wsadziliby na przykład dwieście osób, nie wiadomo na jak długo.

Nigdy nie wiesz. W końcu w takich sprawach nie ma kodeksu karnego.

[s. 259] **Niczego nie zakładaj z góry.** No może z wyjątkiem swetra.

NOWY ORLEAN I MISSISIPI

[s. 278] **Rozdroża.** Gdyby to ode mnie zależało, do tej książki byłby dołączony film *Zaginiony blues* Waltera Hilla z 1986 roku. Pozycja kultowa w moim domu, która wiele fragmentów tej opowieści postawi w innym świetle.

[s. 279] **Gdzie je znaleźć?** Nie odpowiem na to pytanie. Rozdroża każdy musi znaleźć sam.

[s. 280] **Węże bez głów.** Końcówki nerwowe w ciałach węży są aktywne jeszcze długo po śmierci. Zdarzały się przypadki, że zabity już wąż pośmiertnie ugryzł człowieka. W Wietnamie podaje się kieliszki wódki ryżowej z sercem dopiero co zabitego węża, które w kieliszku nadal bije.

[s. 281] Lowell Fulson, *Reconsider Baby*, 1954, Checker Records. U mnie w domu znany jako *So Long*.

[s. 286] „Wolisz przeżyć pięć lat swojego życia czy pięć razy ten sam rok?", spytał mnie kiedyś Michał Jasieński, podróżnik, inżynier i niespokojna dusza, i te słowa zmieniły moje spojrzenie na to, co w życiu ważne. Od tamtej pory staram się puszczać je dalej w świat, ale autorem tej maksymy zawsze pozostanie on.

[s. 286] **Beignet.** To typowa śniadaniowa nowoorleańska przegryzka. Małe pączki, ale nie słodkie, raczej słone.

[s. 286] **Bourbon St.** To najbardziej rozrywkowa ulica w sercu Dzielnicy Francuskiej. Kiedyś mieściły się tu najważniejsze kluby muzyczne, dziś to okolica dla turystów. Nowoorleańczycy bywają raczej w klubach na Frenchmen St. lub w miejscowych lokalach porozsiewanych po dzielnicach mieszkalnych, jak Maple Leaf, gdzie co wtorek można usłyszeć genialne występy Rebirth Brass Band.

[s. 289] **Śluby.** Weselne zespoły prowadzące parady przez Dzielnicę Francuską grają mnóstwo kapitalnych aranżacji znanych numerów. Cytaty, które umieściłem w tekście, pochodzą z *Just the Two of Us* Billa Whithersa i starej pieśni *I'll Fly Away*, ale usłyszeć można też nawiązania do Michaela Jacksona czy kawałków z *Dirty Dancing*. Ciężko uważnie słuchać, gdy się tańczy w tłumie.

[s. 295] **WWOZ.** Stacja radiowa, która definiuje Nowy Orlean. Pracują w niej pasjonaci, którzy za audycje nie dostają ani centa, a muzykę grają z własnych płyt. Stacja utrzymuje się ze wsparcia nowoorleańskiej społeczności, ma status *non profit* i nie prowadzi działalności komercyjnej, a równocześnie organizuje i transmituje mnóstwo koncertów, promuje lokalne zespoły i nowatorską muzykę. OZ, jak się o niej pieszczotliwie mówi, to symbol Nowego Orleanu.

[s. 296] **Gumbo i jambalaya** to typowe nowoorleańskie dania. Kuchnia Nowego Orleanu to w dużej mierze tak zwane *one-pot-wonders*, czyli wszystko gotowane w jednym garze. Efekty są czasami nieprawdopodobnie smaczne.

[s. 300] **Granie za Filipa.** Większość zespołów koncertujących w klubach Nowego Orleanu gra za tak zwanego Filipa, od angielskiego *fill up the jar*, czyli „wypełnić słoik", do którego wrzuca się napiwki. Niektórzy dostają 15–20 procent zysku z baru albo niewielką stawkę od klubu, jednak bez szczodrości słuchaczy i publiczności muzyka w Nowym Orleanie by umarła. Nie umiera i ma się bardzo dobrze. To dużo mówi o ludziach w tym mieście.

[s. 301] Preservation Hall. Czy warto stać w kolejce na ulicy półtorej godziny, żeby wysłuchać czterdziestominutowego koncertu w Preservation Hall? Warto. To jest przeżycie nie do opisania, jak podróż w czasie.

[s. 310] Bagna. Najbliższe z Nowego Orleanu bagna zdatne do zwiedzania to Barataria Preserve, pół godziny jazdy na południe.

[s. 314] Generał Jackson i zakup Luizjany. Elegancko poplątaliśmy fakty, żartując na temat placu Jacksona, który nie miał nic wspólnego z przejęciem Luizjany z rąk Francuzów. Tak naprawdę Amerykanie kupili Nowy Orlean w 1803 roku za 60 milionów franków, czyli trochę ponad 11 milionów dolarów oraz anulowanie długu na kwotę 3,75 milionów dolarów. Generał Jackson wsławił się zlaniem Brytyjczyków pod Nowym Orleanem dwanaście lat później.

[s. 316] Historia Johnny'ego Wintera. Są przynajmniej trzy obiegowe historie dotyczące początków kariery tego gitarzysty i wcale się nie upieram, że właśnie ta jest prawdziwa.

[s. 318] Buda na polu kukurydzy to osławiony juke joint Po' Monkey's Lounge pod Merigold, niedaleko Cleveland, MS.

[s. 321] Julio Iglesias w Missisipi. Owszem, przyjechał meksykański imigrant o takim samym nazwisku. Bardzo ciekawa historia.

[s. 328] Plantacje. Jeśli ktoś chce posłuchać lukrowanej wersji historii, polecam Melrose pod miastem Natchez w Missisipi. Jeśli ktoś woli szorstką prawdę, proponuję odwiedzić Oakland Plantation w Luizjanie.

[s. 338] Sklep Ronniego Bluestown Music mieści się na Delta Avenue.

[s. 341] Knajpa U Reda jest natomiast zlokalizowana na Sunflower Avenue, po przeciwnej stronie torów od tancbudy Ground Zero.